"十四五"职业教育国家规划教材

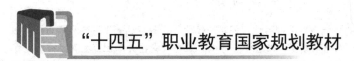

电气控制与 PLC 应用技术

（三菱系列）

（第 4 版）

吕爱华　编著

电子工业出版社·

Publishing House of Electronics Industry

北京·BEIJING

内 容 简 介

本书根据高职高专人才培养的目标，采用项目化、理实一体化、任务驱动等先进的教学方法，以"工学结合，项目引导，教学做一体化"为原则编写。以工作任务引领的方式将相关知识点融入到完成工作任务所必备的工作项目中，使学生掌握必要的基本理论知识，并使学生的实践能力、职业技能、分析问题和解决问题的能力不断提高。

本书从实际工程应用和便于教学出发，主要介绍了电气控制中的典型电路、FX_{2N} 系列 PLC 原理及应用。全书共 7 个项目：三相异步电动机基本控制电路的接线与调试，常用机床电气控制电路分析、安装与接线，FX_{2N} 系列 PLC 的基本指令的编程及应用，FX_{2N} 系列 PLC 的步进指令的编程及应用，FX_{2N} 系列 PLC 的功能指令的编程及应用，PLC 控制应用系统设计、接线与调试，以及模拟量模块和 PLC 通信。

本书可作为高等专科学校、高等职业院校的机械制造及自动化、机电一体化、电气自动化、应用电子技术等相近专业的教材，也可作为广大工程技术人员的参考书。

图书在版编目（CIP）数据

电气控制与 PLC 应用技术：三菱系列/ 吕爱华编著. —4 版. —北京：电子工业出版社，2022.6

ISBN 978-7-121-43822-6

Ⅰ. ①电…　Ⅱ. ①吕…　Ⅲ. ①电气控制－高等职业教育－教材②PLC 技术－高等职业教育－教材

Ⅳ. ①TM571.2②TM571.6

中国版本图书馆 CIP 数据核字（2022）第 111649 号

责任编辑：郭乃明

印　　刷：三河市华成印务有限公司

装　　订：三河市华成印务有限公司

出版发行：电子工业出版社

　　　　　北京市海淀区万寿路 173 信箱　邮编　100036

开　　本：787×1092　1/16　印张：19　　字数：480 千字

版　　次：2011 年 8 月第 1 版

　　　　　2022 年 6 月第 4 版

印　　次：2025 年 2 月第 9 次印刷

定　　价：56.00 元

凡所购买电子工业出版社图书有缺损问题，请向购买书店调换。若书店售缺，请与本社发行部联系，联系及邮购电话：（010）88254888，88258888。

质量投诉请发邮件至 zlts@phei.com.cn，盗版侵权举报请发邮件至 dbqq@phei.com.cn。

本书咨询联系方式：QQ34825072。

前　　言

本书第 3 版自 2018 年出版以来，得到了高职院校师生的喜爱与支持，被广泛选用。为了适应新时代工业电气自动化控制技术发展的需要，结合当前我国高等职业教育的发展趋势，本书编者在第 3 版的基础上进行了修订，进一步使教材结构符合职业教育教学规律。

本书根据高等职业教育人才培养的目标，以"工学结合，项目引导，教学做一体化"为原则编写。与生产实际紧密联系，将电气控制与 PLC 应用知识点融入完成工作任务所必备的工作项目中，使学生掌握必要的基本理论知识，并使学生的实践能力、职业技能、分析问题和解决问题的能力不断提高。

本次修订的特点是：实例可操作性更强；更加直观、易学；强化技术应用。这次修订着重参考了读者的建议和意见，主要修订内容如下：

- 对本书第 3 版中部分项目任务中所存在的一些疏漏之处进行了校正和更改。
- 在项目 1 中删除了空气阻尼式时间继电器相关内容，增加了数字式时间继电器的应用。
- 将第 2 版项目 6 中任务 2 和任务 3 整合在一起，删除了不常用的组合机床的 PLC 控制，增加了变频器 FR-700 系列的接线和参数设置，以及多段速的 PLC 控制系统的设计、接线与调试。
- 为了适应现代 PLC 新技术的需求，增加了项目 7 模拟量模块和 PLC 通信。

本书共包含 7 个项目：

项目 1　三相异步电动机基本控制电路的接线与调试；

项目 2　常用机床电气控制电路分析、安装与接线；

项目 3　FX_{2N} 系列 PLC 基本指令的编程及应用；

项目 4　FX_{2N} 系列 PLC 步进指令的编程及应用；

项目 5　FX_{2N} 系列 PLC 功能指令的编程及应用；

项目 6　PLC 控制应用系统设计、接线与调试；

项目 7　模拟量模块和 PLC 通信。

各项目分成若干任务，各任务以任务描述、任务目标、知识储备、技能操作、知识拓展为主线，各项目后附有能力训练和考核评价，以便读者自学和检查学习质量。

本书可作为高等职业教育机械制造及自动化、机电一体化、电气自动化、应用电子技术等专业的教材，也可作为相关工程技术人员的参考书。

本书由襄阳汽车职业技术学院吕爱华编著。本书的编写得到了编者所在学院领导和同事们的大力支持与帮助，编者参考了大量相关的书籍资料，在此一并表示感谢。由于编者水平有限，书中不妥之处在所难免，恳请读者批评指正。

编　者

2021 年 12 月

目　　录

项目 1　三相异步电动机基本控制电路的接线与调试 ……………………………………（1）

项目描述 ………………………………………………………………………………………（1）

知识目标 ………………………………………………………………………………………（1）

技能目标 ………………………………………………………………………………………（1）

任务 1　三相异步电动机启动控制电路的接线与调试 ……………………………………（1）

任务描述 …………………………………………………………………………………（1）

任务目标 …………………………………………………………………………………（1）

知识储备 …………………………………………………………………………………（2）

一、相关低压电器 …………………………………………………………………（2）

二、直接启动控制电路分析 ………………………………………………………（11）

技能操作 …………………………………………………………………………………（12）

知识拓展　复杂点动与多地控制电路分析 …………………………………………（13）

任务 2　自动往返控制电路的接线与调试 …………………………………………………（15）

任务描述 …………………………………………………………………………………（15）

任务目标 …………………………………………………………………………………（16）

知识储备 …………………………………………………………………………………（16）

一、相关低压电器 …………………………………………………………………（16）

二、自动往返控制电路分析 ………………………………………………………（18）

技能操作 …………………………………………………………………………………（21）

知识拓展　多台电动机顺序控制电路 ………………………………………………（22）

任务 3　三相异步电动机降压启动控制电路的接线与调试 ………………………………（24）

任务描述 …………………………………………………………………………………（24）

任务目标 …………………………………………………………………………………（24）

知识储备 …………………………………………………………………………………（24）

一、相关低压电器 …………………………………………………………………（24）

二、Y-Δ降压启动控制电路 ………………………………………………………（28）

技能操作 …………………………………………………………………………………（29）

知识拓展　自耦变压器和延边三角形降压启动控制电路 …………………………（31）

任务 4　三相异步电动机的制动控制电路的接线与调试 …………………………………（33）

任务描述 …………………………………………………………………………………（33）

任务目标 …………………………………………………………………………………（33）

知识储备 …………………………………………………………………………………（33）

一、相关低压电器 …………………………………………………………………（33）

二、反接制动控制电路的分析 ……………………………………………………（34）

技能操作 …………………………………………………………………………………（35）

　　　　知识拓展　能耗制动控制电路 ·· （37）
　　任务 5　三相异步电动机的调速控制电路的接线与调试 ····················· （37）
　　　　任务描述 ·· （37）
　　　　任务目标 ·· （38）
　　　　知识储备 ·· （38）
　　　　　　一、调速控制方法 ·· （38）
　　　　　　二、双速异步电动机定子绕组的连接 ··· （39）
　　　　　　三、双速电动机调速控制电路分析 ··· （39）
　　　　技能操作 ·· （40）
　　　　知识拓展　变频器在机床上的应用 ··· （42）
　　　　项目 1 能力训练 ··· （43）

项目 2　常用机床电气控制线路分析、安装与接线 ·························· （47）
　　项目描述 ·· （47）
　　知识目标 ·· （47）
　　技能目标 ·· （47）
　　任务 1　C650 卧式车床控制电路的分析、安装与接线 ························· （47）
　　　　任务描述 ·· （47）
　　　　任务目标 ·· （48）
　　　　知识储备 ·· （48）
　　　　　　一、电气控制线路的绘制 ··· （48）
　　　　　　二、电气原理图 ··· （49）
　　　　　　三、电气安装图 ··· （50）
　　　　　　四、机床电气控制系统电路分析步骤 ··· （52）
　　　　　　五、机床电气故障检修的方法 ·· （53）
　　　　　　六、C650 卧式车床 ·· （53）
　　　　技能操作 ·· （58）
　　　　知识拓展　Z3040 摇臂钻床电气控制 ·· （59）
　　　　　　一、Z3040 摇臂钻床运动形式和控制要求 ·································· （59）
　　　　　　二、Z3040 摇臂钻床控制电路 ·· （61）
　　任务 2　X62W 万能铣床控制电路的分析、安装与接线 ························· （64）
　　　　任务描述 ·· （64）
　　　　任务目标 ·· （64）
　　　　知识储备 ·· （64）
　　　　　　一、主要结构与运动分析 ··· （64）
　　　　　　二、电气控制电路的特点 ·· （65）
　　　　　　三、主电路分析 ··· （65）
　　　　　　四、控制电路分析 ··· （67）
　　　　　　五、常见故障分析 ··· （69）
　　　　技能操作 ·· （70）

　　知识拓展　双面单工液压传动组合机床的电气控制 ································ （72）

　　　　一、压力继电器的结构和工作原理 ··· （72）

　　　　二、组合机床的组成结构 ··· （73）

　　　　三、组合机床的工作特点 ··· （73）

　　　　四、双面单工液压传动组合机床的电气控制 ······························· （74）

　项目 2 能力训练 ··· （76）

项目 3　FX$_{2N}$ 系列 PLC 的基本指令的编程及应用 ······························· （79）

　项目描述 ··· （79）

　知识目标 ··· （79）

　技能目标 ··· （79）

　任务 1　编程软件的应用 ··· （79）

　　任务描述 ··· （79）

　　任务目标 ··· （79）

　　知识储备 ··· （80）

　　　　一、PLC 定义及产生 ··· （80）

　　　　二、PLC 的特点 ··· （80）

　　　　三、PLC 的应用 ··· （81）

　　　　四、PLC 的分类 ··· （82）

　　　　五、PLC 的主要性能指标 ··· （83）

　　　　六、PLC 的编程语言 ··· （84）

　　　　七、GX-Developer V8 编程软件的使用 ··································· （85）

　　　　八、GX Simulator 仿真软件的使用 ······································ （90）

　　技能操作 ··· （93）

　　知识拓展　用 GX-Developer V8 编辑单流程结构 SFC 程序 ···················· （94）

　任务 2　三相异步电动机点动/长动的 PLC 控制 ··································· （100）

　　任务描述 ·· （100）

　　任务目标 ·· （101）

　　知识储备 ·· （101）

　　　　一、PLC 的组成与工作原理 ·· （101）

　　　　二、FX 系列 PLC 的型号 ··· （104）

　　　　三、FX 系列 PLC 的基本构成 ··· （104）

　　　　四、FX2N 系列 PLC 的外部结构及接线 ··································· （105）

　　　　五、FX3U 系列 PLC 的外部结构及其接线 ································· （107）

　　　　六、PLC 内部继电器 ·· （109）

　　　　七、相关基本指令 ·· （111）

　　　　八、梯形图的基本规则和技巧 ·· （113）

　　技能操作 ·· （115）

　　知识拓展　多台电动机的 PLC 顺序控制 ··································· （116）

　任务 3　三相异步电动机正、反转的 PLC 控制 ·································· （117）

任务描述 ┄┄┄┄┄┄┄┄┄┄┄┄┄┄┄┄┄┄┄┄┄┄┄┄┄┄┄┄┄┄┄┄┄（117）

任务目标 ┄┄┄┄┄┄┄┄┄┄┄┄┄┄┄┄┄┄┄┄┄┄┄┄┄┄┄┄┄┄┄┄┄（117）

知识储备 ┄┄┄┄┄┄┄┄┄┄┄┄┄┄┄┄┄┄┄┄┄┄┄┄┄┄┄┄┄┄┄┄┄（117）

  一、电路块连接指令 ORB、ANB ┄┄┄┄┄┄┄┄┄┄┄┄┄┄┄┄┄┄（117）

  二、置位与复位指令 SET、RST ┄┄┄┄┄┄┄┄┄┄┄┄┄┄┄┄┄┄（118）

技能操作 ┄┄┄┄┄┄┄┄┄┄┄┄┄┄┄┄┄┄┄┄┄┄┄┄┄┄┄┄┄┄┄┄┄（119）

知识拓展　PLC 控制的四组抢答器 ┄┄┄┄┄┄┄┄┄┄┄┄┄┄┄┄┄（120）

任务 4　PLC 控制三相异步电动机 Y-Δ降压启动 ┄┄┄┄┄┄┄┄┄┄┄（122）

任务描述 ┄┄┄┄┄┄┄┄┄┄┄┄┄┄┄┄┄┄┄┄┄┄┄┄┄┄┄┄┄┄┄┄┄（122）

任务目标 ┄┄┄┄┄┄┄┄┄┄┄┄┄┄┄┄┄┄┄┄┄┄┄┄┄┄┄┄┄┄┄┄┄（122）

知识储备 ┄┄┄┄┄┄┄┄┄┄┄┄┄┄┄┄┄┄┄┄┄┄┄┄┄┄┄┄┄┄┄┄┄（122）

  一、定时器（T）┄┄┄┄┄┄┄┄┄┄┄┄┄┄┄┄┄┄┄┄┄┄┄┄┄（122）

  二、定时器（T）的应用 ┄┄┄┄┄┄┄┄┄┄┄┄┄┄┄┄┄┄┄┄┄（123）

  三、相关基本指令 ┄┄┄┄┄┄┄┄┄┄┄┄┄┄┄┄┄┄┄┄┄┄┄（125）

技能操作 ┄┄┄┄┄┄┄┄┄┄┄┄┄┄┄┄┄┄┄┄┄┄┄┄┄┄┄┄┄┄┄┄┄（128）

知识拓展　PLC 控制的自动送料装车系统 ┄┄┄┄┄┄┄┄┄┄┄┄┄（129）

任务 5　液体混合装置的 PLC 控制 ┄┄┄┄┄┄┄┄┄┄┄┄┄┄┄┄┄┄┄（131）

任务描述 ┄┄┄┄┄┄┄┄┄┄┄┄┄┄┄┄┄┄┄┄┄┄┄┄┄┄┄┄┄┄┄┄┄（131）

任务目标 ┄┄┄┄┄┄┄┄┄┄┄┄┄┄┄┄┄┄┄┄┄┄┄┄┄┄┄┄┄┄┄┄┄（131）

知识储备 ┄┄┄┄┄┄┄┄┄┄┄┄┄┄┄┄┄┄┄┄┄┄┄┄┄┄┄┄┄┄┄┄┄（131）

  一、脉冲触点指令 LDP、LDF、ANDP、ANDF、ORP、ORF ┄┄┄（131）

  二、脉冲输出指令 PLS、PLF ┄┄┄┄┄┄┄┄┄┄┄┄┄┄┄┄┄（132）

  三、分频程序 ┄┄┄┄┄┄┄┄┄┄┄┄┄┄┄┄┄┄┄┄┄┄┄┄┄（133）

  四、取反指令 INV ┄┄┄┄┄┄┄┄┄┄┄┄┄┄┄┄┄┄┄┄┄┄（133）

技能操作 ┄┄┄┄┄┄┄┄┄┄┄┄┄┄┄┄┄┄┄┄┄┄┄┄┄┄┄┄┄┄┄┄┄（134）

知识拓展　三节传送带接力传送的 PLC 控制 ┄┄┄┄┄┄┄┄┄┄┄（137）

任务 6　自控轧钢机的 PLC 控制（计数器 C）┄┄┄┄┄┄┄┄┄┄┄┄┄（138）

任务描述 ┄┄┄┄┄┄┄┄┄┄┄┄┄┄┄┄┄┄┄┄┄┄┄┄┄┄┄┄┄┄┄┄┄（138）

任务目标 ┄┄┄┄┄┄┄┄┄┄┄┄┄┄┄┄┄┄┄┄┄┄┄┄┄┄┄┄┄┄┄┄┄（138）

知识储备 ┄┄┄┄┄┄┄┄┄┄┄┄┄┄┄┄┄┄┄┄┄┄┄┄┄┄┄┄┄┄┄┄┄（138）

  一、计数器（C）基本知识 ┄┄┄┄┄┄┄┄┄┄┄┄┄┄┄┄┄┄（138）

  二、计数器的扩展 ┄┄┄┄┄┄┄┄┄┄┄┄┄┄┄┄┄┄┄┄┄┄┄（140）

技能操作 ┄┄┄┄┄┄┄┄┄┄┄┄┄┄┄┄┄┄┄┄┄┄┄┄┄┄┄┄┄┄┄┄┄（141）

知识拓展　声光报警的 PLC 控制 ┄┄┄┄┄┄┄┄┄┄┄┄┄┄┄┄┄┄（143）

项目 3 能力训练 ┄┄┄┄┄┄┄┄┄┄┄┄┄┄┄┄┄┄┄┄┄┄┄┄┄┄┄┄（144）

项目 4　FX$_{2N}$ 系列 PLC 的步进指令的编程及应用 ┄┄┄┄┄┄┄┄（149）

项目描述 ┄┄┄┄┄┄┄┄┄┄┄┄┄┄┄┄┄┄┄┄┄┄┄┄┄┄┄┄┄┄┄┄┄（149）

知识目标 ┄┄┄┄┄┄┄┄┄┄┄┄┄┄┄┄┄┄┄┄┄┄┄┄┄┄┄┄┄┄┄┄┄（149）

技能目标 ┄┄┄┄┄┄┄┄┄┄┄┄┄┄┄┄┄┄┄┄┄┄┄┄┄┄┄┄┄┄┄┄┄（149）

任务1　彩灯闪烁的 PLC 控制 ……………………………………………………（149）

　　任务描述 ……………………………………………………………………（149）

　　任务目标 ……………………………………………………………………（149）

　　知识储备 ……………………………………………………………………（150）

　　　　一、状态转移图 …………………………………………………………（150）

　　　　二、状态继电器（S） ……………………………………………………（153）

　　　　三、步进顺控指令 ………………………………………………………（153）

　　　　四、初始状态编程 ………………………………………………………（154）

　　　　五、区间复位指令 ZRST ………………………………………………（155）

　　技能操作 ……………………………………………………………………（155）

　　知识拓展　LED 数码管的 PLC 控制 ……………………………………（157）

任务2　电动机正、反转能耗制动的 PLC 控制 ……………………………（158）

　　任务描述 ……………………………………………………………………（158）

　　任务目标 ……………………………………………………………………（158）

　　知识储备 ……………………………………………………………………（158）

　　技能操作 ……………………………………………………………………（159）

　　知识拓展　大、小球分拣操作系统的 PLC 控制 ………………………（161）

任务3　步进指令实现交通信号灯的 PLC 控制 ……………………………（164）

　　任务描述 ……………………………………………………………………（164）

　　任务目标 ……………………………………………………………………（164）

　　知识储备 ……………………………………………………………………（164）

　　　　一、并行分支的编程方式 ………………………………………………（164）

　　　　二、并行汇合的编程方式 ………………………………………………（165）

　　　　三、分支、汇合的组合 …………………………………………………（165）

　　技能操作 ……………………………………………………………………（167）

　　知识拓展　PLC 控制专用钻孔机床 ……………………………………（170）

任务4　工业全自动洗衣机的 PLC 控制 ……………………………………（172）

　　任务描述 ……………………………………………………………………（172）

　　任务目标 ……………………………………………………………………（172）

　　知识储备 ……………………………………………………………………（172）

　　　　一、跳转 …………………………………………………………………（172）

　　　　二、循环 …………………………………………………………………（172）

　　技能操作 ……………………………………………………………………（173）

　　知识拓展　工作台自动往返运行的 PLC 控制 …………………………（176）

　　项目4能力训练 ……………………………………………………………（177）

项目5　FX$_{2N}$系列 PLC 的功能指令的编程及应用 ………………………（180）

　　项目描述 ……………………………………………………………………（180）

　　知识目标 ……………………………………………………………………（180）

　　技能目标 ……………………………………………………………………（180）

任务1　使用功能指令实现交通信号灯的PLC控制 ·· （180）

　　任务描述 ·· （180）

　　任务目标 ·· （181）

　　知识储备 ·· （181）

　　　　一、功能指令格式 ·· （181）

　　　　二、数据表示方法 ·· （182）

　　　　三、传送、比较类、数据交换和交替输出指令及应用 ······························· （183）

　　　　四、交替输出指令 ·· （187）

　　技能操作 ·· （187）

　　知识拓展　定时控制器的PLC控制 ·· （190）

任务2　多工作方式的小车行程的PLC控制 ·· （191）

　　任务描述 ·· （191）

　　任务目标 ·· （191）

　　知识储备 ·· （192）

　　　　一、条件跳转指令 ·· （192）

　　　　二、子程序调用与返回指令 ·· （192）

　　　　三、中断指令 ·· （193）

　　　　四、主程序结束指令 ·· （194）

　　　　五、监控定时器指令 ·· （194）

　　　　六、程序循环指令 ·· （194）

　　　　七、数据转换指令 ·· （195）

　　技能操作 ·· （196）

　　知识拓展　密码锁的PLC控制 ·· （198）

任务3　LED七段数码管的PLC控制 ·· （201）

　　任务描述 ·· （201）

　　任务目标 ·· （201）

　　知识储备 ·· （201）

　　　　一、算术运算指令 ·· （201）

　　　　二、加1和减1指令 ·· （203）

　　　　三、逻辑与、或、异或和求补指令 ·· （204）

　　　　四、七段译码指令 ·· （205）

　　　　五、解码与编码指令 ·· （206）

　　技能操作 ·· （206）

　　知识拓展　8站小车呼叫的PLC控制系统 ·· （208）

任务4　工业机械手的PLC控制 ··· （210）

　　任务描述 ·· （210）

　　任务目标 ·· （210）

　　知识储备 ·· （210）

　　　　一、循环移位指令 ·· （210）

　　二、移位指令 ……………………………………………………………………（211）

　　三、字右移和字左移指令 ………………………………………………………（212）

技能操作 ………………………………………………………………………………（213）

知识拓展　流水灯光的 PLC 控制 …………………………………………………（216）

项目 5 能力训练 ………………………………………………………………………（217）

项目 6　PLC 控制应用系统设计、接线与调试 …………………………………（219）

项目描述 ………………………………………………………………………………（219）

知识目标 ………………………………………………………………………………（219）

技能目标 ………………………………………………………………………………（219）

任务 1　电梯 PLC 控制应用系统设计、接线与调试 ………………………………（219）

　　任务描述 …………………………………………………………………………（219）

　　任务目标 …………………………………………………………………………（220）

　　知识储备 …………………………………………………………………………（220）

　　　一、PLC 控制系统的规划与设计 ……………………………………………（220）

　　　二、PLC 选型与硬件系统设计 ………………………………………………（221）

　　　三、PLC 软件设计与程序调试 ………………………………………………（223）

　　　四、节省 I/O 点数的方法 ……………………………………………………（223）

技能操作 ………………………………………………………………………………（227）

知识拓展　步进电动机的 PLC 控制系统的应用 …………………………………（232）

任务 2　离心机的 PLC 多段速控制系统的设计、接线与调试 ……………………（235）

　　任务描述 …………………………………………………………………………（235）

　　任务目标 …………………………………………………………………………（235）

　　知识储备 …………………………………………………………………………（236）

　　　一、认识三菱变频器 …………………………………………………………（236）

　　　二、三菱 FR-700 系列变频器的接线图 ……………………………………（237）

技能操作 ………………………………………………………………………………（239）

知识拓展　分拣单元 PLC 控制系统设计 …………………………………………（243）

项目 6 能力训练 ………………………………………………………………………（245）

项目 7　模拟量模块和 PLC 通信 …………………………………………………（248）

项目描述 ………………………………………………………………………………（248）

知识目标 ………………………………………………………………………………（248）

技能目标 ………………………………………………………………………………（248）

任务 1　电热水炉温度的 PLC 控制 ………………………………………………（248）

　　任务描述 …………………………………………………………………………（248）

　　任务目标 …………………………………………………………………………（248）

　　知识储备 …………………………………………………………………………（249）

　　　一、模拟量模块 ………………………………………………………………（249）

　　　二、模拟量输入模块 FX2N-2AD ……………………………………………（249）

　　　三、模拟量输出模块 FX2N-2DA ……………………………………………（252）

　　　四、缓冲存储器 BFM 的读写操作指令 FROM 和 TO ………………………（253）

技能操作 ···（255）

知识拓展　高层恒压供水自动控制系统 ·······························（257）

任务 2　送风和循环系统的通信控制 ···（259）

任务描述 ···（259）

任务目标 ···（259）

知识储备 ···（260）

一、数据通信基本概念 ···（260）

二、N:N 网络通信 ···（261）

三、并行通信 ···（263）

技能操作 ···（266）

知识拓展　PLC 控制三台电动机网络通信 ·······························（270）

项目 7 能力训练 ··（273）

附录 A　电气图常用文字及图形符号 ···（275）

附录 B　FX$_{2N}$ 系列可编程控制器应用指令表 ···································（277）

附录 C　FX$_{2N}$ 特殊辅助继电器和数据寄存器表 ·······························（288）

项目1 三相异步电动机基本控制电路的接线与调试

党的二十大：主题

——高举中国特色社会主义伟大旗帜，全面贯彻新时代中国特色社会主义思想，弘扬伟大建党精神，自信自强、守正创新，踔厉奋发、勇毅前行，为全面建设社会主义现代化国家、全面推进中华民族伟大复兴而团结奋斗。

项目描述

本项目主要介绍三相异步电动机基本控制电路的接线与调试，通过5个基本任务来掌握低压电器的控制原理、使用方法及简单的故障维修，学会根据电气控制原理图连接实物电路的方法和技巧，最终使学生能够通过技能操作独立分析控制原理，能够掌握电气控制电路的设计思想。

知识目标

（1）掌握常用低压电气元件的工作原理和应用。

（2）掌握异步电动机电气控制原理图的识图方法，能够熟练识读电路图。

（3）会设计异步电动机启动、停止、正反转、降压启动、制动等控制电路。

技能目标

（1）能熟练识别常用低压电器，并能对其拆装与检验。

（2）能根据电气控制原理图熟练连接异步电动机启动、停止、正反转、降压启动、制动、调速等电路。

（3）能够在通电试车中排除电路故障。

任务1 三相异步电动机启动控制电路的接线与调试

任务描述

使用刀开关或接触器、热继电器控制三相异步电动机的直接启动，通过操作按钮来实现异步电动机的点动/连续控制。

任务目标

（1）熟悉按钮、刀开关、熔断器、接触器、热继电器等低压电器的作用及工作原理。

（2）能够识别三相异步电动机启动控制的电气原理图，并根据电气控制原理图进行实际电路的连接。

（3）掌握三相异步电动机直接启动、点动、连续控制电路的接线、调试及故障处理。

知识储备

一、相关低压电器

低压电器是指工作在交流电压小于 1200V，直流电压小于 1500V 的电路中起通断、保护、控制或调节作用的各种电气设备。

1．刀开关

刀开关在电路中的作用是：隔离电源，以确保电路和设备维修的安全；分断负载，如不频繁地接通和分断容量不大的低压电路或直接启动小容量电动机。

1）开启式负荷开关

开启式负荷开关由操作手柄、熔丝、触刀、触点座和底座组成，结构示意图如图 1.1 所示，其文字符号为 QS。此种刀开关装有熔丝，可起短路保护作用。

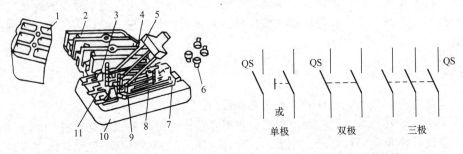

（a）胶壳刀开关结构图　　　　　　　（b）刀开关的符号

1—上胶盖；2—下胶盖；3—插座；4—触刀；5—瓷柄；6—胶盖紧固螺母；
7—出线座；8—熔丝；9—触刀座；10—瓷底板；11—进线座

图 1.1　开启式负荷开关外形结构及符号

开启式负荷开关俗称胶盖瓷底刀开关。刀开关是带有动触点——闸刀，并通过它与底座上的静触点——刀夹座相合（或分离），以接通（或分断）电路的一种开关。

2）封闭式负荷开关

封闭式负荷开关又称为铁壳开关，一般用于电力排灌或电热器、电气照明线路的配电设备中，用来不频繁地接通与分断电路，也可以直接用于异步电动机的非频繁全压启动控制。

铁壳开关主要由钢板外壳、触刀、操作机构、熔丝等组成，如图 1.2 所示。

铁壳开关的操作结构有两个特点：一是采用储能合闸方式，即利用一根弹簧执行合闸分闸功能，使开关的闭合和分断时的速度与操作速度无关，它既有助于改善开关的动作性能和灭弧性能，又能防止触点停滞在中间位置；二是设有连锁装置，以保证开关合闸后便不能打开箱盖，而在箱盖打开后，不能再合开关。

2．刀开关的主要技术参数及型号

刀开关的主要技术参数有：额定电流（长期通过的最大允许电流）、额定电压（长期工作所承受的最大电压）以及分断能力等。选择刀开关时，刀开关的额定电压应大于或等于线

路的额定电压，额定电流应大于或等于线路的额定电流。刀开关有 HD（单投）、HS（双投）、HK（开启式）、HR（熔断器式）和 HH（封闭式负荷）等系列，它们都适用于交流 50Hz、额定电压至 500V，直流额定电压至 400V、额定电流至 1500A 的成套配电装置中，在非频繁地手动接通和分断电路中使用，或作为隔离开关使用，其型号含义如图 1.3 所示。

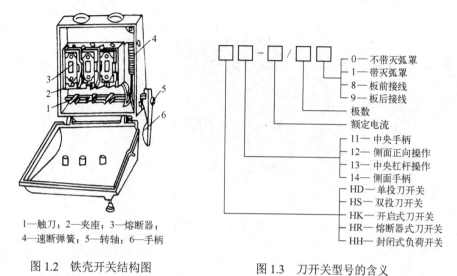

1—触刀；2—夹座；3—熔断器；
4—速断弹簧；5—转轴；6—手柄

图 1.2　铁壳开关结构图　　　　　图 1.3　刀开关型号的含义

3．刀开关安装和使用的注意事项

刀开关在安装时，手柄要向上，不得倒装或平装，避免由于重力自动下落，引起误动合闸。接线时，应将电源线接在上端，负载线接在下端，这样拉闸后刀开关的刀片与电源隔离，既便于更换熔丝，又可防止可能发生的意外事故。拉闸和合闸时，动作要迅速，一次拉合到位，使电弧尽快熄灭。

4．低压断路器

低压断路器俗称自动空气开关，是一种既有手动开关作用，又能对欠电压、过载和短路等故障进行自动保护的开关电器，它是低压配电网中一种重要的保护电器。低压断路器具有保护功能多样、动作值可调、分断能力高、操作方便、安全等优点，得到了广泛的应用。

02　低压断路器

1）低压断路器的外形结构及符号

低压断路器由操作机构、触点、保护装置（各种脱扣器）、灭弧系统等组成。低压断路器的符号如图 1.4 所示。

2）低压断路器的工作原理

低压断路器的工作原理示意图如图 1.5 所示。

开关的主触点是靠操作机构手动或电动合闸的，由自由脱扣机构将主触点锁在合闸位置上。当主电路发生过载时，热元件 12 产生的热量增加，使双金属片 13 弯曲变形，推动杠杆 8 向上运动，使搭钩 3 与锁扣 5 脱开，在反作用弹簧 4 的作用下断路器主触点断开，切断电路，实现过载保护；当主电路发生短路故障时，短路电流超过过电流脱扣器的瞬时脱扣整定电流，脱扣器产生足够大的吸力将衔铁 14 吸合，通过杠杆推动搭钩与锁扣脱开，切断电路，使用电设备不会因短路而烧毁；当电路电压正常时，失压或欠压脱扣器的衔铁 10 被吸合，断路器的主触点能够闭合；当电路出现失压或电压下降到某一值时，铁芯磁力消失，衔铁被释放，在拉力弹簧 9 的作用下，衔铁撞击杠杆使搭钩与锁扣分开，主触点断开，起到失压或欠压保护。

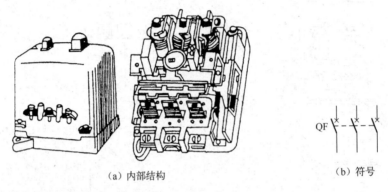

（a）内部结构　　　　　　　　（b）符号

图 1.4　低压断路器的内部结构和符号

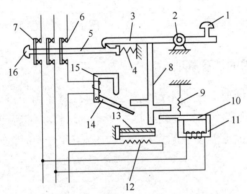

1—分断按钮；2—转轴座；3—搭钩；4—反作用弹簧；5—锁扣；
6—静触点；7—动触点；8—杠杆；9—拉力弹簧；10—欠压脱扣器衔铁；
11—欠压脱扣器；12—热元件；13—双金属片；14—电磁脱扣器衔铁；
15—电磁脱扣器；16—接通按钮

图 1.5　低压断路器的工作原理示意图

3）低压断路器的主要技术参数及型号

低压断路器的主要技术参数有：额定工作电压、壳架额定电流等级、极数、脱扣器类型及额定电流、短路分断能力等。低压断路器的主要型号有 DW10、DW15、DZ5、DZ10、DZ20等系列，其型号含义如图 1.6 所示。

5．熔断器

熔断器是根据电流超过规定值一定时间后，以其自身产生的热量使熔体熔化，从而使电路断开的原理制成的一种电路保护器。熔断器广泛应用于低压配电系统、控制系统及用电设备中，作为短路和过电流保护，使用时将它串联在被保护电路中。

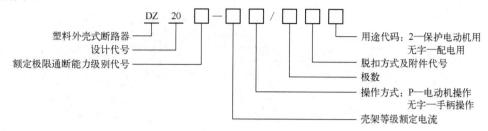

图 1.6　DZ20 系列低压断路器的型号含义

1）熔断器外形结构及符号

熔断器常见的类型有瓷插式、螺旋式、卡装式、有填料封闭管式、无填料封闭管式等，品种规格很多。瓷插式熔断器、螺旋式熔断器、有填料封闭管式熔断器外形及符号如图 1.7 所示。

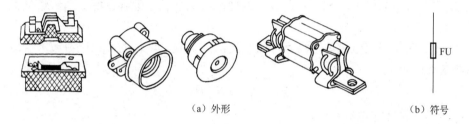

（a）外形　　　　　　　　　　　　　（b）符号

图 1.7　熔断器外形及图形符号

瓷插式熔断器的电源线和负载连接线分别接在瓷底座两端静触点的接线柱上，瓷盖中间凸起部分的作用是将熔体熔断产生的电弧隔开，使其迅速熄灭。较大容量熔断器的灭弧室中还垫有熄灭电弧用的石棉织物。

螺旋式熔断器电源线应当接在瓷底座的下接线端，负载线接到金属螺纹壳的上接线端。

熔体一般由熔点低、易于熔断、导电性能良好的合金材料制成：在小电流的电路中，常用铅合金或锌做成的熔体（熔丝）；对大电流的电路，常用铜或银做成的片状熔体。

2）熔断器的主要技术参数及型号

① 额定电压：指熔断器长期工作时和分断后能够承受的电压，其值一般等于或大于电气设备的额定电压。

② 额定电流：指熔断器长期工作时，各部件温升不超过规定值时所能承受的电流。厂家为了减少熔断器额定电流的规格，熔断器的额定电流等级比较少，而熔体的额定电流等级比较多，即在一个额定电流等级的熔断器内可以分装几个额定电流系统的熔体，但熔体的额定电流最大不超过熔断器的额定电流。

③ 极限分断能力：指熔断器在规定的额定电压和功率因数（或时间常数）的条件下能分断的最大电流值，在电路中出现的最大电流值一般是指短路电流值。所以，极限分断能力也反映了熔断器分断短路电流的能力。

常见熔断器的型号有 RCIA、RM10、RL6、RL7、RT12、RT14、RT15、RT17 等系列，熔断器型号含义如图 1.8 所示。

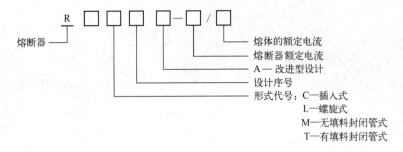

图 1.8　熔断器的型号含义

3）熔断器的选择

熔断器的选择主要是选择熔断器的种类、额定电压、熔断器额定电流和熔体额定电流等。

熔断器的种类通常在电控系统整体设计时确定，熔断器的额定电压应大于或等于实际电路的工作电压，因此确定熔体电流是选择熔断器的主要任务，具体来说有下列几条原则：

① 电路上、下两级都装设熔断器时，为使两级保护相互配合良好，两级熔体额定电流的比值不小于 1.6：1。

② 对于照明线路或电阻炉等没有冲击性电流的负载，熔体的额定电流应大于或等于电路的工作电流，即

$$I_{fN} \geqslant I_e$$

式中，I_{fN} 为熔体的额定电流；

　　I_e 为电路的工作电流。

③ 保护一台异步电动机时，考虑电动机冲击电流的影响，熔体的额定电流按下式计算：

$$I_{fN} \geqslant (1.5 \sim 2.5)I_N$$

式中，I_N 为电动机的额定电流。

④ 保护多台异步电动机时，若各台电动机不同时启动，则应按下式计算：

$$I_{fN} \geqslant (1.5 \sim 2.5)I_{Nmax} + \sum I_N$$

式中，I_{Nmax} 为容量最大的一台电动机的额定电流；

　　$\sum I_N$ 为其余电动机额定电流的总和。

特别注意：线路中各级熔断器熔体额定电流要相应配合，保持前一级熔体额定电流必须大于下一级熔体额定电流。

6. 控制按钮

控制按钮是一种结构简单、应用广泛的主令电器。它用来手动控制小电流的控制电路，从而实现远距离控制主电路通断的目的。

1）控制按钮的外形结构及符号

按钮由按钮帽、复位弹簧、桥式触点和外壳等组成。触点额定电流 5A 以下，其外形结构如图 1.9（a）、（b）、（c）所示，图形符号如图 1.9（d）所示。

按钮在结构上有按钮式、紧急式、钥匙式、旋钮式和保护式五种，可根据使用场合和具体用途来选用。

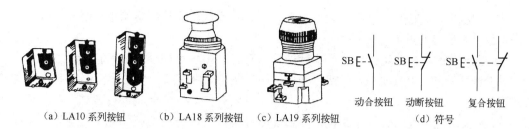

(a) LA10 系列按钮　　(b) LA18 系列按钮　　(c) LA19 系列按钮　　(d) 符号

图 1.9　控制按钮的外形和图形符号

启动按钮带有常开触点，手指按下按钮，常开触点闭合；手指松开，常开触点复位。停止按钮带有常闭触点，手指按下按钮，常闭触点断开；手指松开，常闭触点复位。复合按钮有常开触点和常闭触点，手指按下按钮，常闭触点先断开，常开触点后闭合；手指松开时，常开触点先复位，常闭触点后复位。

控制按钮可做成单式（一个按钮）、复式（两个按钮）和三联式（三个按钮）的形式。为便于识别各个按钮的作用，避免误操作，通常在按钮上做出不同标志或涂以不同颜色，一般红色按钮表示停止按钮，绿色按钮表示启动按钮。

2）控制按钮的主要技术参数及型号

控制按钮的主要技术参数有额定电压（380V AC/220V DC）和额定电流（5A）。选择按钮时主要考虑按钮的结构形式、操作方式、触点对数、按钮颜色以及是否需要指示灯等要求。LA25 系列是全国统一设计的按钮新型号，其常用的型号有 LA2、LA10、LA18、LA19、LA20 等系列。国外的有德国 BBC 公司的 LAZ 系列。控制按钮型号含义如图 1.10 所示。

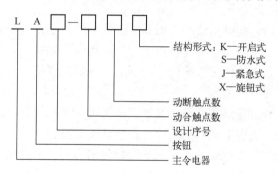

图 1.10　控制按钮型号含义

7. 接触器

接触器在机床电路及自动控制电路中作为自动切换电路，用来远距离频繁地接通和断开交直流主回路和大容量控制电路，同时具有欠电压、零电压释放保护的功能。接触器按其主触点通过电流的种类不同可分为直流接触器和交流接触器两种，目前在控制电路中多采用交流接触器。

05　接触器

1）交流接触器的外形结构和符号

交流接触器常用于远距离接通和分断电压至 1140V、电流至 630A 的交流电路。其结构和符号如图 1.11 所示，它由电磁机构、触点系统、灭弧装置及其他部件组成。

① 电磁机构。电磁系统包括电磁线圈、铁芯和衔铁，是接触器的重要组成部分，依靠它带动触点的闭合与断开。

② 触点系统。触点是接触器的执行部分，它包括主触点和辅助触点。主触点的作用是接通和分断主回路，控制较大的电流；而辅助触点在控制回路中，用以满足各种控制方式的要求。

③ 灭弧装置。灭弧装置用来保证在触点断开电路时，产生的电弧能可靠地熄灭，减少电弧对触点的损伤。为使接触器可靠工作，必须使电弧迅速熄灭，故要采用灭弧装置。容量在 10A 以上的接触器都有灭弧装置。

④ 其他部件。包括反作用弹簧、触点压力弹簧、传动机构及外壳等。

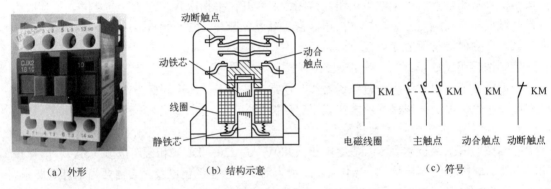

图 1.11　交流接触器的结构示意、外形和符号

2）交流接触器的工作原理

当接触器线圈通电后，线圈电流产生磁场，静铁芯产生电磁吸力将衔铁吸合。衔铁带动触点系统动作，使常闭触点断开，常开触点闭合，两者是联动的。当线圈断电时，电磁吸力消失，衔铁在反作用弹簧力的作用下释放，使触点系统随之复位。

3）直流接触器

直流接触器主要用来远距离接通与分断额定电压至 440V、额定电流至 630A 的直流电路，它可频繁地操作和控制直流电动机启动、停止、反转及反接制动。

直流接触器的结构与工作原理基本上与交流接触器相同，即由线圈、铁芯、衔铁、触点、灭弧装置组成，所不同的是除触点电流和线圈电压为直流外，其触点大都采用滚动接触的指形触点，辅助触点则采用点接触的桥形触点。铁芯由整块钢或铸铁制成，线圈则制成长而薄的圆筒形。为保证衔铁可靠地释放，常在铁芯与衔铁之间垫有非磁性垫片。

由于直流电弧不像交流电弧那样有自然过零点，更难熄灭，因此，直流接触器常采用磁吹式灭弧装置。

4）接触器的主要技术参数及型号

接触器的主要技术参数有额定电压、额定电流、寿命、操作频率等。

① 额定电压：是指接触器主触点的额定电压。一般情况下，交流有 220V、380 V、660V，在特殊场合额定电压可高达 1140 V；直流主要有 110V、220V、440V 等。

② 额定电流：是指接触器主触点的额定工作电流。它是在一定的条件（额定电压、使用类别和操作频率等）下规定的，目前常用的电流等级 10～800A。

③ 吸引线圈的额定电压。交流有 36V、127V、220V 和 380V，直流有 24V、48 V、220V 和 440V。

④ 机械寿命和电气寿命。接触器的机械寿命可达数百万次以至一千万次；电气寿命一般是机械寿命的 5%～20%。

⑤ 线圈消耗功率。可分为启动功率和吸持功率。对于直流接触器两者相等；对于交流接触器，一般启动功率约为吸持功率的 5～8 倍。

⑥ 额定操作频率。接触器的额定操作频率是指每小时允许的操作次数，一般有 300 次/h、600 次/h、1200 次/h。

⑦ 动作值是指接触器的吸合电压和释放电压。规定接触器的吸合电压大于线圈额定电压的 85%时应可靠吸合，释放电压不高于线圈额定电压的 70%。

交流接触器的型号含义如图 1.12 所示。

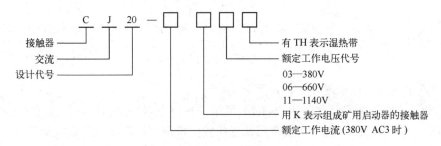

图 1.12　交流接触器的型号含义

5）接触器的选用

选择接触器时应从其工作条件出发，主要考虑下列因素：

① 控制交流负载应选用交流接触器；控制直流负载应选用直流接触器。

② 接触器的使用类别应与负载性质相一致。

③ 主触点的额定工作电压应大于或等于负载电路的电压。

④ 主触点的额定工作电流应大于或等于负载电路的电流。还要注意的是，接触器的主触点的额定工作电流是在规定条件下（额定工作电压、使用类别、操作频率等）能够正常工作的电流值，当实际使用条件不同时，这个电流值也将随之改变。

⑤ 吸引线圈的额定电压应与控制回路电压相一致，接触器在线圈额定电压 85%及以上时应能可靠地吸合。

⑥ 主触点和辅助触点的数量应能满足控制系统的需要。

8．热继电器

热继电器是利用电流的热效应来切断电路的保护电器，主要用于三相异步电动机的过载、缺相及三相电流不平衡的保护。电动机工作时如果长时间严重过载，绕组温升超过允许值，将会加剧绕组绝缘老化，甚至会烧坏绕组，缩短电动机的使用寿命。

1）热继电器的结构和符号

热继电器的结构如图 1.13（a）所示，图 1.13（b）为热继电器的符号。

热继电器的形式有多种，其中以双金属片式最多。双金属片式热继电器主要由双金属片

06　热继电器

热元件、动作机构、触点系统、整定装置及复位按钮等组成。复位按钮是热继电器动作后进行手动复位的按钮，可以防止热继电器动作后，因故障未被排除而电动机又启动而造成更大的事故。

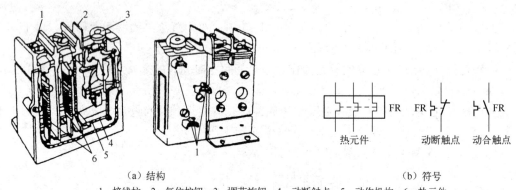

（a）结构　　　　　　　　　　　（b）符号

1—接线柱；2—复位按钮；3—调节旋钮；4—动断触点；5—动作机构；6—热元件

图1.13　热继电器的结构和符号

2）热继电器的工作原理

热继电器的动作原理示意图如图1.14所示。热继电器正常工作时，热元件感知电流，将热量传到主双金属片14上，主双金属片受热发生弯曲变形不足以使继电器动作；过载时，热元件上电流过大，主双金属片弯曲变形加剧，向右推动导板16，使常闭触点动作切断控制电路（保护主电路）；热继电器动作后，经过一段时间的冷却自动复位，也可按复位按钮13手动复位（根据使用要求通过复位调节螺钉9来自由选择复位方式）。旋转凸轮6置于不同位置可以调节热继电器的整定电流。

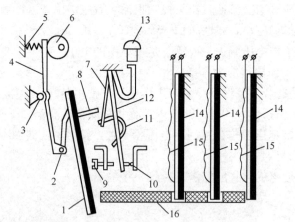

1—补偿双金属片；2—销子；3—支撑；4—杠杆；5—弹簧；6—凸轮；
7、12—片簧；8—推杆；9—调节螺钉；10—触点；11—弓簧；
13—复位按钮；14—主双金属片；15—发热元件；16—导板

图1.14　热继电器的动作原理示意图

3）热继电器主要技术参数及型号含义

热继电器主要技术参数有：热继电器额定电流、相数、热元件额定电流、整定电流及调节范围等。常用的热继电器有 JR16、JR16D、JR20 等系列。热继电器的型号含义如图 1.15 所示。

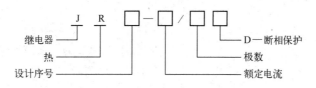

图 1.15　热继电器的型号含义

二、直接启动控制电路分析

1. 手动控制电路分析

手动控制就是通过刀开关把电动机直接接入电网，加上额定电压。手动控制主要用来不频繁地接通与分断小型电动机，它是三相异步电动机最简单的控制方法。对于大中容量的电动机，一般需要用接触器、继电器来控制。如图 1.16 所示。

合上刀开关 QS（引入三相电源），三相异步电动机经熔断器 FU、热继电器 FR 得电启动，断开 QS，电动机失电停转。

2. 点动控制电路分析

点动控制就是按下启动按钮时，电动机得电启动，松开按钮时，电动机失电停转。点动控制多用于机床刀架、横梁、立柱等快速移动和机床对刀等场合，是机床中常用的电路。电路原理图如图 1.17 所示。

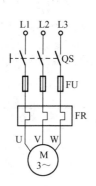 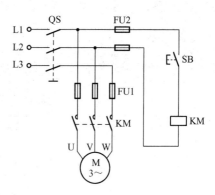

图 1.16　三相异步电动机的手动控制电路　　图 1.17　三相异步电动机的点动控制电路

合上刀开关 QS（引入三相电源），按下按钮 SB，接触器 KM 线圈得电，接触器 KM 主触点闭合，电动机接通电源启动运行。

松开按钮 SB，接触器 KM 线圈失电，接触器 KM 主触点恢复断开，电动机断电停转。

注意：当控制电路停止使用时，必须断开 QS。

3. 连续控制电路分析

连续控制就是按下启动按钮时电动机转动工作，松开启动按钮时电动机不会停止转动。

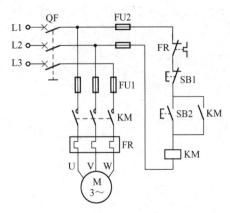

图 1.18 连续运转控制电路

连续控制多用于控制电动机长期连续运行，适用于需要长时间单向运行的机械设备等场合。电路原理图如图 1.18 所示。

启动控制：合上断路器 QF（引入三相电源），按下启动按钮 SB2，接触器 KM 线圈得电，KM 主触点闭合（同时与 SB2 并联的 KM 动合辅助触点闭合），电动机 M 通电运转。当松开按钮 SB2 时，KM 线圈仍可通过与 SB2 并联的 KM 动合辅助触点保持通电，从而使电动机连续运转。

自锁触点：通常利用接触器自身的辅助触点保持线圈通电的现象称为自锁。起到自锁作用的动合辅助触点称为自锁触点。

停机控制：按下停止按钮 SB1，接触器 KM 线圈失电，KM 主触点、辅助触点断开，电动机断电停止运转。

注意：当控制电路停止使用时，必须断开 QS。

07　电动机自锁控制电路

技能操作

1. 操作目的

（1）掌握三相异步电动机直接启动、点动、连续运转控制电路的工作原理。

（2）进一步熟悉异步电动机控制电路的接线方法。

（3）学会直接启动、点动、连续运转控制电路的故障分析及排除方法。

2. 操作器材

按照表 1.1 所示配齐所有工具、仪表及电气元件，并进行质量检验。

表 1.1　工具、仪表及器材

工具	验电笔、一字螺丝刀、十字螺丝刀、尖嘴钳、斜口钳、剥线钳、电工刀
仪表	万用表
器材	三相异步电动机 1 台
	三极刀开关 1 个，三极低压断路器 1 个
	螺旋式熔断器 5 个
	常开按钮 1 个，常闭按钮 1 个
	热继电器 1 个
	交流接触器 1 个
	端子板 1 组
	控制板 1 块
	导线若干（主电路所用导线的颜色规格应与辅助电路有区别）
	紧固体若干
	编码套管若干

3．操作步骤

① 在控制板上合理布置电气元件。

② 按控制原理图 1.16、图 1.17、图 1.18 接好线路（电动机Δ形连接）。注意接线时，先接负载端再接电源端，先接主电路，后接辅助电路，接线顺序从上到下。

③ 通电之前，必须征得指导老师同意，并由指导老师接通三相电源，同时在场监护。

④ 学生闭合电源开关 QF 后，用验电笔检查熔断器出线端，氖管亮说明电源接通。

⑤ 直接启动控制时，合上电源刀开关 QS，观察电动机是否正常运行。

⑥ 点动控制时，按下启动按钮 SB，观察电动机是否正常运行。

⑦ 连续控制时，按下启动按钮 SB2，观察电动机是否正常运行，有无自锁，比较按下与松开 SB2 电动机和接触器的运行情况有无变化。

⑧ 实践完毕切断实践线路电源。

4．注意事项

① 电动机使用的电源电压和绕组接法必须与铭牌上规定的相一致。

② 不要随意更改线路和带电触摸电气元件。

③ 电动机、刀开关及按钮的金属外壳必须可靠接地。

④ 电源进线应接在螺旋式熔断器的下接线柱，出线则应接在上接线柱。

⑤ 按钮内接线时，用力不可过猛，以防螺钉滑扣。

⑥ 电动机过载热继电器动作后，如要再次启动电动机，必须待热元件冷却后，才能使热继电器复位，一般自动复位时间不大于 5min，手动复位时间不大于 2min。

⑦ 用验电笔检查故障时，必须检查验电笔是否符合使用要求。

⑧ 通电试验时，注意观察电动机、各电气元件及线路各部分工作是否正常，如发现异常情况，必须立即切断电源。

5．故障分析

（1）按下启动按钮，电动机不能启动的故障原因是什么？

（2）画出实践中出现故障的电路图，分析故障原因并写出排除故障的过程。

6．思考题

（1）三相异步电动机连续控制线路接好后，发现只能点动控制，不能连续控制，为什么？

（2）什么是自锁触点？

知识拓展　复杂点动与多地控制电路分析

1．中间继电器

中间继电器可以将一个输入信号变成多个输出信号，用来增加控制回路或放大信号，因为其在控制电路中起中间控制作用，故称为中间继电器。中间继电器体积小，动作灵敏度高，并在 10A 以下电路中可代替接触器起控制作用。

根据负载电源类型不同，中间继电器分为交流和直流两大类，交流中间继电器多用于机床电气控制系统，直流中间继电器多用于电子电路和计算机控制电路。

1）中间继电器的外形结构和符号

中间继电器的外形结构如图 1.19（a）所示，如图 1.19（b）所示为中间继电器的符号。

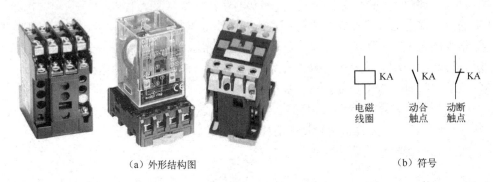

（a）外形结构图　　　　　　　　　　　　　（b）符号

图 1.19　中间继电器的外形结构和符号

中间继电器实质上是一种电压继电器，它由电磁机构和触点系统组成。中间继电器仅用于控制电路，基本结构与接触器类似，触点数量较多。触点一般有 8 动合、6 动合 2 动断、4 动合 4 动断三种组合形式；无主触点和灭弧装置，起中间放大作用。

2）中间继电器的工作原理

中间继电器的工作原理与交流接触器相同，当电磁线圈得电时，铁芯被吸合，触点动作，即动合触点闭合，动断触点断开；电磁线圈断电后，铁芯释放，触点复位。

3）中间继电器的型号含义

常用的中间继电器有 JZ7、JZ15、JZ17 等系列，中间继电器的型号含义如图 1.20 所示。

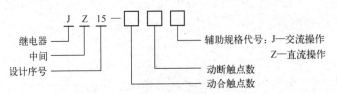

图 1.20　中间继电器的型号含义

2. 复杂的点动控制电路分析

如图 1.21（b）所示是带手动开关 SA 的点动控制电路，打开 SA 将自锁触点断开，可实现点动控制；合上 SA 可实现连续控制。如图 1.21（c）所示增加了一个点动用的复合按钮 SB3，点动时用其常闭触点断开接触器 KM 的自锁触点，实现点动控制；连续控制时，可按启动按钮 SB2。如图 1.21（d）所示是用中间继电器实现点动的控制电路，点动时按 SB3，中间继电器 KA 线圈得电，中间继电器 KA 的常闭触点断开接触器 KM 的自锁触点，KA 的常开触点闭合，使接触器 KM 线圈通电，电动机点动运转；松开 SB3，中间继电器 KA 线圈失电，常开触点断开，使接触器 KM 线圈失电，电动机停机，实现点动控制；连续控制时，按下 SB2，接触器 KM 线圈得电并自锁，KM 主触点闭合，电动机 M 得电连续运转；需要停机时，按下 SB1 即可。

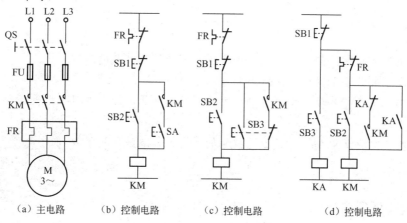

图 1.21　实现点动的几种控制电路

要求：能够识别三相异步电动机的几种点动控制电路原理图（见图 1.21），并根据电气原理图进行实物电路连接。

3. 多地控制电路分析

有些生产设备和机械，为了操作方便，需要在几个不同地方进行操作和控制，即实现多地控制。多地控制是用多组启动按钮、停止按钮来进行控制的，就是把各启动按钮的常开触点并联连接，各停止按钮的常闭触点串联连接，这样在任何地方按启动按钮，接触器线圈都能通电，电动机都能启动运行；在任何地方按停止按钮，接触器线圈都能断电释放，电动机都能停止运行。图 1.22 为三地控制电路图。

要求：能够识别三相异步电动机的三地控制电路原理图（见图 1.22），并根据电气原理图进行实物电路连接。

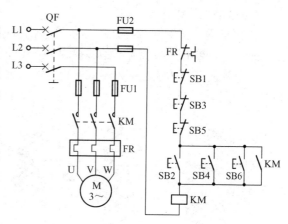

图 1.22　三相异步电动机三地控制电路图

任务 2　自动往返控制电路的接线与调试

任务描述

许多生产机械都需要正、反两个方向运动和控制生产机械运动部件在一定的行程范围内自动地往返循环，利用接触器、行程开关可控制三相异步电动机的正、反转和行程控制。它们的控制电路适用于机床主轴的正、反转、工作台的前进与后退、起重机的升降、组合机床的滑台。

任务目标

（1）熟悉复式控制按钮的作用和工作原理，掌握行程开关的工作原理。

（2）熟悉三相异步电动机改变转向的方法。

（3）能够识别三相异步电动机自动往返控制的电气原理图，并根据电气控制原理图进行实物电路的连接。

（4）掌握三相异步电动机自动往返控制的基本操作方法和故障处理。

知识储备

一、相关低压电器

08　行程开关

1. 行程开关

行程开关又称位置开关或限位开关，其作用是将机械位移转换成电信号，使电动机运行状态发生改变，即按一定行程自动停车、反转、变速或循环，以此来控制机械运动或实现安全保护。行程开关按结构分为机械结构的接触式有触点行程开关和电气结构的非接触式接近开关。

1）有触点行程开关

机械结构的接触式行程开关是依靠移动机械上的撞块碰撞其可动部件，使常开触点闭合、常闭触点断开来实现对电路的控制。当工作机械上的撞块离开可动部件时，行程开关复位，触点恢复其原始状态。机械式行程开关分为直动式、滚动式和微动式三种，其外形结构和符号如图 1.23 所示。

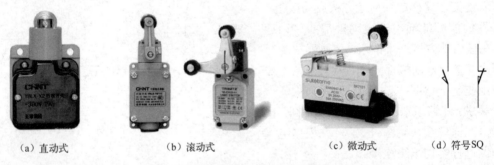

（a）直动式　　　　（b）滚动式　　　　（c）微动式　　　（d）符号SQ

图 1.23　行程开关的外形结构及符号

① 行程开关的结构和符号。行程开关主要由操作机构、触点系统和外壳等组成。直动式行程开关的结构如图 1.23（a）所示，它的动作原理与按钮相同，但它的缺点是触点分合速度取决于生产机械的移动速度，当移动速度低于 0.4m/min 时，触点分断太慢，易受电弧烧蚀。为此，应采用盘形弹簧瞬时动作的滚轮式行程开关，如图 1.23（b）所示。当生产机械的行程比较小、面作用力也很小时，可采用具有瞬时动作和微小行程的微动开关，如图 1.23（c）所示。行程开关的图形文字符号如图 1.23（d）所示。

② 行程开关的主要技术参数及型号。行程开关的主要技术参数有额定电压、额定电流、

触点换接时间、动作力、动作角度或工作行程、触点数量、结构形式和操作频率等。常用的行程开关有 LX19、LXW5、LXK3、LX32、LX33 等系列。新型 3SE3 系列行程开关额外负担工作电压为 500V，额定电流为 10A，其机械、电气寿命比常见行程开关更长。行程开关的型号含义如图 1.24 所示。

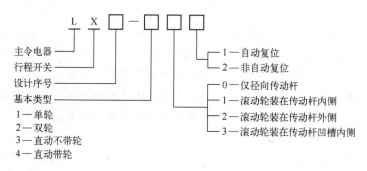

图 1.24　行程开关的型号含义

2）接近开关

在生产过程中完成对运动部件位置检测的常用器件就是电子接近开关，它可在物体与接近开关处于一定距离（不需要接触）时输出电信号，自动控制系统则根据电子接近开关的输出来判断被检测物体是否到达指定的位置。

电子接近开关根据被检测物体种类的不同和检测原理的不同，可以分为许多种类。常用的有电感式接近开关、电容式接近开关、磁性接近开关、光电接近开关等。

接近开关外形及文字符号如图 1.25 所示。

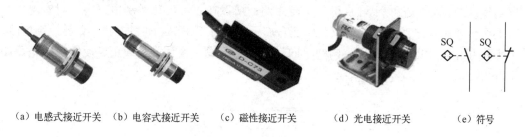

（a）电感式接近开关　（b）电容式接近开关　　（c）磁性接近开关　　　（d）光电接近开关　　　（e）符号

图 1.25　接近开关外形及符号

下面介绍几种接近开关的工作原理。

① 电感式接近开关的检测原理：电感式接近开关的内部有一个振荡器，振荡器的线圈组成了检测界面，当电感式接近开关通电工作时，在线圈的周围产生交变磁场，当有金属物体进入磁场时，其感生的涡流产生的附加磁场阻止了线圈周围磁场的交变，使振荡停止，从而使开关输出状态发生改变。

电感式接近开关主要用于金属部件的位置检测，所以被检测的运动部件必须是金属材料才能被电感式接近开关检测到。

② 电容式接近开关的内部也有一个振荡器，振荡器的电容位于检测面上，当有介电常数大于 1 的物体（金属或非金属）接近检测面时，其耦合电容值发生了改变，电路开始振荡，从而使得开关的输出状态发生改变，达到检测的目的。

电容式接近开关不仅可以用于检测金属部件、非金属部件的运动位置，还可以检测液体、流体的液面，甚至可以检测颗粒状、粉状物的物料位置。

③ 磁性接近开关一般用于检测磁性物体的运动，但也可以检测贴有磁铁块的运动物体的位置，经常用于活塞的位置检测，有时也作为限位开关使用。当磁性目标接近时，磁性接近开关输出开关信号，其检测距离随检测物体磁场强弱变化而变化。

④ 光电接近开关是通过把光强度的变化转换成电信号的变化来实现检测的。光电接近开关在一般情况下由发射器、接收器和检测电路三部分构成。发射器对准物体发射光束，发射的光束一般来源于发光二极管和激光二极管等半导体光源，光束不间断地发射，或者改变脉冲宽度。接收器由光电二极管或光电三极管组成，用于接收发射器发出的光线。检测电路用于滤出有效信号。常用的光电接近开关又可分为漫反射式、反射式、对射式等几种，它们中大多数的动作距离都可以调节。

光电接近开关具有灵敏度高、频率响应快、重复定位精度高、工作稳定可靠、使用寿命长等优点，在自动控制系统中已获得广泛应用。其主要系列型号有 LJ2、LJ6、LXJ6、LXJ18 和 3SC、LXT3 等。

二、自动往返控制电路分析

1. 接触器互锁的正、反转控制电路分析

在生产过程中，往往要求电动机能实现正、反两个方向的转动。由三相异步电动机的工作原理可知，改变电动机定子绕组的电源相序，就可使电动机转动方向改变。为此，只要用两只交流接触器就能实现这一要求。如果这两个接触器同时工作，这两根电源线将通过它们的主触点引起电源短路，所以在正、反转控制电路中，对实现正、反转的两个接触器之间要互相连锁，保证它们不能同时工作。电动机的正、反转控制电路，实际上由互相连锁的两个相反方向的单向运行电路组成。接触器互锁正、反转控制电路如图 1.26 所示。

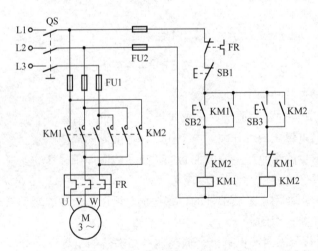

图 1.26　接触器互锁正、反转控制电路

① 合上电源开关 QS。

② 正转：按下正转启动按钮 SB2，接触器 KM1 线圈通电自锁，其辅助常闭触点断开，切断了接触器 KM2 的控制电路，KM1 主触点闭合，主电路按顺相序（L1→L2→L3）接通，电动机正转。

③ 停转：按下停止按钮 SB1，KM1 线圈断电，其常开触点断开，电动机停转。KM1 辅助常闭触点恢复闭合，为电动机反转做好准备。

④ 反转：按下反转启动按钮 SB3，则 KM2 线圈通电自锁，主电路按逆相序（L3→L2→L1）接通，电动机反转。同理，KM2 的常闭触点切断 KM1 的控制电路，使 KM1 线圈无法通电。

接触器辅助触点这种互相制约的关系称为"互锁"或"联锁"。这种互锁关系，能保证即使某一接触器发生触点熔焊或有杂物卡住，KM1 和 KM2 的主触点也不会同时闭合，避免了发生短路事故。

2. 按钮、接触器双重联锁的正、反转控制电路分析

为了提高劳动生产率，减少辅助时间，要求直接按反转按钮使电动机换向。为此，可将启动按钮 SB2、SB3 换接成复合按钮。当要求电动机由正转变为反转时，直接用复合按钮的常闭触点来断开转向相反的接触器线圈的通电回路。正、反转控制电路如图 1.27 所示。

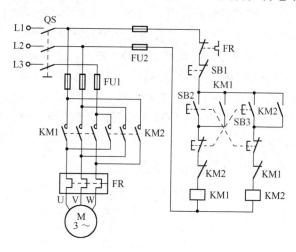

图 1.27　按钮、接触器双重联锁的正、反转控制电路

① 合上电源开关 QS。

② 正转：按下正转启动按钮 SB2。SB2 的常闭触点先断开对 KM2 互锁；将复合按钮 SB2 按到底，其常开触点闭合，使接触器 KM1 线圈得电，KM1 常闭触点断开对 KM2 互锁，KM1 的自锁触点和主触点闭合，电动机得电正转。

③ 反转：按下反转启动按钮 SB3。SB3 的常闭触点先断开，使 KM1 线圈失电，KM1 的各触点复位，解除对 KM2 的互锁，电动机失电；接着，SB3 的常开触点闭合，接触器 KM2 线圈得电。KM2 常闭触点断开对 KM1 互锁，KM2 的自锁触点和主触点闭合，电动机得电反转。

④ 停止：按下停止按钮 SB1，接触器 KM1 或 KM2 线圈失电，其触点复位，电动机断电停转。

3. 自动往返的正、反转控制电路

机械设备中如机床的工作台、高炉的加料设备等均要自动往返运行，而自动往返的可逆运行通常是利用行程开关来检测往返运动的相对位置，进而控制电动机的正、反转来实现生产机械的往复运动。

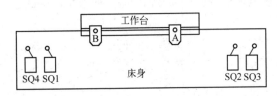

图 1.28　机床工作台往复运动的示意图

如图 1.28 所示为机床工作台往复运动的示意图。行程开关 SQ1、SQ2 分别固定安装在床身上，反映加工终点与原位。撞块 A、B 固定在工作台上，随着运动部件的移动分别压下行程开关 SQ1、SQ2，使其触点动作，改变控制电路的通断状态，使电动机正、反向运转，实现运动部件的自动往返运动。

如图 1.29 所示为往复自动循环的控制电路，图中 SQ1 为反向转正向行程开关，SQ2 为正向转反向行程开关，SQ3、SQ4 为正、反向极限保护行程开关。合上电源开关 QS，按下正转启动按钮 SB2，KM1 线圈通电并自锁，电动机正向启动旋转，拖动工作台向右前进，当前进到位，撞块 A 压下 SQ2，其常闭触点断开，线圈 KM1 断电，电动机停转，但 SQ2 常开触点闭合，又使线圈 KM2 通电并自锁，电动机由正转变为反转，拖动工作台后退，即向左移动。当后退到位时，撞块 B 压下 SQ1，使其常闭触点断开，常开触点闭合，使线圈 KM2 断电，KM1 线圈通电并自锁，电动机由反转变为正转，拖动工作台变后退为前进，如此周而复始地自动往复工作。按下停止按钮 SB1 时，电动机停止，工作台停止运动。当行程开关 SQ1、SQ2 失灵，则由极限保护行程开关 SQ3、SQ4 实现保护，避免运动部件因超出极限位置而发生事故，实现了限位保护。

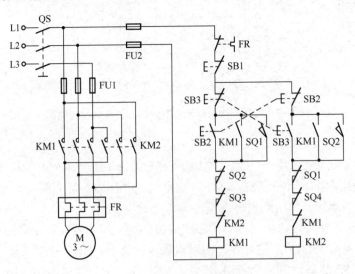

图 1.29　自动往返的控制电路

技能操作

1. 操作目的

（1）掌握三相笼形异步电动机正、反转控制和自动往返控制电路的工作原理，加深理解电路中电气联锁与机械联锁的原理。

（2）进一步熟悉异步电动机控制电路的接线方法。

（3）学会正、反转控制和自动往返电路的故障分析及排除方法。

2. 操作器材

按照表 1.2 所示配齐所有工具、仪表及电气元件，并进行质量检验。

表 1.2　工具、仪表及器材

工具	验电笔、一字螺丝刀、十字螺丝刀、尖嘴钳、斜口钳、剥线钳、电工刀
仪表	万用表
器材	三相异步电动机 1 台
	三极刀开关 1 个
	螺旋式熔断器 5 个
	常开按钮 2 个，常闭按钮 1 个
	热继电器 1 个
	行程开关 1 个
	交流接触器 2 个
	端子板 1 组
	控制板 1 块
	导线若干（主电路所用导线的颜色规格应与辅助电路有区别）
	紧固体若干
	编码套管若干

3. 操作步骤

（1）在控制板上合理布置电气元件。

（2）按控制原理图接好线路（电动机 Δ 形连接）。注意接线时，先接负载端再接电源端，先接主电路，后接辅助电路，接线顺序从上到下。

（3）通电之前，必须征得指导老师同意，并由指导老师接通三相电源，同时在场监护。

（4）学生闭合电源开关 QS 后，用验电笔检查熔断器出线端，氖管亮说明电源接通。

（5）正、停、反控制时，先按下启动按钮 SB2，观察并记录电动机的运转情况（特别是电动机的转向），注意观察有无互锁作用；再按下停止按钮 SB1，使电动机停转；然后按下按钮 SB3，观察并记录电动机的运转情况（特别是电动机的转向），注意观察有无互锁作用。

（6）正、反、停控制时，先按下启动按钮 SB2，观察并记录电动机的运转情况（特别是电动机的转向），注意观察有无互锁作用；再按下反转按钮 SB3，观察并记录电动机的运转情况，注意观察有无互锁作用；然后按下停止按钮 SB1，使电动机停转。

（7）自动往返控制时，按下启动按钮 SB2，观察电动机的运转方向及工作台移动方向；当工作台上安装的挡铁压下右行限位开关 SQ2 时，观察电动机的运转方向及工作台移动方向；当工作台上安装的挡铁压下左行限位开关 SQ1 时，观察电动机的运转方向及工作台移动方向。按下停止按钮 SB1，电动机停转。

（8）操作实践完毕切断电源。

注意： 出现故障后，若要带电检修，必须有指导老师在场监护。

4. 注意事项

（1）不要随意更改电路和带电触摸电气元件。

（2）电动机、刀开关及按钮的金属外壳必须可靠接地。

（3）电源进线应接在螺旋式熔断器的下接线柱，出线则应接在上接线柱。

（4）按钮内接线时，用力不可过猛，以防螺钉滑扣。

（5）接触器的互锁触点接线必须保证正确，否则会造成主电路中电源两相短路事故。

（6）用验电笔检查故障时，必须检查验电笔是否符合使用要求。

（7）通电时，注意观察电动机、各电气元件及线路各部分工作是否正常，如发现异常情况，必须立即切断电源。

5. 故障分析

（1）分析分别按下正、反转按钮，电动机旋转方向不变的故障原因。

（2）画出操作实践中出现故障的电路图，分析故障原因并写出排除故障的过程。

6. 思考题

（1）若频繁持续操作 SB2 和 SB3，会产生什么现象？为什么？

（2）同时按下 SB2 和 SB3，会不会引起电源短路？为什么？

（3）当电动机正常正向/反向运行时，很轻地碰一下反向启动按钮 SB3/正向启动按钮 SB2，但未将按钮按到底，电动机运行状况如何？为什么？

（4）在工作台挡铁没有撞到限位开关 SQ1 情况下，压下按钮 SB2，电动机及工作台的工作情况是怎样的？

知识拓展　多台电动机顺序控制电路

在装有多台电动机的生产机械上，各电动机所起的作用不同，有时需要按一定的顺序启动才能保证操作过程的合理和工作的安全可靠。例如，在铣床上就要求先启动主轴电动机，然后才能启动进给电动机。又如，带有液压系统的机床，一般都要先启动液压泵电动机，然后才能启动其他电动机。这些顺序关系反映在控制电路上，称为顺序控制。

如图 1.30 所示是两台电动机 M1 和 M2 的顺序控制电路。如图 1.30（a）所示为主电路，如图 1.30（b）、（c）、（d）所示为顺序控制电路，其中，如图 1.30（b）所示中当接触器 KM1 动作后才允许接触器 KM2 动作，为此将接触器 KM1 的常开触点串联在接触器 KM2 的线圈电路中。这样按下启动按钮 SB2，KM1 线圈通电并自锁，电动机 M1 启动运转。KM1 常开辅助触点闭合，通过 SB4 启动按钮控制接触器 KM2 通电吸合并自锁，电动机 M2 启动运转。按下各自的停止按钮 SB1 或 SB3，实现 M1 或 M2 的停止。如图 1.30（b）所示为顺序联锁启动电路。

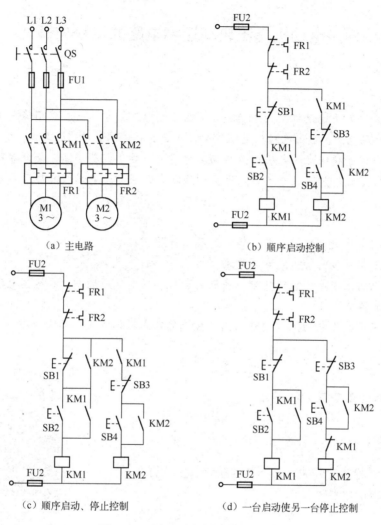

图 1.30　两台电动机的顺序控制电路

　　如图 1.30（c）所示为顺序启动与停止的联锁控制电路。它是在图 1.30（b）的基础上，将 KM2 的常开辅助触点并联在停止按钮 SB1 常闭触点两端。这样即使先按下 SB1，由于 KM2 线圈仍通电，电动机 M1 不会停转，只有先按下 SB3，电动机 M2 先停后，再按下 SB1 才能使 M1 停转。实现启动时先启动 M1 才可启动 M2，停车时先停 M2 后才可停止 M1 的顺序联锁控制。

　　如图 1.30（d）所示为电动机 M2 先启动，一旦启动 M1 后，M2 立即停止的联锁控制电路，为此，将 KM1 的常闭辅助触点串联在 KM2 的线圈电路中，这样，在 M1 未启动前，可通过按钮 SB4 使 KM2 线圈通电并自锁，电动机 M2 启动运转，一旦按下启动按钮 SB2，接触器 KM1 线圈通电并自锁，电动机 M1 启动运转；同时 KM1 常闭辅助触点断开，切断接触器 KM2 线圈的回路，KM2 线圈断电释放，M2 便停止运转。

要求：能够识别三相异步电动机的顺序控制电路原理图（见图 1.30），并根据电气原理图进行实物电路连接。

任务 3　三相异步电动机降压启动控制电路的接线与调试

任务描述

大容量的笼形异步电动机（大于 10kW）因启动电流较大，一般采用降压启动的方式来启动，以减小启动电流，防止电动机电枢过热，并减少对电网的冲击。具体的方法是启动时，首先降低电动机定子绕组上的电压，待启动后再将电压恢复到额定值，使电动机在正常电压下运行。本任务是利用时间继电器的电气控制线路来完成异步电动机的降压启动控制。

任务目标

（1）熟悉组合开关、时间继电器的作用及工作原理。

（2）熟悉三相异步电动机的连接方法。

（3）能够识别三相异步电动机 Y-Δ 降压启动控制的电气原理图，并根据电气控制原理图进行实物电路的连接。

（4）掌握三相异步电动机 Y-Δ 降压启动控制的基本操作方法和故障处理。

知识储备

一、相关低压电器

1. 组合开关

组合开关又称转换开关，是一种多触点、多位置式，可控制多个回路的电器。

组合开关具有体积小、性能可靠、操作方便、安装灵活等优点，多用于机床电气控制线路中电源的引入开关，起着隔离电源作用，还可作为直接控制小容量异步电动机不频繁启动和停止的控制开关。

（1）组合开关的外形、结构和符号。组合开关由动触点（动触片）、静触点（静触片）、转轴、手柄、定位机构及外壳等部分组成。其动、静触点分别叠装于数层绝缘壳内。如图 1.31 所示为 HZ10 组合开关结构示意图，当转动手柄时，每层的动触点随方形转轴一起转动，从而实现对电路的通、断控制。组合开关同样也有单极、双极和三极之分，如图 1.32 所示。

HZ10 系列组合开关应安装在控制箱内，其操作手柄最好在它的前面或侧面。开关为断

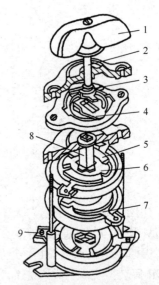

1—手柄；2—转轴；3—弹簧；4—凸轮；
5—绝缘垫板；6—动触点；7—静触点；
8—绝缘方轴；9—接线柱

图 1.31　HZ10 组合开关外形及结构示意图

开状态时应使手柄在水平旋转位置。

（2）组合开关的主要技术参数及型号。组合开关的常用产品有 HZ5、HZ10、HZ12、HZ15 等系列。主要参数技术有额定电压、额定电流和极数等。组合开关的型号含义如图 1.33 所示，其中，类型是指凡不标出类型代号（拼音字母）者，是同时通断或交替通断的产品；有 P 代号者，是两位转换的产品；有 S 代号者，是三位转换的产品；有 Z 代号者，是供转接电阻用的产品；有 X 代号者，是控制电动机进行星形—三角形降压启动的产品。

交替通断的产品，其极数标志部分有两位数字：第一位表示在起始位置上接通的电路数；第二位表示总的通断电路数。两位转换的产品，其极数标志前无字母代号者，是有一位断路的产品；极数标志前有字母代号 B 者，是有两位断路的产品；极数标志前有数字代号者，是无断路的产品。

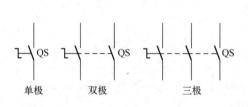

图 1.32　组合开关的符号

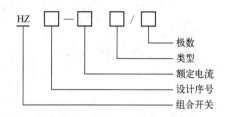

图 1.33　组合开关的型号含义

2. 万能转换开关

万能转换开关是一种多挡位、多段式、控制多回路的主令电器，当操作手柄转动时，带动开关内部的凸轮转动，从而使触点按规定顺序闭合或断开。万能转换开关一般用于交流 500V、直流 440V、约定发热电流 20A 以下的电路，用于电气控制线路的转换和配电设备的远距离控制、电气测量仪表转换，也可用于小容量异步电动机、伺服电动机、微电动机的直接控制。

（1）万能转换开关的外形和符号。万能转换开关外形和符号如图 1.34 所示，它依靠操作手柄带动转轴和凸轮转动，使触点动作或复位，从而按预定的顺序接通与分断电路，同时由定位机构确保其动作的准确可靠。操作时，手柄带动转轴和凸轮一起旋转，当手柄转到不同的位置时，可使每层的各触点按预先设置的规律接通或断开，故这种开关可以组成多种接线方案。

万能转换开关的触点在电路中的图形符号如图 1.34 所示，图形符号中"第一横线"代表一对触点，而用三条竖线分别代表手柄位置，哪一对触点接通就在代表该位置虚线上的触点下面用黑点"●"表示。触点的通断也可用接通表来表示，表中的"×"表示触点闭合，空白表示触点断开。

（2）万能转换开关的主要技术参数及型号。万能转换开关的主要技术参数有额定电压、额定电流、额定绝缘电压、约定发热电流、电寿命（次）、机械寿命（次）、操作频率（次/h）等。常用万能转换开关有 LW5、LW6、LW12-16 等系列，它们多用于电力拖动系统中对线路或电动机实行控制。LW6 系列型号含义如图 1.35 所示。

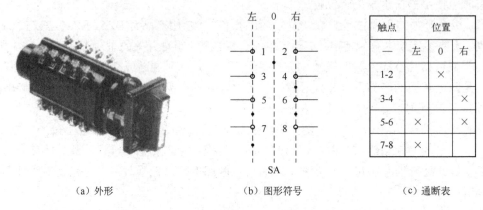

触点	位置		
—	左	0	右
1-2	×		
3-4			×
5-6	×		×
7-8	×		

（a）外形　　　　　　　（b）图形符号　　　　　　　（c）通断表

图 1.34　万能转换开关的外形、符号以及通断表

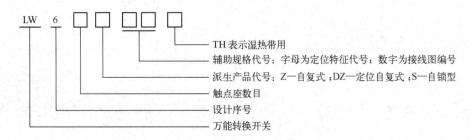

图 1.35　万能转换开关型号含义

3. 时间继电器

10　时间继电器

时间继电器是电路中控制动作时间的继电器，它是一种利用电磁原理或机械动作原理来实现触点延时接通或断开的控制电器，按其动作原理可分为电磁式、电动式、空气阻尼式、电子式、数字式等类型。目前应用最广泛的是电子式和数字式时间继电器，常见的时间继电器的外形结构如图 1.36 所示。

图 1.36　时间继电器外形

时间继电器有通电延时型和断电延时型两种类型。通电延时型时间继电器的动作原理是：线圈通电时，触点延时动作；线圈断电时，触点瞬时复位。断电延时型时间继电器的动作原理是：线圈通电时，触点瞬时动作；线圈断电时，触点延时复位。时间继电器的图形符

号如图 1.37 所示，文字符号用 KT 表示。

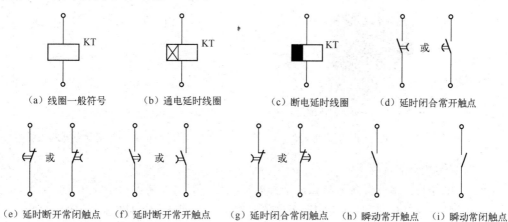

| （a）线圈一般符号 | （b）通电延时线圈 | （c）断电延时线圈 | （d）延时闭合常开触点 |

| （e）延时断开常闭触点 | （f）延时断开常开触点 | （g）延时闭合常闭触点 | （h）瞬动常开触点 | （i）瞬动常闭触点 |

图 1.37　时间继电器的图形符号

1）电子式时间继电器

电子式时间继电器由晶体管、集成电路和电子元器件等构成，目前已有采用单片机控制的时间继电器。它利用 RC 电路中电容两端电压不能跃变，只能按指数规律逐渐变化的原理获得延时。因此只要改变充电回路的时间常数即可改变延时时间。电子式时间继电器的型号含义如图 1.38 所示。

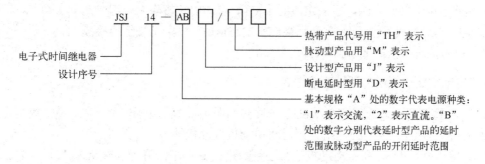

图 1.38　电子式时间继电器的型号含义

电子式时间继电器的主要技术参数有：工作电压（V）、延时触点数量（通电延时和断电延时）、瞬时动作触点数量（动合和动断）、延时范围（s）、功率损耗（W）、机械寿命（万次）等。常用电子式时间继电器有 JSJ、JSB、JS14、JS15、JS14A、JS20 等系列。

2）数字式时间继电器

数字式时间继电器可通过调整键"－"和"＋"设置定时时间，时间单位可在 s（秒）、m（分）、h（小时）之间切换，时间延时范围为 0.1s～99h。如图 1.39 和图 1.40 所示为 DH48S 系列数字式时间继电器，图 1.39 是安装好的时间继电器，图 1.40 是数字式时间继电器的接线图，图中②、⑦之间接直流或交流电源。该时间继电器是通电延时型，其中延时闭合的动合触点共有 2 对（①与③、⑥与⑧），延时断开的动断触点共有 2 对（①与④、⑤与⑧）。

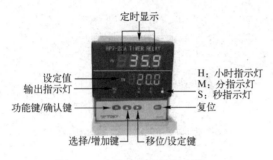

图 1.39 安装好的时间继电器

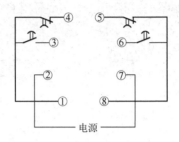

图 1.40 时间继电器的接线图

3）时间继电器的选用

时间继电器形式多样，各具特点，选择时应从以下几方面考虑：

① 根据控制电路对延时触点的要求选择延时方式，即通电延时型或断电延时型。

② 根据延时范围和精度要求选择继电器类型。

③ 根据使用场合、工作环境选择时间继电器的类型。如电源电压波动大的场合可选用空气阻尼式，环境温度变化大的场合不宜选用空气阻尼式和电子式时间继电器。

二、Y-Δ降压启动控制电路

11 电动机星-三角形降压启动控制电路

对于正常运行状态下定子绕组接成Δ连接且容量较大的三相笼形异步电动机，可采用 Y-Δ降压启动控制。电动机启动时，定子绕组接成星形连接，每相绕组电压降为电源电压额定值的 $1/\sqrt{3}$，启动电流值降为全压启动时电流值的 1/3。待电动机转速上升到接近额定转速时，将定子绕组换接成Δ连接，电动机进入全压下的正常运转状态。

1. 电动机定子绕组的两种连接方式

（1）定子绕组的 Y 连接。电动机的 Y 连接如图 1.41 所示，将 U2、V2、W2 短接，U1、V1、W1 接三相电源 L1、L2、L3，同时将电动机外壳接地。

（2）定子绕组的Δ连接。电动机的Δ连接如图 1.42 所示，将 U1 与 W2、V1 与 U2、W1 与 V2 短接，将 U1、V1、W1 接三相电源 L1、L2、L3。

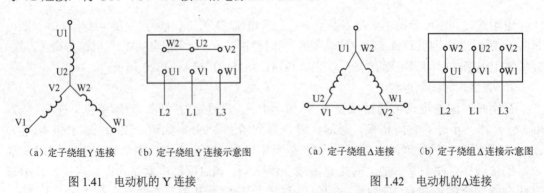

（a）定子绕组 Y 连接　（b）定子绕组 Y 连接示意图

图 1.41　电动机的 Y 连接

（a）定子绕组Δ连接　（b）定子绕组Δ连接示意图

图 1.42　电动机的Δ连接

图 1.43 为 Y-Δ降压启动控制电路图。启动时，合上主电路电源开关 QS，接通控制电路电源，按下启动按钮 SB2，时间继电器 KT 和接触器 KM1、KM2 的线圈主触点同时得

电，KM1 常开触点闭合自锁，KM1 和 KM2 的主触点均闭合，使得电动机 Y 连接启动。经过一定时间延时后，电动机转速提高到接近额定转速，时间继电器 KT 延时动断触点断开，使接触器 KM2 线圈失电，其各触点恢复，断开电动机 Y 连接；KT 延时动合触点闭合，接触器 KM3 线圈得电，KM3 自锁触点闭合自锁，KM3 主触点闭合，使得电动机△连接运行。按下停止按钮 SB1，接触器 KM1、KM3 线圈失电，各触点复位，电动机断电停转。

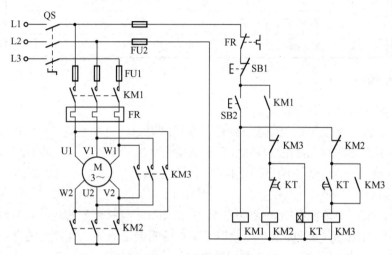

图 1.43　Y-△降压启动控制电路

注意： 当控制电路停止使用时，必须断开 QS。

技能操作

1. 操作目的

（1）了解空气阻尼式时间继电器的结构、原理和使用方法。
（2）掌握 Y-△降压启动控制电路工作原理。
（3）进一步熟悉电路的接线方法、故障分析及排除方法。

2. 操作器材

按照表 1.3 所示配齐所有工具、仪表及电气元件，并进行质量检验。

表 1.3　工具、仪表及器材

工具	验电笔、一字螺丝刀、十字螺丝刀、尖嘴钳、斜口钳、剥线钳、电工刀
仪表	万用表
器材	三相异步电动机 1 台
	三极组合开关 1 个
	螺旋式熔断器 5 个
	常开按钮 1 个，常闭按钮 1 个
	热继电器 1 个

	时间继电器 1 个
	交流接触器 3 个
	端子板 1 组
器材	控制板 1 块
	导线若干（主电路所用导线的颜色规格应与辅助电路有区别）
	紧固体若干
	编码套管若干

3. 操作步骤

（1）在控制板上合理布置电气元件。

（2）断开电源，按控制原理图接好线路。接线时要保证电动机定子绕组连接的正确性。控制 Y 连接的接触器 KM2 的进线必须按要求从定子绕组的末端引入，即 U2、V2、W2 端；控制 △ 连接的接触器 KM3 的主触点闭合时，应保证定子绕组 U1 端与 W2 端、V1 端与 U2 端、W1 端与 V2 端连接。

（3）通电之前，必须征得指导老师同意，并由指导老师接通三相电源，同时在场监护。

（4）学生闭合电源开关 QS 后，用验电笔检查熔断器出线端，氖管亮说明电源接通。

（5）先按下启动按钮 SB2，观察并记录电动机的运转情况；然后按下停止按钮 SB1，使电动机停转。如出现故障应会自行排除。

（6）调节时间继电器的延时时间，重新启动电动机，记录启动的时间值。调节时间继电器的延时时间，重新启动电动机，记录启动的时间值。

（7）实践完毕切断实践线路电源。

4. 注意事项

（1）不要随意更改线路和带电触摸电气元件。

（2）电动机的金属外壳必须可靠接地。

（3）电源进线应接在螺旋式熔断器的下接线柱，出线则应接在上接线柱。

（4）按钮内接线时，用力不可过猛，以防螺钉滑扣。

（5）用验电笔检查故障时，必须检查验电笔是否符合使用要求。

（6）Y-△降压启动控制的电动机应有 6 个出线端子且定子绕组在△连接时的额定电压等于三相电源的线电压。

（7）通电试验时，注意观察电动机、各电气元件及线路各部分工作是否正常，如发现异常情况，必须立即切断电源。

5. 故障分析

（1）合上电源开关 QS，按下 SB2，KM1 和 KM2 得电动作，电动机启动，但时间继电器延时时间已过，电路仍无切换动作，分析故障原因，并排除故障。

（2）若在操作实践过程中出现故障，画出错接的电路图，对故障原因进行分析。

6．思考题

（1）若把图 1.43 中时间继电器的延时常开、常闭触点，错接成瞬时动作的常开、常闭触点，电路的工作状态如何变化？

（2）若把图 1.43 中按钮 SB3 的常开触点与常闭触点接反了，电路的工作状态如何变化？

（3）请设计一个用断电延时的时间继电器控制的 Y-Δ 降压启动控制电路。

知识拓展　自耦变压器和延边三角形降压启动控制电路

1．自耦变压器降压启动控制电路

对于容量较大的正常运行时定子绕组接成星形（Y 形）的笼形异步电动机，可采用自耦变压器来降低电动机的启动电压。

如图 1.44 所示为自耦变压器降压启动控制电路。启动时，合上电源开关 QS，按启动按钮 SB2，接触器 KM1 线圈和时间继电器 KT 线圈得电，KT 瞬时动作的常开触点闭合自锁，接触器 KM1 主触点闭合，将电动机定子绕组经自耦变压器接至电源，定子绕组得到的电压是自耦变压器的二次电压，电动机降压启动。经过一段延时后，时间继电器延时断开常闭触点，使 KM1 失电，自耦变压器从电网上切除。而延时常开触点闭合，接触器 KM2 线圈得电，于是电动机直接接到电网上全压运行。

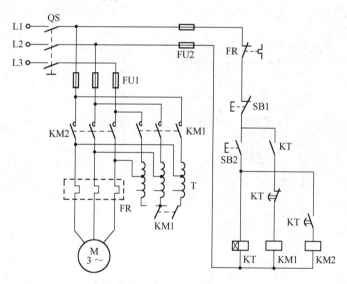

图 1.44　自耦变压器降压启动控制电路

要求： 能够识别三相异步电动机的自耦变压器降压启动控制电路原理图（见图 1.44），并能根据电气原理图进行实物电路连接。

2．延边三角形降压启动控制电路

延边三角形降压启动是既不增加专用启动设备，还可适当提高启动转矩的一种降压启动方法。延边三角形的启动方法是在每相定子绕组中引出一个抽头，启动时将一部分定子绕组接成三角形，另一部分接成 Y 形，称为延边三角形连接；启动结束时，再将定子绕组接成三角形（Δ形）运行。绕组连接如图 1.45 所示。

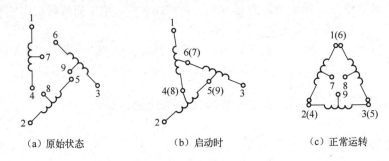

（a）原始状态   （b）启动时   （c）正常运转

图 1.45　延边绕组示意图

延边三角形降压启动控制电路如图 1.46 所示。合上电源开关 QS，按下启动按钮 SB2，接触器 KM1 得电并自锁，KM1 主触点闭合，定子绕组接点 1、2、3 接通电源，同时时间继电器 KT 线圈通电进行延时；接触器 KM3 线圈通电，KM3 主触点闭合，定子绕组接点 4-8、5-9、6-7 连接使电动机成延边三角形启动。当时间继电器延时时间到，KT 延时打开动断触点断开，使接触器 KM3 线圈断电；KT 延时闭合动合触点闭合，接触器 KM2 线圈通电并自锁，KM2 主触点闭合，定子绕组接点 1-6、2-4、3-5 连接成三角形运行。同时 KM2 的常闭触点断开，KT 线圈失电，使 KT 各触点复位，为下一次启动做准备。

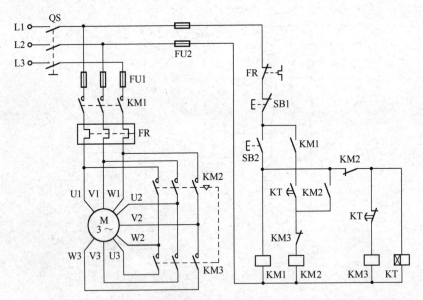

图 1.46　延边三角形降压启动控制电路

要求：能够识别三相异步电动机的延边三角形降压启动控制电路原理图（见图 1.46），并能根据电气原理图进行实物电路连接。

任务 4　三相异步电动机的制动控制电路的接线与调试

任务描述

由于转子惯性的关系，三相异步电动机从切断电源到完全停止旋转，需要持续一段时间，这不能满足某些生产机械的工艺要求。如卧式镗床、万能铣床、组合机床等，无论是从提高生产效率，还是从安全及准确定位等方面考虑，都要求电动机能迅速停车，所以要对电动机进行制动控制。本任务是利用速度继电器的电气控制线路来完成异步电动机的反接制动控制。

任务目标

（1）熟悉速度继电器的作用及工作原理。
（2）熟悉三相异步电动机的反接制动原理。
（3）能够根据电气控制原理图进行电路的连接和故障处理。
（4）能改进、设计三相异步电动机制动线路。

知识储备

一、相关低压电器

速度继电器是根据电动机转轴的转速来切换电路的自动电器。它主要用于笼形异步电动机的反接制动控制中，故称为反接制动继电器。

1. 速度继电器外形、结构和符号

速度继电器外形、结构和符号如图 1.47 所示。速度继电器主要由转子、定子和触点三部分组成，转子是一个圆柱形永久磁铁，定子是一个笼形空心圆环，由硅钢片叠成，并装有笼形的绕组。速度继电器的轴与电动机的轴相连接，转子固定在轴上，定子与轴同心。

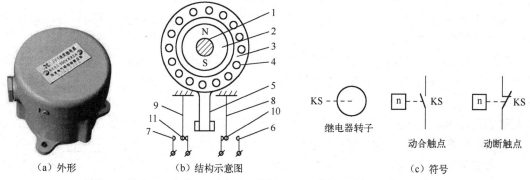

1—转轴；2—转子；3—定子；4—绕组；5—摆锤；6、7—静触点；8、9—簧片；10、11—动触点

图 1.47　速度继电器外形、结构和符号

2. 速度继电器的工作原理

当电动机转动时,速度继电器的转子随之转动,绕组切割磁场产生感应电动势和电流,此电流和永久磁铁的磁场作用产生转矩,使定子随着转子的转动方向偏摆,通过定子柄拨动触点,使常开触点闭合,常闭触点断开。当电动机转速下降到接近零时,转矩减小,定子柄在弹簧力的作用下恢复原位,触点也复位。

速度继电器有两组触点(各有一对动合触点和一对动断触点),可分别控制电动机正、反转的反接制动。

3. 速度继电器的主要技术参数和型号

常用的速度继电器有 JY1 和 JFZ0 型。现以 JY1 型速度继电器为例,它的主要技术参数包含:动作转速(一般不低于 120r/min),复位转速(约在 100r/min 以下);工作时,允许的转速高达 1000～3600 r/min。速度继电器的型号含义如图 1.48 所示。

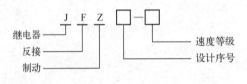

图 1.48　速度继电器的型号含义

13　反接制动控制电路

二、反接制动控制电路的分析

电动机从切断电源到完全停止旋转,由于系统惯性作用,转子要经一段时间才能停止转动,为了缩短辅助时间,提高生产效率,使停机位置准确,并为了安全生产,要求电动机能迅速停车,一般采用机械制动和电气制动,机械制动采用电磁抱闸或液压装置制动,电气制动是在电动机上产生一个与原转动方向相反的电磁制动转矩,迫使电动机迅速停转。电气制动有反接制动和能耗制动两种。

反接制动是靠改变定子绕组中三相电源的相序,产生一个与转子惯性转动方向相反的电磁转矩,使电动机迅速停下来,制动到接近零转速时,再将反相序电源切除。通常采用速度继电器来检测速度的过零点,并及时切除三相反相序电源。

如图 1.49 所示是电动机单向反接制动控制电路,图中 KM1 为单向运行接触器,KM2 为反接制动接触器,KS 为速度继电器,R 为反接制动电阻。

电路工作原理:电动机转动时,速度继电器 KS 的常开触点闭合,为反接制动时接触器 KM2 线圈通电做好准备;停车时,按下复合按钮 SB1,KM1 线圈断电释放,电动机脱离三相电源以惯性转动。同时接触器 KM2 线圈通电吸合并自锁,使电动机定子绕组中三相电源的相序相反,电动机进入反接制动状态,转速迅速下降。当电动机转速接近零时,速度继电器 KS 的常开触点复位,KM2 线圈断电释放,切断了电动机的反相序电源,反接制动结束。

反接制动时,由于旋转磁场的相对速度很大,定子电流也很大。为了减小冲击电流,可在主回路中串入电阻 R 来限制反接制动的电流。

反接制动的优点是设备简单,调整方便,制动迅速,价格低;其缺点是制动冲击大,制动能量损耗大，不宜频繁制动，且制动准确度不高，故适用于要求制动迅速、系统惯性较大、制动不频繁的场合。

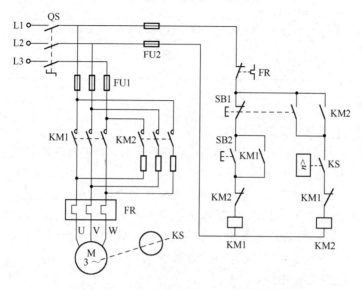

图 1.49　电动机单向反接制动控制电路

技能操作

1. 操作目的

（1）了解速度继电器的结构、原理和使用方法。
（2）掌握反接制动控制电路工作原理。
（3）进一步熟悉电路的接线方法、故障分析及排除方法。

2. 操作器材

按照表 1.4 所示配齐所有工具、仪表及电气元件，并进行质量检验。

表 1.4　工具、仪表及器材

工具	验电笔、一字螺丝刀、十字螺丝刀、尖嘴钳、斜口钳、剥线钳、电工刀
仪表	万用表
器材	三相异步电动机 1 台
	三极组合开关 1 个
	螺旋式熔断器 5 个
	常开按钮 1 个，常闭按钮 1 个
	热继电器 1 个
	速度继电器 1 个
	电阻 3 个
	交流接触器 3 个

器材	端子板 1 组
	控制板 1 块
	导线若干（主电路所用导线的颜色规格应与辅助电路有区别）
	紧固体若干
	编码套管若干

3．操作步骤

（1）在控制板上合理布置电气元件。

（2）断开电源，按控制原理图接好线路，注意接线时，先接负载再接电源；先接主电路，后接辅助电路，接线顺序从上到下。

（3）通电之前，必须征得指导老师同意，并由指导老师接通三相电源，同时在场监护。

（4）学生闭合电源开关 QS 后，用验电笔检查熔断器出线端，氖管亮说明电源接通。

（5）先按下启动按钮 SB2，观察并记录电动机的运转情况；然后按下停止按钮 SB1，一段时间后，观察速度继电器动作情况和电动机动作情况。

（6）操作实践完毕切断电源。

4．注意事项

（1）不要随意更改线路和带电触摸电气元件。

（2）电动机的金属外壳必须可靠接地。

（3）电源进线应接在螺旋式熔断器的下接线柱，出线则应接在上接线柱。

（4）按钮内接线时，用力不可过猛，以防螺钉滑扣。

（5）用验电笔检查故障时，必须检查验电笔是否符合使用要求。

（6）接触器 KM1 与 KM2 的互锁触点接线必须保证正确，否则会造成主电路中电源两相短路事故。

（7）制动时，停止按钮 SB1 要按到底。

（8）通电时，若制动不正常，可检查速度继电器是否符合规定要求。若要调节速度继电器的调整螺钉，则必须断开电源，否则会出现相对地短路而引起事故。

（9）通电时，注意观察电动机、各电气元件及线路各部分工作是否正常，如发现异常情况，必须立即切断电源。

5．故障分析

（1）按下制动按钮 SB1，电动机不能制动的故障原因。

（2）按下制动按钮 SB1，电动机能制动，但不能停止而接着反转的故障原因。

（3）按下制动按钮 SB1，能制动但效果不明显的故障原因。

6．思考题

（1）当停止按钮 SB1 没按到底，会出现什么情况？

（2）制动电阻 R 的大小对制动有什么影响？

（3）请设计一个正、反双向运行和双向反接制动控制的电路。

知识拓展　能耗制动控制电路

14　能耗制动控制电路

能耗制动是在三相异步电动机脱离三相交流电源后，迅速给定子绕组通入直流电流，产生恒定磁场，利用转子感应电流与恒定磁场的相互作用达到制动的目的。此制动方法是将电动机旋转的动能转变为电能，消耗在制动电阻上，故称为能耗制动。

如图 1.50 所示为三相异步电动机能耗制动电路，图中 KM1 为单向运行接触器，KM2 为能耗制动接触器，KT 为时间继电器，T 为整流变压器，UR 为桥式整流电路。

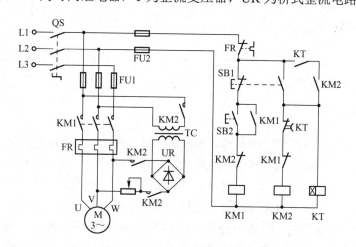

图 1.50　三相异步电动机能耗制动的控制动原理图

电路工作原理：电动机现已处于单向运行状态，所以 KM1 通电自锁。若要使电动机停止转动，按下停止按钮 SB1，接触器 KM1 断电释放，电动机脱离三相电源，接触器 KM2 和时间继电器 KT 同时通电吸合并自锁，KM2 主触点闭合，将直流电源接入定子绕组，电动机进入能耗制动状态。当转子转速接近零时，时间继电器延时断开常闭触点动作，KM2 线圈断电释放，断开能耗制动直流电源。常开辅助触点 KM2 复位，断开 KT 线圈电路，电动机能耗制动结束。

能耗制动的优点是制动准确、平稳、能量消耗小；缺点是需要一套整流设备，故适用于要求制动平稳、准确和启动频繁的容量较大的电动机。

要求：能够识别三相异步电动机的能耗制动控制电路原理图（见图 1.50），并根据电气原理图进行实物电路连接。

任务 5　三相异步电动机的调速控制电路的接线与调试

任务描述

在生产实践中，许多生产机械的运行速度需要根据加工工艺要求而人为调节，这种负载不变，人为调节转速的过程称为调速。通过改变传动机构转速比的调速方法称为机械调速，通过改变电动机参数而改变转速的方法称为电气调速。在不同的生产要求下，选择合适的调速方法，既能节省成本，又能提高生产效率。

任务目标

（1）熟悉三相异步电动机的调速原理。

（2）掌握三相异步电动机常用的电气调速方法。

（3）掌握双速电动机定子绕组的连接方法。

知识储备

一、调速控制方法

由三相异步电动机转速公式 $n = 60f_1(1-S)/P$ 可知，三相异步电动机调速有改变定子绕组磁极对数 P、改变转差率 S 和改变电源频率 f_1 三种方法。

1. 变极调速

在电源频率恒定的条件下，改变异步电动机的磁极对数，可以改变其同步转速，从而使电动机在某一负载下的稳定运行转速发生变化，达到调速目的。因为只有当定子、转子极数相等时才能产生平均电磁转矩，对于绕线转子异步电动机，在改变定子绕组接线来改变极对数的同时，也应改变转子绕组接线，以保持定子、转子极对数相同，这将使绕线转子异步电动机变极接线和控制复杂化。但是因为笼形转子绕组的极对数是感应产生的，当改变定子绕组磁极对数时，其转子磁极对数可自动跟随定子变化而保持相等，所以变极调速一般用于笼形异步电动机。

2. 变频调速

三相异步电动机变频调速具有优异的性能，调速范围大，调速的平滑性好，可实现无级调速；调速时异步电动机的机械特性硬度不变，稳定性好；变频时电压按不同规律变化可实现恒转矩，以适应不同负载的要求。变频调速是现代电力传动的一个主要发展方向，已广泛应用于工业自动控制中。根据转速公式可知，当转差率 S 变化不大时，异步电动机的转速 n 基本上与电源频率 f_1 成正比。连续调节电源频率，就可以平滑地改变电动机的转速。但是，电动机正常运行时，由电动机拖动课程可知：$U_1 \approx E_1 = 4.44 f_1 N_1 k_{w1} \Phi_0$。可以看出，若端电压 U_1 不变，则当频率 f_1 减小时，主磁通 Φ_0 将增加，这将导致磁路过分饱和，励磁电流增大，功率因数降低，铁芯损耗增大；而当 f_1 增大时，Φ_0 将减小，电磁转矩及最大转矩下降，过载能力降低，电动机的容量也得不到充分利用。所以单一地调节电源频率，将导致电动机运行性能的恶化。为使电动机能保持较好的运行性能，要求在调节 f_1 的同时，改变定子电压 U_1，以维持 Φ_0 不变，保持电动机的过载能力不变。

3. 改变转差率调速

改变转差率调速的方法有改变电源电压、改变转子回路电阻和电磁转差离合器等。改变转差率调速的特点是电动机同步转速保持不变。

1）改变定子电压调速

改变外加电压时，电动机的同步转速 n_1 是不变的，临界转差率 S_m 也保持不变，由于 $T_m \propto U_1^2$，电压降低时，最大转矩 T_m 按平方比例下降。当负载转矩不变，电压下降时，转速将下降（转差率 S 上升）。这种调速方法，当转子电阻较小时，能调节速度的范围不大；当转子电阻大时，可以有较大的调节范围，但损耗也随之增大。

2）改变转子电阻调速

由电动机拖动课程可知：绕线转子异步电动机转子串电阻后，同步转速不变，最大转速不变，临界转差率 S_m 增大，机械特性的斜率变大，且电阻越大。调速特征：在一定的负载转矩下，电阻越大，转速越低，这种调速为有级调速，调速平滑性差，损耗较大，调整范围有限，但调速方法简单，调速电阻可同时作为制动电阻使用，适用于重载下调速（例如起重机的拖动系统）。

二、双速异步电动机定子绕组的连接

交流电动机定子绕组磁动势的极对数取决于绕组中电流的方向，因此改变绕组接线使绕组内电流方向改变，就能够改变极对数 P。常用的单绕组变极电动机，其定子上只装一套绕组，就是利用改变绕组连接方式，来达到改变极对数 P 的目的。

在电动机定子的圆周上，电角度是机械角度的 2 倍，当极对数改变时，必然引起三相绕组的空间相序发生变化，此时若不改变外接电源相序，则变极后，不仅使电动机转速发生变化，而且电动机的旋转方向也发生了变化，为保证变极调速前后电动机旋转方向不变，在改变三相异步电动机定子绕组接线的同时，必须将三相电中的两相给予调换，使电动机接入的电源相序改变。

如图 1.51 所示是 4/2 极双速异步电动机定子绕组接线示意图，其中图（a）是 Δ 连接，定子绕组 U1、V1、W1 三端与电源连接，U2、V2、W2 接线端悬空，此时电动机磁极为 4 极（二对磁极），同步转速为1500r/min，是低速运行。每相绕组中的两个线圈串联，电流参考方向如图（a）中箭头所示。图（b）所示是 YY 形连接，接线端 U1、V1、W1 连在一起，U2、V2、W2接电源，此时电动机磁极为 2 极（一对磁极），同步转速为3000r/min，是高速运行。每相绕组中的两个线圈并联，电流参考方向如图（b）中箭头所示。

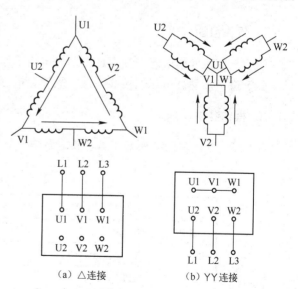

（a）△连接　　（b）YY 连接

图 1.51　双速异步电动机定子绕组接线示意图

三、双速电动机调速控制电路分析

利用时间继电器可使电动机在低速启动后自动切换至高速状态。如图 1.52 所示为双速电动机自动加速控制电路。

15　电动机调速控制电路

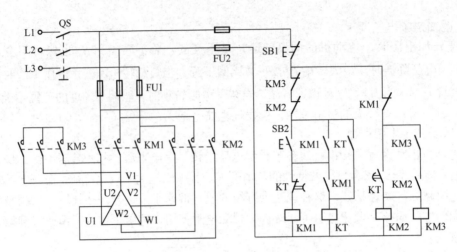

图 1.52　双速电动机自动加速控制电路

合上三相电源开关 QS，接通控制电路电源。按下 SB2，接触器 KM1 线圈通电并自锁，其辅助常开触点接通 KT 线圈，KM1 主触点同时闭合，电动机定子绕组为三角形连接，电动机低速运行。经过延时，KT 延时断开常闭触点断开，KM1 线圈失电，KT 延时闭合，常开触点闭合，KM2、KM3 线圈同时得电并自锁，电动机由△低速运转自动切换为双星形高速运转。若按下停止按钮 SB1，接触器 KM2、KM3 线圈断电释放，电动机停转。

技能操作

1．操作目的

（1）掌握时间继电器控制双速电动机电路工作原理。
（2）进一步熟悉电路的接线方法、故障分析及排除方法。

2．操作器材

按照表 1.5 所示配齐所有工具、仪表及电气元件，并进行质量检验。

表 1.5　工具、仪表及器材

工具	验电笔、一字螺丝刀、十字螺丝刀、尖嘴钳、斜口钳、剥线钳、电工刀
仪表	万用表
器材	三相异步电动机 1 台
	三极组合开关 1 个
	螺旋式熔断器 5 个
	常开按钮 1 个，常闭按钮 1 个
	热继电器 1 个
	交流接触器 3 个
	端子板 1 组

器材	控制板 1 块
	导线若干（主电路所用导线的颜色规格应与辅助电路有区别）
	紧固体若干
	编码套管若干

3．操作步骤

（1）在控制板上合理布置电气元件。

（2）断开电源，按控制原理图接好线路，注意接线时，先接负载再接电源；先接主电路，后接辅助电路，接线顺序从上到下。

（3）通电之前，必须征得指导老师同意，并由指导老师接通三相电源，同时在场监护。

（4）学生闭合电源开关 QS 后，用验电笔检查熔断器出线端，氖管亮说明电源接通。

（5）按下启动按钮 SB2，观察并记录电动机的运转情况；然后按下停止按钮 SB1，观察电动机动作情况。

（6）操作实践完毕切断电源。

4．注意事项

（1）不要随意更改线路和带电触摸电气元件。

（2）电动机、刀开关及按钮的金属外壳必须可靠接地。

（3）电源进线应接在螺旋式熔断器的下接线柱，出线则应接在上接线柱。

（4）按钮内接线时，用力不可过猛，以防螺钉滑扣。

（5）用验电笔检查故障时，必须检查验电笔是否符合使用要求。

（6）接线时，注意主电路中接触器 KM1、KM2 在两种转速下电源相序的改变，如果接错，电动机的转向将发生变化，换向时将产生很大的冲击电流。

（7）控制双速电动机Δ形接法的接触器 KM1 和 YY 形接法的 KM2 的主触点不能对调接线，否则不但无法实现双速控制要求，而且会在 YY 形运转时造成电源短路事故。

（8）通电试车前，要复验一下电动机的接线是否正确，并测试绝缘电阻是否符合要求。

（9）通电时，注意观察电动机、各电气元件及线路各部分工作是否正常，如发现异常情况，必须立即切断电源。

5．故障分析

（1）双速电动机从低速运行到高速运行的转向改变的故障原因。

（2）双速电动机只能在低速以Δ形运行，无法转入 YY 形连接运行的故障原因。

6．思考题

（1）对于三相笼形异步电动机，有几种调速方法？

（2）为什么双速电动机通常先要低速启动后再转入高速运行？

（3）双速电动机变速时对相序有什么要求？

知识拓展　变频器在机床上的应用

1. 变频器的基本结构

按变频原理来分，变频器可分为交—交和交—直—交两种形式。交—交变频器可将工频交流电直接变换成频率、电压均可控制的交流电，称为直接式变频器，而交—直—交变频器则是先把工频交流电通过整流变成直流电，然后再把直流电变换成频率、电压均可控制的交流电，又称间接式变频器。通用变频器多是交—直—交变频器，其基本结构图如图 1.53 所示，由主回路、整流器、中间直流环节、逆变器和控制回路组成。变频器外形如图 1.54 所示。

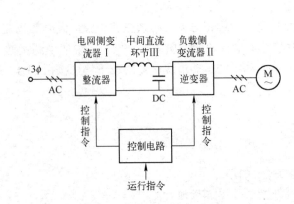

图 1.53　交—直—交变频器基本结构

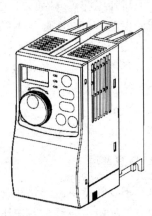

图 1.54　变频器外形图

2. 变频器在机床上的应用

机床加工大体上为两类：以车床为代表的工件旋转加工和以钻床、铣床、磨床为代表的刀具或磨具旋转加工。

铣床、钻床要求调速范围比较大，一般需要与机械变速机构配合，在进行切削螺纹等特殊加工时速度精度要求较高。磨床是最早采用变频器的机床设备，磨床采用的电动机主轴对额定运行频率一般要求为 200～2000Hz。随着开关器件的发展及开关频率的提高，通用变频器的控制性能大大提高，采用通用 V／F 型变频器，已经足够满足铣床、钻床、磨床及机床主轴等对于驱动的要求。

① 主回路应用接线图。主回路应用接线图如图 1.55 所示，图中 QF 为输入空气开关，R、S、T 为变频器三相交流输入端子，U、V、W 为变频器输出端子。

② 控制回路接线图。对于不同厂家生产的变频器，根据用户需求，一般有三种接线方式可供选择，以方便实现启动、正反转、点动、急停及故障复位等运行控制功能。需要注意的是控制端子的名称，不同的厂家略有不同。

③ 控制方式。两线控制方式 1：接线如图 1.56 所示，图中 FWD 为正转运行端子，REV 为反转运行端子，JOG 为点动运行端子，RESET 为故障复位端子，FRS 为自由停车或者外部故障输入端子，COM 为输入端子公共地。外部 SA1、SA2 为带自锁功能的常开开关，SB1、SB2 为不带自锁功能的常开按钮开关，SA3 为不带自锁功能的常闭按钮开关。SA1 闭合、SA2

断开，变频器正转运行；SA1 断开，SA2 闭合，变频器反转运行；SA1、SA2 断开或者 SA1、SA2 闭合，变频器均停机。

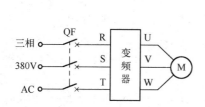

图 1.55　主回路应用接线图

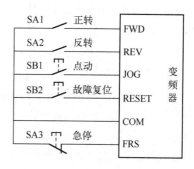

图 1.56　两线控制方式 1

两线控制方式 2：接线如图 1.57 所示，图中 FWD/REV 为正转/反转方向切换端子，RUN/STOP 为启动/停止命令端子。SA2 闭合、SA1 断开，变频器反转运行；SA2 闭合，SA1 闭合，变频器正转运行；SA1、SA2 断开或者 SA1、SA2 闭合，变频器均停机。

三线控制方式：如图 1.58 所示，图中 FWD/REV 为正转/反转切换端子，RUN 为启动命令端子，AUX 为停止命令（辅助命令）端子。在常闭按钮 SB1 于常态时，常开按钮 SB2 闭合一次，变频器将进入运行状态。运行方向由 SA1 的状态决定，SA2 断开时，变频器反转运行；SA1 闭合时，变频器正转运行。在运行过程中，如果常闭按钮 SB1 断开一次，则变频器停机。

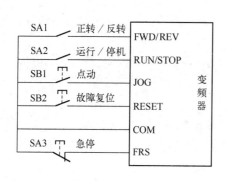

图 1.57　两线控制方式 2

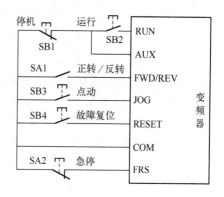

图 1.58　三线控制方式

项目 1 能力训练

一、填空题

1.1　刀开关在安装时，手柄要_____，不得_____，避免由于重力自动下落，引起误动合闸。接线时，应将_____接在刀开关的上端，_____接在刀开关的下端。

1.2　转换开关由_____、_____、_____、_____、_____及外壳等部分组成。

1.3　螺旋式熔断器在装接使用时，_____应当接在下接线端，_____接到上接线端。

1.4 自动空气开关又称_____，其热脱扣器作为_____保护用，电磁脱扣机构作为_____保护用，欠电压脱扣器作为_____保护用。

1.5 接触器按其主触点通过电流的种类不同可分为_____和_____接触器两种。

1.6 交流接触器由_____、_____、_____及其他部件组成。

1.7 热继电器是利用电流的_____效应而动作的。它的发热元件应_____于电动机电源回路中。

1.8 中间继电器的结构和原理和_____相同，故也称为_____继电器。

1.9 三相笼形异步电动机的控制电路一般由_____、_____、_____组成。

1.10 三相笼形异步电动机的启动方式有_____和_____，直接启动时，电动机启动电流（I_S）为_____的4～7倍。

1.11 依靠接触器自身的辅助触点保持线圈通电的电路称为_____电路，起到自锁作用的动合辅助触点称为_____。

1.12 多地控制是用多组_____、_____来进行控制的，就是把各启动按钮的常开触点_____连接，各停止按钮的常闭触点_____连接。

1.13 三相笼形异步电动常用的降压启动有_____、_____、_____、_____。

1.14 Y-Δ降压启动是指电动机启动时，定子绕组接成_____，以降低启动电压，限制启动电流，待电动机转速上升到接近_____时，将定子绕组换接成_____，电动机进入全压下的正常运转状态。

1.15 反接制动是靠改变定子绕组中三相电源的相序，产生一个与_____方向相反的电磁转矩，使电动机迅速停下来，制动到接近_____时，再将反相序电源切除。

二、判断题（正确的打√，错误的打×）

1.16 刀开关、铁壳开关、组合开关的额定电流要大于实际电路电流。（   ）

1.17 刀开关若带负载操作时，其动作越慢越好。（   ）

1.18 选择刀开关时，刀开关的额定电压应大于或等于线路的额定电压，额定电流应大于或等于线路的额定电流。（   ）

1.19 熔断器应用于低压配电系统和控制系统及用电设备中，作为短路和过电流保护，使用时并联在被保护电路中。（   ）

1.20 中间继电器有时可控制大容量电动机的启、停。（   ）

1.21 交流接触器除通断电路外，还具备短路和过载保护作用。（   ）

1.22 在接触器正、反转控制电路中，若正转接触器和反转接触器同时通电会发生两相电源短路。（   ）

1.23 点动控制就是按下按钮就可以启动并连续运转的控制方式。（   ）

1.24 反接制动适用于要求制动迅速、系统惯性较大、制动不频繁的场合。（   ）

1.25 能耗制动法是将电动机旋转的动能转变为电能，消耗在制动电阻上。（   ）

三、选择题

1.26 下列电器哪一种不是自动电器（   ）。

    A. 组合开关　　　　B. 直流接触器　　　C. 继电器　　　　　D. 热继电器

1.27 接触器的常态是指（   ）。

    A. 线圈未通电情况　　　　　　　　　B. 线圈带电情况

    C. 触点断开时　　　　　　　　　　　D. 触点动作

1.28 复合按钮在按下时其触点动作情况是（   ）。

    A. 动合先闭合　　　　　　　　　　　B. 动断先断开

C．动合、动断同时动作　　　　　　　　D．动断动作，动合不动作

1.29 下列电器不能用来通断主电路的是（　　）。

A．接触器　　　B．自动空气开关　　　C．刀开关　　　D．热继电器

1.30 中间继电器的结构及原理与（　　）。

A．交流接触器相类似　　　　　　　　B．热继电器相类似

C．电流继电器相类似　　　　　　　　D．电压继电器相类似

1.31 交流接触器在不同的额定电压下，额定电流（　　）。

A．相同　　　B．不相同　　　C．与电压无关　　　D．与电压成正比

1.32 采用交流接触器、按钮等构成的鼠笼形异步电动机直接启动控制电路，在合上电源开关后，电动机启动、停止控制都正常，但转向反了，原因是（　　）。

A．接触器线圈反相　　　　　　　　B．控制回路自锁触点有问题

C．引入电动机的电源相序错误　　　D．电动机接法不符合铭牌标注

1.33 由接触器、按钮等构成的电动机直接启动控制回路中，如漏接自锁环节，其后果是（　　）。

A．电动机无法启动　　　　　　　　B．电动机只能点动

C．电动机启动正常，但无法停机　　D．电动机无法停止

1.34 热继电器中的双金属片弯曲是由于（　　）。

A．机械强度不同　　　　　　　　B．热膨胀系数不同

C．温差效应　　　　　　　　　　D．受外力的作用

1.35 在鼠笼形异步电动机反接制动过程中，当电动机转速降至很低时，应立即切断电源，防止（　　）。

A．损坏电动机　　B．电动机反转　　　C．电动机停转　　　D．电动机失控

四、问答题

1.36 低压电器按用途和控制对象可分成哪几类？

1.37 常用的开关电器包括哪些？各有什么作用？

1.38 熔断器有哪些用途？一般应如何选用？

1.39 刀开关、万能转换开关的作用是什么？它们分别如何选择？

1.40 交流接触器线圈误接入直流电源或直流电磁线圈误接入交流电源，会出现什么情况？为什么？

1.41 什么是时间继电器？时间继电器按工作原理和结构分哪几类？按延时方式可分哪几类？

1.42 什么是继电器？它与接触器的主要区别是什么？在什么情况下可用中间继电器代替接触器启动电动机？

1.43 三相笼形异步电动机是如何改变转动方向的？

1.44 动合触点串联或并联，在电路中起什么样的控制作用？动断触点串联或并联，在电路中起什么样的控制作用？

1.45 电动机能耗制动与反接制动各有何优缺点？分别适用于什么场合？

1.46 三相笼形异步电动机调速方法有哪几种？

五、设计题

1.47 设计一个控制线路，三台笼形异步电动机工作情况如下：M1 先启动，经 15s 后 M2 自行启动，运行 25s 后 M1 停机并同时使 M3 启动，再运行 25s 后全部停机。

1.48 设计一控制电路，控制一台电动机，要求：（1）可正、反转；（2）可正向点动，两处启停控制；（3）可反接制动；（4）有短路和过载保护。

1.49 一台电动机为 Y/△ 接法，允许轻载启动，请设计满足下列要求的控制电路：（1）采用手动和自动控制降压启动；（2）实现连续运转和点动工作，且当点动工作时要求处于减压状态工作；（3）具有必要的联锁和保护环节。

1.50 请设计一个两地控制的电动机正、反转控制电路，要求有过载、短路保护环节。

项目 1 考核评价表

考核项目	评价标准	评价方式	考核方式	分数权重	按任务评价				
					一	二	三	四	五
电路分析	正确分析电路原理	教师评价	答辩	0.1					
接线安装	按图接线正确、规范合理、美观，无线头松动、压皮、露铜及损伤绝缘层		操作	0.3					
通电试车	按照要求和步骤正确检查、调试电路		操作	0.3					
安全生产及工作态度	自觉遵守安全文明生产规程，认真主动参与学习	小组互评	口试	0.2					
团队合作	具有与团队成员合作的精神		口试	0.1					
综合评价（此栏由指导教师填写）									

项目 2　常用机床电气控制线路分析、安装与接线

党的二十大："三个务必"

——全党同志务必不忘初心、牢记使命，务必谦虚谨慎、艰苦奋斗，务必敢于斗争、善于斗争，坚定历史自信，增强历史主动，谱写新时代中国特色社会主义更加绚丽的华章。

项目描述

机床电气控制线路是生产机械设备的重要组成部分，是保证机械设备各种运动的协调与准确动作、生产工艺各项要求得到满足、工作安全可靠及操作实现自动化的主要技术手段。本项目通过典型生产机械 C650 卧式车床、X62W 万能铣床等电气控制线路的分析、安装与接线，使读者掌握其分析方法，逐步提高阅读电气控制线路的能力，为进行电气控制线路的设计、调试和维护等工作打下良好的基础。

知识目标

（1）了解机床设备的结构、主要运动形式和对控制的要求。
（2）学会阅读分析常用机床电气控制原理图的方法和步骤。
（3）能够熟读电气设备总装接线图和电气元器件布置图与接线图。
（4）掌握常用机床电气控制的安装和接线方法及电路接线工艺要求。

技能目标

（1）能够正确使用电工仪表检测机床设备电气控制线路。
（2）能根据常用机床的电气控制原理图进行正确的安装、接线和调试。
（3）能根据常用机床电气控制系统的故障现象准确分析，查找故障原因并加以修复、排除。

任务 1　C650 卧式车床控制电路的分析、安装与接线

任务描述

C650 卧式车床是机床中应用最广泛的一种，它能够车削外圆、内圆、端面、螺纹和螺杆，能够车削定形表面，并可用钻头、铰刀等刀具进行钻孔、镗孔、倒角、割槽及切断等加工工作。学习和掌握 C650 卧式车床电气控制系统的应用，将为机床的安装、调试、维护和修理以及 PLC 在车床中的设计和改造打下一定的基础。本任务学习 C650 卧式车床控制电路的分析、安装与接线，并使读者能够排除 C650 卧式车床常见的电气故障。

任务目标

（1）学会阅读电气原理图及其分析方法及步骤，掌握机床电气故障检修的方法。

（2）能正确分析 C650 卧式车床电气原理，并能够安装与接线。

（3）能够正确诊断 C650 卧式车床电路的常见故障。

知识储备

一、电气控制线路的绘制

1. 电气控制系统图中的图形符号

为了表示电气控制线路的组成、工作原理及安装、调试、维修等技术要求，需要用统一的工程语言，即用工程图的形式表示，这种图就是电气控制系统图。图形符号通常是指用于图样或其他文件表示一个设备或概念的图形、标记或字符。图形符号由符号要素、一般符号及限定符号构成。

（1）符号要素。符号要素是一种具有确定意义的简单图形，必须同其他图形组合才能构成一个设备或概念的完整符号。例如，接触器常开主触点的符号就由接触器触点功能符号和常开触点符号组合而成。

（2）一般符号。用于表示同一类产品和此类产品特性的一种简单的符号，它们是各类元器件的基本符号，如电动机可用一个圆圈表示。

（3）限定符号。限定符号是用以提供附加信息的一种加在其他符号上的符号。例如，在电阻器一般符号的基础上，加上不同的限定符号就可组成可变电阻器、光敏电阻器、热敏电阻器等具有不同功能的电阻器。也就是说使用限定符号以后，可以使图形符号具有多样性。

限定符号通常不能单独使用。一般符号有时也可以作为限定符号，应用图形符号绘图时应注意以下几点：

① 符号尺寸大小、线条粗细依国家标准可放大与缩小，但在同一张图样中，统一符号的尺寸应保持一致，各符号之间及符号本身比例应保持不变。

② 标准中显示出的符号方位，在不改变符号含义的前提下，可根据图面布置的需要旋转，或成镜像位置，但是文字和指示方向不得倒置。

③ 大多数符号都可以附加上补充说明标记。

④ 对标准中没有规定的符号，可选取 GB4728《电气图常用图形符号》中给定的符号要素、一般符号和限定符号，按其中规定的原则进行组合。

2. 电气控制系统图中的文字符号

电气图中的文字符号是用于表明电气设备、装置和元器件的名称、功能、状态和特征的，可在电气设备、装置和元器件上使用，以表示其种类的字母代码和功能字母代码。电气技术中的文字符号分为基本文字符号和辅助文字符号两种，如附录 A 所示。

（1）基本文字符号。基本文字符号分为单字母符号和双字母符号。

单字母符号用拉丁文字母将各种电气设备、装置和元器件划分为 23 大类，每一类用一个字母表示。例如，"R"代表电阻器，"M"代表电动机等。

双字母符号由一个表示种类的单字母符号与另一个字母组成，且以单字母符号在前，另一个字母在后的次序排列，如"F"表示保护器件类，则"FU"表示熔断器，"FR"表示热继电器。

（2）辅助文字符号。辅助文字符号用来表示电气设备、装置和元器件以及电路的功能、状态和特征。如"L"表示限制，"AC"表示交流等。辅助文字符号也可以放在表示种类的单字母符号之后组成双字母符号，如"YB"表示电磁制动器，"SP"表示压力传感器等。辅助字母还可以单独使用，如"ON"表示接通，"PE"表示保护接地等。

3. 接线端子标记

（1）三相交流电路引入线采用 L1、L2、L3、N、PE 标记，直流系统的电源正、负线分别用 L_+、L_- 标记。

（2）分级三相交流电源主电路采用三相文字代号 U、V、W 的前面加上阿拉伯数字 1、2、3 等来标记，如 1U、1V、1W、2U、2V、2W 等。

（3）各电动机分支电路各接点标记采用三相文字代号后面加数字来表示，数字中的个位数字表示电动机代号，十位数字表示该支路各节点的代号，从上到下按数值大小顺序标记。如 U11 表示 M1 电动机的第 1 相的第 1 个节点代号，U21 表示 M1 电动机的第 1 相的第 2 个节点代号，以此类推。

（4）三相电动机定子绕组首端分别用 U1、V1、W1 标记，绕组尾端分别用 U2、V2、W2 标记，电动机绕组中间抽头分别用 U3、V3、W3 标记。

（5）控制电路采用阿拉伯数字编号。标注方法按"等电位"原则进行，在垂直绘制的电路中，标号顺序一般按自上而下、从左至右的规律编号。凡是被线圈、触点等元件所间隔的接线端点，都应标以不同的线号。

二、电气原理图

用图形符号和文字符号（及连接点符号）表示电路各个电气元器件连接关系和电气工作原理的图称为电气原理图。

现以图 2.1 为例来说明绘制电气原理图的原则和注意事项。

1. 绘图时应遵循的一般性原则

（1）电气原理图中电气元器件图形符号、文字符号及标号必须采用最新国家标准。

（2）电气元器件采用分离画法。

（3）所有按钮或触点均按没有外力作用或线圈未通电时的状态画出。

（4）原理图上应标出各个电源电路的相关参数、元件操作方式和功能等。

（5）电气控制线路按通过电流的大小分为主电路和控制电路。

（6）动力电路的电源电路绘制成水平线，主电路应垂直于电源电路画出。

（7）控制电路应垂直地绘在两条或几条水平电源线之间。

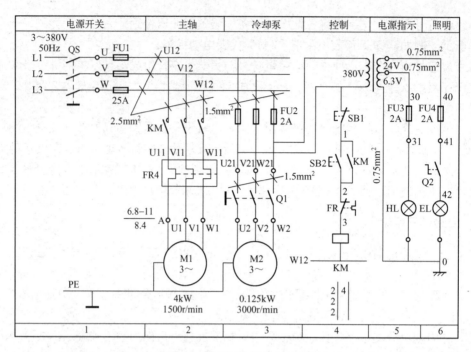

图 2.1　某车床的电气原理图

（8）图中应自左至右，从上而下地表示动作顺序，并尽可能减少线条数量和避免线条交叉。

（9）电气原理图绘制要布局合理、层次分明、排列均匀、图面清晰、便于读图。

2. 电气原理图图面区域的划分

在电气原理图上方将图分成若干图区域，用于表明每一区域电路的用途与作用。原理图下方的1、2、3、…数字是图区编号，它是为便于检索电气线路、方便阅读分析而设置的。

3. 接触器、继电器触点位置的检索

电气原理图中，在接触器、继电器电磁线圈的下方标注有相应触点在图中位置的检索代号，检索代号用图面区域号表示，其中左栏为常开触点所在区号，右栏为常闭触点所在区数字。

三、电气安装图

电气安装图用来表示电气控制系统中各电气元器件的实际安装位置和接线情况。

1. 电气元器件位置图

反映各电气元器件的实际安装位置，各电气元器件的位置根据元器件布置合理、连接导线和检修方便等原则安排。

电气元器件位置图根据电气元器件的外形尺寸按比例画出，并标明各元器件间距尺寸。控制盘内电气元器件与盘外电气元器件的连接应经接线端子进行，在电气布置图中应画出接线端子板，并在端子板上标明线号。图 2.2 为某车床控制盘电气布置图。

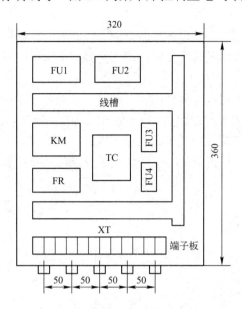

图 2.2　某车床控制盘电气元器件位置图

2. 电气安装接线图

电气安装接线图是按照电气元器件的实际位置和实际接线绘制的，它根据电气元器件布置最合理、连接导线最经济等原则来安排，它为安装电气设备、电气元器件之间进行配线及检修电气故障等提供了必要的可靠依据。图 2.3 为某机床三相笼形异步电动机正、反转控制的安装接线图。

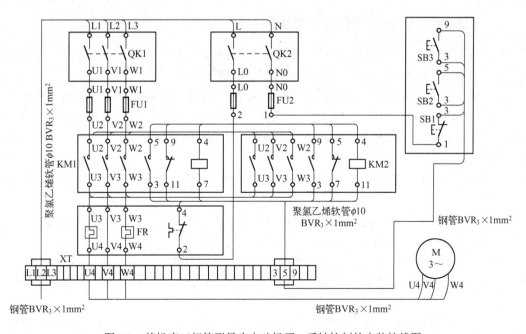

图 2.3　某机床三相笼形异步电动机正、反转控制的安装接线图

3．电气互连图

电气互连图是反映电气控制设备各控制单元（控制屏、控制柜、操作按钮等）与用电的动力装置（电动机等）之间的电气连接图。图 2.4 为某车床电气互连图。在阅读和绘制电气互连图时应注意以下几点：

（1）外部单元为同一电器的各部件画在一起，其布置应该尽量符合电器的实际情况。

（2）不在同一控制柜或同一配电屏上的各电气元器件的连接，必须经过接线端子板进行。

（3）电气设备的外部连接应标明电源的引入点。

（4）图中应标明连接导线的规格、型号、根数、颜色和穿线管的尺寸等。

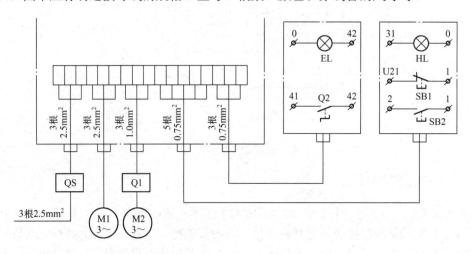

图 2.4　某车床电气互连图

四、机床电气控制系统电路分析步骤

在详细阅读了设备说明书，了解电气控制系统的总体结构、电动机和电气元器件的分布状况及控制要求等内容后，便可以阅读、分析电气原理图了。

设备说明书由机械（包括液压部分）与电气两部分组成。具体内容包括：设备的构造（主要技术指标，机械、液压和气动部分的工作原理），电气传动方式（电动机和执行电器的数目、规格型号、安装位置、用途及控制要求），设备的使用方法（各操作手柄、开关、旋钮、指示装置的布置以及在控制电路中的作用），与机械、液压部分直接关联的电器（行程开关、电磁阀、电磁离合器、传感器等）的位置、工作状态及机械、液压部分的关系，以及它们在控制中的作用。

（1）分析主电路。从主电路入手，根据每台电动机和执行电器的控制要求去分析它们的控制内容，控制内容包括启动、转向控制、调速、制动等。

（2）分析控制电路。根据主电路中各电动机和执行电器的控制要求，逐一找出控制电路中的控制环节，利用前面学过的典型控制环节的知识，按功能不同将控制电路"化整为零"进行分析。

（3）分析辅助电路。辅助电路包括电源指示、各执行元器件的工作状态显示、参数测定、照明和故障报警等部分，它们大多由控制电路中的元器件来控制，所以在分析辅助电路时，要对照控制电路进行分析。

（4）分析连锁及保护环节。机床对于安全性及可靠性有很高的要求，为实现这些要求，除了合理地选择拖动和控制方案外，在控制电路中还设置了一系列电气保护和必要的电气连锁。

（5）总体检查。经过"化整为零"，逐步分析了每一局部电路的工作原理以及各部分之间的控制关系后，还必须用"集零为整"的方法，检查整个控制电路，以免遗漏。特别要从整体角度去进一步检查和理解各控制环节之间的联系，清晰地理解原理图中每一个电气元器件的作用、工作过程及主要参数。

五、机床电气故障检修的方法

1. 电气故障检修的逻辑分析法

（1）分析电路时通常先从主电路入手，了解工业机械各运动部件和机构采用了几台电动机拖动，与每台电动机相关的电气元器件有哪些，采用了何种控制，特别要注意电气、液压和机械之间的配合。

（2）根据电动机主电路所用电气元器件的文字符号、图区号及控制要求，找到相应的控制电路。

（3）结合故障现象和电路工作原理，认真进行分析排查，迅速判定故障发生的可能范围。

当故障的可疑范围较大时，不必按部就班地逐级进行检查，这时可在故障范围内的中间环节进行检查，来判断故障究竟是发生在哪一部分，从而缩小故障范围，提高检修速度。

2. 电气故障检修的观察法

当机床发生电气故障后，切忌盲目动手检修。在检修前，通过问、看、摸、听来了解故障前后的操作情况和故障发生后出现的异常现象，以便根据故障现象判断出故障发生的部位，进而准确地排除故障。

（1）询问操作者发生故障前电路和设备的运行状况及故障发生后的症状，如故障经常发生还是偶尔发生；是否有响声、冒烟、火花、异常振动等现象；故障发生前有无切削力过大和频繁启动、停止、制动等情况；有无经过保养检修或改动电路等。

（2）查看故障发生后是否有明显的报警信号和现象，熔断器是否熔断，保护电器是否脱扣动作，接线是否脱落，线圈是否过热烧毁等。

（3）在切断电源后，触摸电动机、变压器、电磁线圈以及熔断器，判断是否过热。

（4）在安全前提下通电试车，听电动机、接触器和继电器的声音是否正常。

六、C650 卧式车床

1. 主要结构与运动分析

从图 2.5 可见，C650 卧式车床主要由床身、主轴变速箱、尾架、进给箱、挂轮箱、丝杠、光杆、刀架和溜板箱等组成。

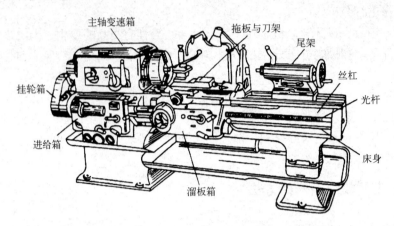

图 2.5　C650 卧式车床的结构图

车床的运动形式有主运动、进给运动和辅助运动，由 3 台电动机来完成。

电动机 M1：完成主轴主运动和刀具进给运动的驱动。电动机采用直接启动的方式启动，可正、反两个方向旋转，并且正、反两旋转方向都可以实现反接制动。为加工调整方便，还具有点动功能。

电动机 M2：驱动冷却泵，使其在工件加工时排出冷却液，单方向连续工作。

电动机 M3：实现刀架的快速移动，可根据需要随时手动控制启停，为点动控制。

2．电气控制电路的特点

C650 卧式车床电气控制电路图如图 2.6 所示。其特点如下：

（1）主轴正、反转用正、反向接触器进行控制。

（2）主轴电动机的功率为 30 kW，但因不经常启动，所以采用直接启动。

（3）为了对刀和调整工件，主轴电动机的控制线路设有点动环节。

（4）为提高工作效率，主轴电动机采用反接制动。反接制动时，为减小制动电流，定子回路串联限流电阻 R。在点动时，R 也串联接入定子回路，防止频繁点动时使主轴电动机过热。

（5）为防止主轴电动机的启动电流以及反接制动电流对电流表造成冲击，在主轴电动机启动和反接制动时，与电流表并联一个时间继电器的通电延时打开的常闭触点。

（6）加工螺纹时，为了保证工件的旋转速度与刀具的进给速度间的严格比例关系，刀架的进给运动也由主轴电动机拖动。

（7）为了减轻工人的劳动工强度和节省辅助工时，专设一台 2.2 kW 的电动机拖动溜板箱快速运动。

（8）加工时为防止刀具和工件的温度过高，用一台电动机驱动的冷却泵供给切削液实现冷却。冷却泵电动机在主轴电动机开动后方可启动旋转。

（9）主轴电动机和冷却泵电动机有短路和过载保护。

（10）有安全照明电路。

3．主电路分析（见图2.6）

16　C650 车床
主电路分析

（1）主轴电动机电路。三相交流电源 L1、L2、L3 经熔断器 FU 后，由隔离开关 QS 引入 C650 车床主电路。在主轴电动机电路中，FU1 熔断器为短路保护环节，FR 是热继电器加热元件，对电动机 M1 起过载保护作用。KM1、KM2 为正、反转接触器，由它们的主触点控制主轴电动机 M1。KM1 主触点闭合、KM2 主触点断开时，三相交流电源将分别接入电动机的 U1、V1、W1 三相绕组中，M1 主电路正转。反之，当 KM1 主触点断开、KM2 主触点闭合时，三相交流电源将分别接入 M1 主轴电动机的 W1、V1、U1 三相绕组中，与正转时相比，U1 与 W1 进行了换接，导致主轴电动机反转。当 KM3 主触点断开时，电源电流将流经限流电阻 R 而进入电动机绕组中，电动机绕组电压将减小。如果 KM3 主触点闭合，则电源电流不经限流电阻 R 而直接接入电动机绕组中，主轴电动机处于全压运转状态。

电流表 A 在 M1 主电路中起绕组电流监视作用，通过 TA 线圈空套在绕组一相的接线上，当该接线有电流流过时，将产生感应电流，通过这一感应电流显示电动机绕组中当前电流值。其控制原理是：当 KT 常闭延时断开触点闭合时，TA 产生的感应电流不经过电流表 A，而一旦 KT 触点断开，电流表 A 就可检测到电动机绕组中的电流。KS 是和 M1 主轴同轴安装的速度继电器检测元件，根据 M1 主轴转速对速度继电器触点的闭合与断开进行控制。

（2）冷却泵电动机电路。在冷却泵电动机电路中，熔断器 FU4 起短路保护的作用，热继电器 FR2 起过载保护的作用。当 KM4 主触点断开时，冷却泵电动机 M2 停转不供液；而 KM4 主触点一旦闭合，M2 将启动供液。

（3）快移电动机电路。在快移电动机电路中，熔断器 FU5 起短路保护作用。KM5 主触点闭合时，快移电动机 M3 启动；KM5 主触点断开，快移电动机 M3 停止。

主电路通过变压器 TC 与控制线路和照明灯线路建立电气联系。变压器 TC 一次侧接入电压为 380V，二次侧有 36V、110V 两种供电电源，其中 36V 给照明灯线路供电，而 110V 给车床控制线路供电。

4．电气控制电路分析

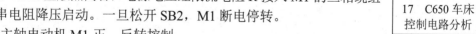

17　C650 车床
控制电路分析

（1）主轴电动机的点动调整控制。当按下启动按钮 SB2 不松手时，KM1 线圈得电，KM1 主触点闭合，电源电压经限流电阻 R 接入 M1 的三相绕组中，M1 串电阻降压启动。一旦松开 SB2，M1 断电停转。

（2）主轴电动机 M1 正、反转控制。

① M1 正转控制。当按下正转启动按钮 SB3，KM3 线圈通电，主触点闭合，短接限流电阻 R，同时通过 20 区的常开辅助触点 KM3 闭合而使 KA 线圈通电，KA 线圈通电又导致 11 区常开辅助触点闭合，使 KM1 线圈通电。而 11～12 区的 KM1 常开辅助触点与 14 区的 KA 常开辅助触点对 SB3 形成自锁。主电路中 KM3 主触点与 KM1 主触点闭合，电动机 M1 不经限流电阻 R 则全压正转启动。

在 KM3 得电同时，KT 线圈通电后延时开始，由于延时时间未到，KT 常闭延时断开触点保持闭合，感应电流经 KT 触点短路，电流表 A 中没有电流通过，避免了全压启动初期绕组电流过大而损坏电流表 A。KT 线圈延时时间到，电动机 M1 已接近额定转速，绕组电流监视电路中的 KT 将断开，感应电流流入电流表 A，并将绕组中电流值显示在电流表 A 上。

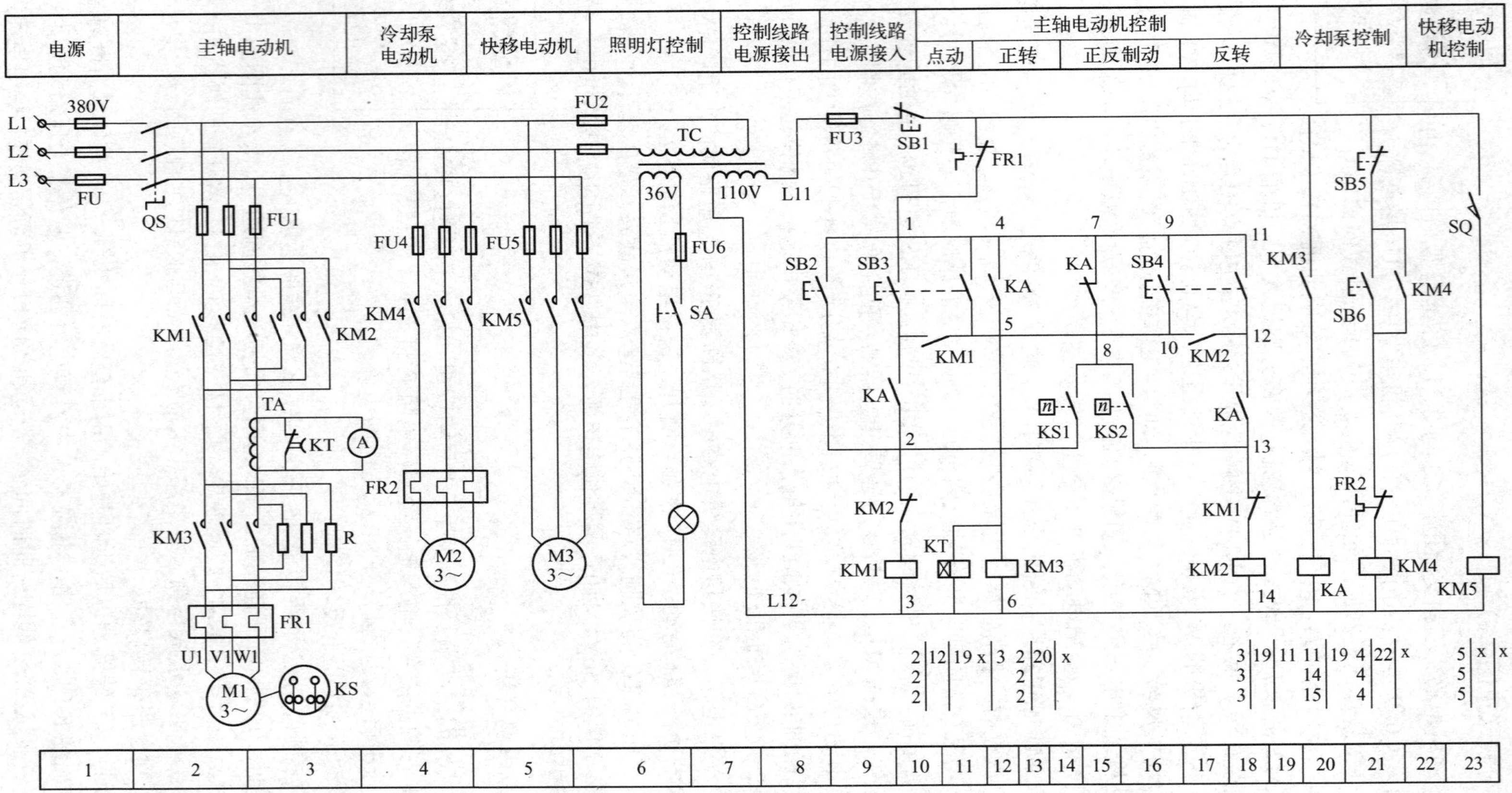

图2.6 C650卧式车床电气控制电路图

② M1 反转控制。当按下反转启动按钮 SB4，通过 9→10→5→6 线路导致 KM3 线圈与 KT 线圈通电，与正转控制类似，20 区的 KA 线圈通电，再通过 11→12→13→14 使 KM2 线圈通电。主电路中 KM2、KM3 主触点闭合，电动机 M1 全压反转启动。KM1 线圈所在支路与 KM2 线圈所在支路通过 KM2 与 KM1 常闭触点实现电气控制互锁。

（3）主轴电动机反接制动控制。C650 型卧式车床采用反接制动方式，用速度继电器 KS 进行检测和控制。

若原来主轴电动机 M1 正转运行，则 KS 的正向常开触点 KS2 闭合并保持，而反向常开触点 KS1 断开。按下停止按钮 SB1，控制线圈中所有电磁线圈都断电，主电路中 KM1、KM2、KM3 主触点全部断开并复位，电动机断电降速，由于正转转动惯性，主轴电动机转速需较长时间降为零。当松开 SB1 时，则经 1→7→8→KS2→13→14 线路，使 KM2 线圈通电，KM2 主触点闭合，主轴电动机 M1 就被串联电阻反接制动，正向转速很快降下来，当降到 KS 正转整定值（$n<100r/min$）时，KS 的正向常开触点 KS2 断开复位，正向反接制动结束。

反向制动过程类似于正向制动过程，在此不再赘述，请读者自行分析。

（4）刀架的快速移动和冷却泵的控制。转动刀架手柄，行程开关 SQ 将被压下而闭合，KM5 线圈通电。主电路中 KM5 主触点闭合，驱动刀架快速移动电动机 M3 启动。反向转动刀架手柄，SQ 行程开关断开，电动机 M3 断电停转。

按下 SB6，KM4 线圈通电，并通过 KM4 常开辅助触点对 SB6 自锁，主电路中 KM4 主触点闭合，冷却泵电动机 M2 转动并保持。按下 SB5，KM4 线圈断电，冷却泵电动机 M2 停转。

（5）辅助电路分析。

① 照明电路和控制电源。图 2.6 中所示的 TC 为控制变压器，其二次侧有两条电路：一路为 36V，提供给照明电路；一路为 110V，提供给控制电路。灯开关 SA 置于闭合位置时，EL 灯亮；SA 置于断开位置时，EL 灯灭。

② 电流表 A 的保护电路。虽然电流表 A 接在电流互感器 TA 回路里，但主轴电动机 M1 启动时对它的冲击仍然很大，为此，在线路中设置了时间继电器 KT 进行保护。主轴电动机正向或反向启动以后，KT 通电，当延时时间尚未到时，电流表 A 就被 KT 延时常闭触点短路，延时到后才有电流指示。

5. 常见电气控制故障分析

（1）主轴电动机 M1 点动启动时启动电流过大，相当于全压启动时的情形，其原因是短接限流电阻 R 的接触器 KM3 线圈虽未通电吸合，但由于其主触点发生粘连而断不开，造成 R 被短接，使 M1 全压启动。应检查 KM3 接触器是否存在触点粘连或衔铁机械上卡住而不能释放等情况。

（2）主轴电动机 M1 正、反向启动时，检测电动机定子电流的电流表读数较大。这是由于时间继电器 KT 延时过短，主轴电动机 M1 启动尚未结束，而延时时间已到，造成过早地接入电流表，使电流表读数较大。

（3）主轴电动机 M1 反接制动时制动效果差。如果这一情况每次都发生，一般来说是由于速度继电器触点反力弹簧过紧，使触点过早复位，断开了反接制动电路，造成反接制动效果差；若属于偶然发生，往往是由于操作不当造成的。如按下停止按钮 SB1 时间过长，只有当松开 SB1 后，其常闭触点复位，才接入反接制动电路，对 M1 进行反接制动。

技能操作

1. 操作目的

（1）掌握 C650 型卧式车床的工作过程。
（2）熟悉 C650 型卧式车床控制电路的接线方法。
（3）学会 C650 型卧式车床控制电路的故障分析及排除方法。

2. 操作器材

按照表 2.1 所示配齐所有工具、仪表及电气元器件，并进行质量检验。

表 2.1　工具、仪表及器材

工具	验电笔、一字螺丝刀、十字螺丝刀、尖嘴钳、斜口钳、剥线钳、电工刀
仪表	万用表、交流电流表
器材	三相异步电动机 3 台（主轴电动机 M1、冷却泵电动机 M2、快移电动机 M3）
	三极转换开关 1 个
	螺旋式熔断器 16 个
	控制按钮 6 个
	热继电器 3 个
	交流接触器 5 个
	速度继电器 1 个
	交流中间继电器 1 个
	控制变压器 1 个
	通电延时时间继电器 1 个
	照明灯及灯开关各 1 个
	实验接线板 1 块
	导线若干（主电路所用导线的颜色规格应与辅助电路有区别）
	紧固体若干
	编码套管若干

3. 操作步骤

（1）按图 2.6 接线。注意接线时，先接负载端再接电源端；先接主电路，后接辅助电路；接线顺序从上到下。
（2）通电之前，必须征得指导老师同意，并由指导老师接通三相电源，同时在场监护。
（3）学生闭合电源开关 QF 后，用验电笔检查熔断器出线端，氖管亮说明电源接通。
（4）合上电源开关 QS，机床通电；再合上机床照明开关 SA，照明灯 EL 亮。
（5）主轴电动机 M1 的控制。
① 启动。按下主轴正向启动按钮 SB3，观察主轴正转的动作情况。

②停止。按下主轴制动按钮 SB1，观察主轴制动的动作情况。

③反向启动。按下主轴反向启动按钮 SB4，观察主轴反转的动作情况。

④点动。按下主轴点动按钮 SB2，观察主轴的动作情况，然后松开点动按钮 SB2，观察主轴的动作情况。

（6）刀架快移电动机 M3 控制。按下限位开关 SQ，观察 M3 的动作情况，然后松开 SQ，观察 M3 的动作情况。

（7）冷却泵电动机 M2 控制。按下冷却泵启动按钮 SB6，观察 M2 的动作情况，然后按下冷却泵停止按钮 SB5，观察 M2 的动作情况。

（8）机床断电。断开机床照明开关 SA，断开电源开关 QS。

4．注意事项

（1）电动机使用的电源电压和绕组接法必须与铭牌上规定的相一致。

（2）不要随意更改线路和带电触摸电气元器件。

（3）电动机、刀开关及按钮的金属外壳必须可靠接地。

（4）电源进线应接在螺旋式熔断器的下接线柱，出线则应接在上接线柱。

（5）用验电笔检查故障时，必须检查验电笔是否符合使用要求。

（6）学生在操作中要按操作规程进行操作。

（7）排除故障时，不要扩大故障范围或产生新的故障。

（8）通电试验时，注意观察电动机、各电气元器件及线路各部分工作是否正常，如发现异常情况，必须立即切断电源。

5．故障分析

（1）主轴电动机 M1 点动启动时启动电流过大的原因。

（2）主轴电动机 M1 正、反向启动时，检测电动机定子电流的电流表读数较大的原因。

6．思考题

（1）C650 卧式车床的正、反转控制是通过什么方式实现的？

（2）C650 卧式车床电气控制电路中为什么要接入电流表？

（3）主轴电动机 M1 怎样实现反向制动？

知识拓展　Z3040 摇臂钻床电气控制

Z3040 摇臂钻床是一种用途广泛的"万能"机床，适用于加工中小零件，可以进行钻孔、扩孔、铰孔、刮平面及攻螺纹等多种形式的加工，增加适当的工艺装备还可以进行镗孔。

一、Z3040 摇臂钻床运动形式和控制要求

Z3040 摇臂钻床主要由底座、内外立柱、摇臂、主轴箱、主轴及工作台等部分组成。最大钻孔直径为 40mm，跨距最大为 1200mm，最小为 300mm。其外形结构如图 2.7 所示。

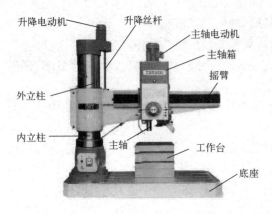

升降电动机　升降丝杆　主轴电动机　主轴箱　摇臂　外立柱　内立柱　主轴　工作台　底座

图 2.7　Z3040 摇臂钻床外形结构图

1．摇臂钻床主要运动形式

（1）主轴带刀具的旋转与进给运动。主轴的转动与进给运动由 1 台三相交流异步电动机（3kW）驱动，主轴的转动方向由机械及液压装置控制。

（2）各运动部分的移位运动。主轴在三维空间的移位运动有主轴箱沿摇臂方向的水平移动（平动）；摇臂沿外立柱的升降运动（摇臂的升降运动由 1 台 1.1kW 笼形三相异步电动机拖动）；外立柱带动摇臂沿内立柱的回转运动（手动）等，各运动部件的移位运动用于实现主轴的对刀移位。

（3）移位运动部件的夹紧与放松。摇臂钻床的 3 种对刀移位装置对应 3 套夹紧与放松装置，对刀移动时，要将装置放松，机加工过程中，要将装置夹紧。3 套夹紧装置分别为摇臂夹紧（摇臂与外立柱之间）、主轴箱夹紧（主轴箱与摇臂导轨之间）、立柱夹紧（外立柱和内立柱之间）。通常主轴箱和立柱的夹紧与放松同时进行。摇臂的夹紧与放松则要与摇臂升降运动结合进行。

2．电力拖动特点及控制要求

（1）摇臂钻床运动部件较多，为简化传动装置，采用多台电动机拖动。设有主轴电动机、摇臂升降电动机、立柱夹紧/放松电动机及冷却泵电动机。

（2）为适应多种形式的加工，要求主轴及进给有较大的调速范围。

（3）主运动与进给运动由 1 台电动机拖动，分别经主轴与进给传动机构实现主轴旋转和进给。

（4）为加工螺纹，主轴要求正、反转。由机械方法获得，主轴电动机只须单方向旋转。

（5）对内外立柱、主轴箱及摇臂的夹紧/放松和其他一些环节，采用先进的液压技术。

（6）具有必要的连锁与保护。

3．液压系统

Z3040 摇臂钻床具有两套液压控制系统，一个是操纵机构液压系统，一个是夹紧机构液压系统。前者安装在主轴箱内，用以实现主轴正反转、停车制动、空挡、预选及变速；后者安装在摇臂背后的电气盒下部，用以夹紧/松开主轴箱、摇臂及立柱。

（1）操纵机构液压系统。该系统压力油由主轴电动机拖动齿轮泵供给。主轴电动机转动后，由操作手柄控制压力油的不同分配，获得不同的动作。操作手柄有五个位置："空挡""变速""正转""反转""停车"。

"停车"：主轴停转时，将操作手柄扳向"停车"位置，这时主轴电动机拖动齿轮泵旋转，使制动摩擦离合器作用，主轴不能转动，实现停车。所以主轴停车时主轴电动机仍在旋转，只是动力不能传到主轴。

"空挡"：将操作手柄扳向"空挡"位置，这时压力油使主轴传动系统中滑移齿轮脱开，用手可轻便地转动主轴。

"变速"：主轴变速与进给变速时，将操作手柄扳向"变速"位置，改变两个变速旋钮，进行变速，主轴转速和进给量大小由变速装置实现。当变速完成，松开操作手柄，此时操作手柄在机械装置的作用下自动由"变速"位置回到主轴"停车"位置。

"正转""反转"：操作手柄扳向"正转"或"反转"位置，主轴在机械装置的作用下，实现主轴的正转或反转。

（2）夹紧机构液压系统。夹紧机构液压系统压力油由液压泵电动机拖动液压泵供给，实现主轴箱、立柱和摇臂的松开与夹紧。其中，主轴箱和立柱的松开与夹紧由一个油路控制，摇臂的松开与夹紧由另一个油路控制，这两个油路均由电磁阀操纵。主轴箱和立柱的夹紧与松开由液压泵电动机点动就可实现。摇臂的夹紧与松开与摇臂的升降控制有关。

二、Z3040 摇臂钻床控制电路

1. 主电路分析

图 2.8 为 Z3040 摇臂钻床电气控制电路图，图中 M1 为主轴电动机，M2 为摇臂升降电动机，M3 为液压泵电动机，M4 为冷却泵电动机。

M1 为单方向旋转，由接触器 KM1 控制，主轴的正、反转则由机床液压系统操纵机构配合正、反转摩擦离合器实现，并以热继电器 FR1 作为电动机长期过载保护。

M2 由正、反转接触器 KM2、KM3 控制实现正、反转。控制电路保证在操纵摇臂升降时，首先使液压泵电动机启动旋转，供出压力油，经液压系统将摇臂松开，然后才使电动机 M2 启动，拖动摇臂上升或下降。当移动到位后，保证 M2 先停下，再自动通过液压系统将摇臂夹紧，最后液压泵电动机 M3 才停下。M2 为短时工作，不设长期过载保护。

M3 由接触器 KM4、KM5 实现正、反转控制，并以热继电器 FR2 作为长期过载保护。

M4 电动机容量小，仅 0.125kW，由开关 SA 控制。

2. 控制电路分析

由变压器 TC 将 380V 交流电压降至 220V 作为控制电源。指示灯电压为 6.3V，照明电压为 36V。

（1）主轴电动机控制。按下启动按钮 SB1，接触器 KM1 吸合并自锁，主轴电动机 M1 启动并运转；按下停止按钮 SB2，接触器 KM1 释放，主轴电动机 M1 停转。

（2）摇臂的升降电动机 M2 控制。控制电路要保证在摇臂升降时，先使液压泵电动机 M3 启动运转，供出压力油，经液压系统将摇臂松开，然后才使 M2 启动，拖动摇臂上升或下降，当移动到位后，又要保证 M2 先停下，再通过液压系统将摇臂夹紧，最后 M3 停转。

当摇臂上升到所需位置时，松开按钮 SB3，接触器 KM2 和时间继电器 KT 均断电，摇臂升降电动机 M2 脱离电源，但还以惯性运转，经 1～3s 延时后，摇臂完全停止上升，KT 的断电延时闭合常闭触点闭合，KM5 线圈通电，M3 反转，供给反向压力油。因 SQ3 的常闭触点是闭合的，YV 线圈仍通电，使压力油进入摇臂夹紧油腔，推动夹紧机构使摇臂夹紧。夹紧后，压下 SQ3，其触点断开，KM5 和电磁阀 YV 因线圈断电而使液压泵电动机 M3 停转，摇臂上升完毕。要摇臂下降，可按下 SB4，KM3 得电，M2 反转，其控制过程与上升类似。

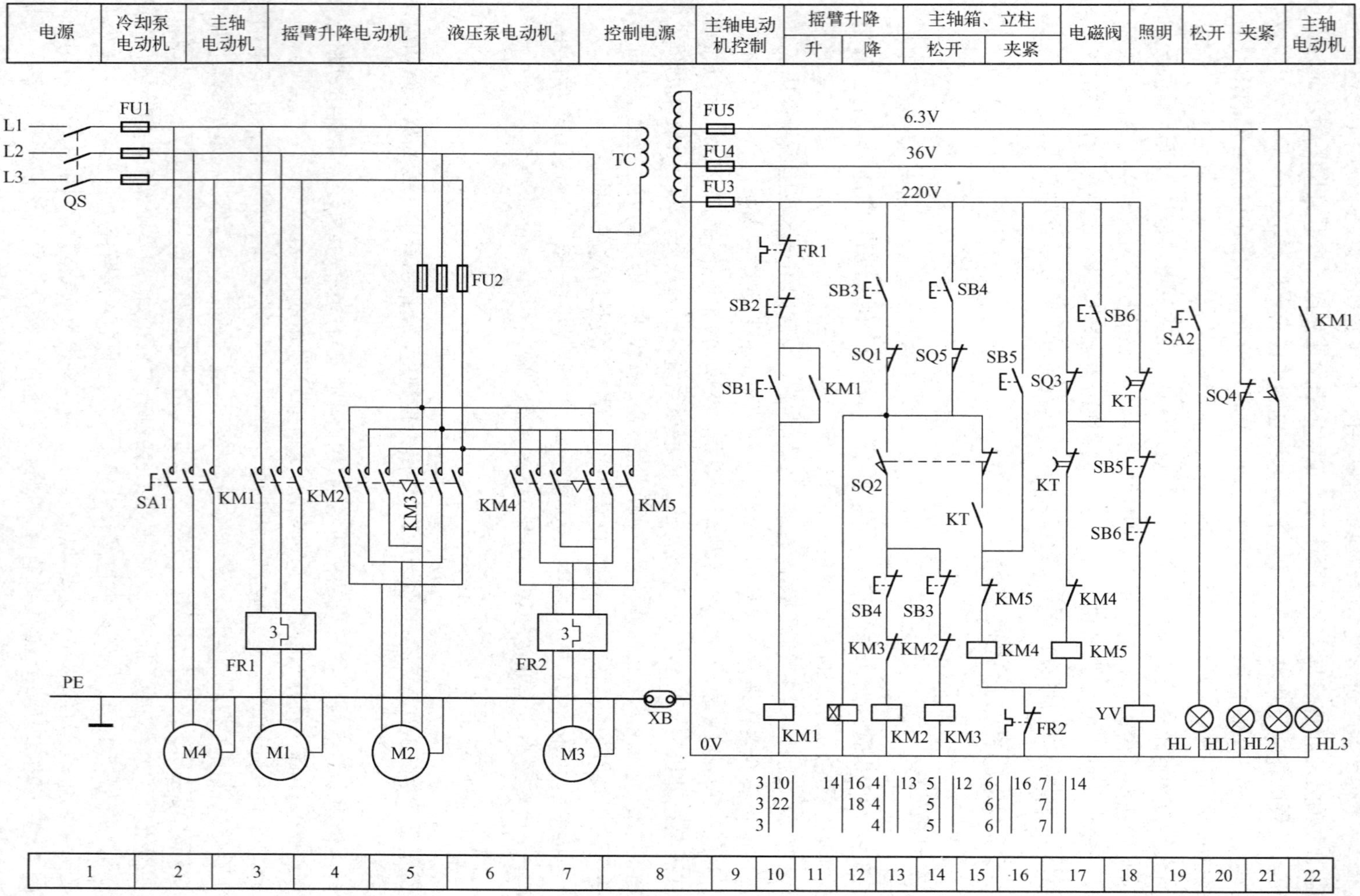

图2.8 Z3040摇臂钻床的电气原理图

时间继电器 KT 是为保证夹紧动作在摇臂升降电动机 M2 完全停转后进行而设的，KT 延时时间的长短依摇臂升降电动机切断电源到停止惯性运转的时间来调整。

摇臂升降的极限保护由组合开关 SQ1、SQ5 来实现。当摇臂上升或下降到极限位置时相应触点动作，切断对应上升或下降的接触器 KM2 与 KM3，使 M2 停止旋转，摇臂停止移动，实现极限位置保护。SQ1、SQ5 应调整在同时接通位置。行程开关 SQ2 保证摇臂完全松开后才能升降。

摇臂夹紧后由行程开关 SQ3 常闭触点的断开实现液压泵电动机 M3 的停转。如果液压系统出现故障使摇臂不能夹紧，或由于 SQ3 调整不当，都会使 SQ3 常闭触点不能断开而使 M3 过载。因此，液压泵电动机虽是短时运转，但仍需要热继电器 FR2 作为过载保护。

（3）主轴箱和立柱松开与夹紧的控制。主轴箱和立柱的松开或夹紧是同时进行的。按松开按钮 SB5，接触器 KM4 通电，液压泵电动机 M3 正转。与摇臂松开不同，这时电磁阀 YV 并不通电，压力油进入主轴箱松开油缸和立柱松开油缸，推动松紧机构使主轴箱和立柱松开。行程开关 SQ4 不受压，其常闭触点闭合，指示灯 HL1 亮，表示主轴箱和立柱松开。

若要使主轴箱和立柱夹紧，可按夹紧按钮 SB6，接触器 KM5 通电，液压泵电动机 M3 反转，这时，电磁阀 YV 仍不通电，压力油进入主轴箱和立柱夹紧油缸，推动松紧机构使主轴箱和立柱夹紧。同时行程开关 SQ4 被压，其常闭触点断开，指示灯 HL1 灭，其常开触点闭合，指示灯 HL2 亮，表示主轴箱和立柱已夹紧，可以进行工作。

3．辅助电路

变压器 TC 的另一组二次绕组提供 AC 36V 照明电源。照明灯 EL 由开关 SA2 控制。照明电路由熔断器 FU4 作为短路保护，指示灯也由 TC 供电，工作电压为 6.3 V。HL1、HL2 分别为主轴箱和立柱松开、夹紧指示灯，HL3 为主轴电动机运转指示灯。

4．常见故障分析

摇臂钻床电气控制的特点是摇臂的控制为机、电、液的联合控制。下面仅以摇臂移动的常见故障进行分析。

（1）摇臂不能上升。常见原因为 SQ2 安装位置不当或发生移动。这样摇臂虽已松开，但活塞杆仍压不上 SQ2，致使摇臂不能移动；或者因液压系统发生故障，使摇臂没有完全松开，活塞杆压不上 SQ2，为此应配合机械、液压调整好 SQ2 位置并安装牢固。

有时电动机 M3 电源相序接反，此时按下摇臂上升按钮 SB3 时，电动机 M3 反转，使摇臂夹紧，更压不上 SQ2，摇臂也不会上升。所以，机床大修或安装完毕，必须认真检查电源相序及电动机正、反转是否正确。

（2）摇臂移动后夹不紧。摇臂升降后，摇臂应自动夹紧，而夹紧动作的结束由开关 SQ3 控制。若摇臂夹不紧，说明摇臂控制电路能够动作，只是夹紧力不够，这往往是由于 SQ3 安装位置不当或松动移位，过早地被活塞杆压上，致使液压泵电动机 M3 在摇臂还未充分夹紧时就停止旋转。

（3）液压系统故障。有时电气控制系统工作正常，而电磁阀芯卡住或油路堵塞，造成液压控制系统失灵，也会造成摇臂无法移动。

要求：能够识读 Z3040 摇臂钻床电气控制电路图（见图 2.8），并根据电气原理图进行实物电路连接。

任务 2　X62W 万能铣床控制电路的分析、安装与接线

任务描述

　　万能铣床是一种通用的多用途机床，它可以用铣刀对各种零件进行平面、斜面、沟槽、齿轮及成形表面的加工，还可以加装万能头和圆形工作台来铣切凸轮和弧形槽，是一种常用的机床设备。本任务是学习 X62W 万能铣床控制电路的分析、安装与接线，并能够排除 X62W 万能铣床常见的电气故障。

任务目标

　　（1）掌握 X62W 万能铣床电气故障检修的方法和步骤。
　　（2）能正确阅读分析 X62W 万能铣床电气原理图，以及接线和调试电路。
　　（3）能够及时、正确诊断 X62W 万能铣床电路的常见故障。

知识储备

一、主要结构与运动分析

　　X62W 型万能铣床的外形结构如图 2.9 所示，它主要由床身、主轴、刀杆、悬梁、工作台、回转盘、横溜板、升降台、底座等几部分组成。在床身的前面有垂直导轨，升降台可沿着它上下移动。在升降台上面的水平导轨上，装有可沿平行主轴轴线方向移动（前后移动）的溜板，溜板上部有可转动的回转盘，工作台就在溜板上部回转盘上的导轨上垂直于主轴轴线方向移动（左右移动）。工作台上有 T 形槽用来固定工件。这样，安装在工作台上的工件就可以在 3 个坐标上的 6 个方向调整位置或进给。

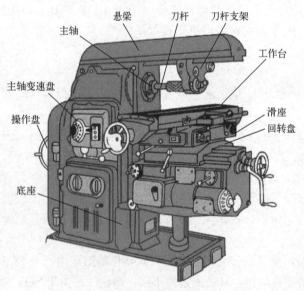

图 2.9　X62W 型万能铣床外结构形图

　　铣床主轴带动铣刀的旋转运动是主运动；铣床工作台的前后（横向）、左右（纵向）和上下（垂直）6 个方向的运动是进给运动；铣床其他的运动，如工作台的旋转运动、在各个方向的快速移动则属于辅助运动。

　　溜板还能绕垂直线左右旋转 45°，因此工作台还能在倾斜方向进给，以加工螺旋槽。工作台上还可以安装圆形工作台，使用圆形工作台可铣削圆弧、凸轮，这时其次三个方向的移动必须停止，要求通过机械和电气方式进行互锁。

二、电气控制电路的特点

X62W 万能铣床电气控制电路图如图 2.10 所示。其特点如下：

（1）为了实现顺铣和逆铣，主轴电动机 M1 要求能正、反转，主轴电动机的功率为 7.5 kW，因不经常启动，所以采用直接启动。

（2）为准确停车，主轴电动机采用电磁离合器制动。

（3）为防止刀具和机床的损坏，要求只有主轴启动旋转后才允许有进给运动和进给方向的快速移动。

（4）为降低加工件表面粗糙度，只有进给停止后主轴才能停止，该机床在电气上采用了主轴和进给同时停止的方式。但是由于主轴运动的惯性很大，实际上就满足了进给运动先停止、主轴运动后停止的要求。

（5）为实现前后、左右、上下的正、反向运动，要求进给电动机 M2 能正、反转。

（6）为保证安全，六个方向的进给运动在同一时刻只允许工作台向一个方向移动，该机床采用了机械操纵手柄和行程开关相配合的办法来实现六个方向进给运动的互锁。

（7）为了缩短调整运动的时间，提高生产率，工作台应有快速移动控制。该机床进给的快速移动是通过牵引电磁铁和机械挂挡来实现的。

（8）主轴运动和进给运动采用变速孔盘进行速度选择，为了保证变速时齿轮易于啮合，减小齿轮端面的冲击，两种运动均要求变速后做瞬时点动（冲动）。

（9）当主轴电动机或冷却泵电动机过载时，进给运动必须立即停止，以免损坏刀具和机床。

（10）为操作方便，各部件的启停可在两处分别进行控制。

（11）使用圆形工作台时，要求圆形工作台的旋转运动与工作台的上下、左右、前后的运动之间有连锁控制，即圆形工作台旋转时，工作台不能向任何方向移动。

三、主电路分析

三相电源通过 FU1 熔断器，由电源隔离开关 QS 引入 X62W 万能铣床的主电路。在主轴转动区中，FR1 是热继电器，起过载保护作用。

M1 是主轴电动机，其正、反转由换向组合开关 SA5 实现，正常运行时由接触器 KM3 控制。一旦 KM3 主触点断开，KM2 主触点闭合，则电源接至 KM2 主触点、限流电阻 R，并在 KS 速度继电器的配合下实现反接制动。

M2 是工作台进给电动机，由正、反转接触器 KM4、KM5 控制；YA 是快速牵引电磁铁，由 KM6 控制。KM4 主触点闭合、KM5 主触点断开时，M2 电动机正转；反之，KM4 主触点断开、KM5 主触点闭合时，M2 电动机反转。M2 正、反转期间，KM6 主触点处于断开状态时，工作台通过齿轮变速箱中的慢速传动路线与 M2 电动机相连，工作台做慢速自动进给；一旦 KM6 主触点闭合，则 YA 快速进给磁铁通电，工作台通过电磁离合器与齿轮变速箱中的快速运动传动路线与 M2 电动机相连，工作台做快速移动。

M3 是冷却泵电动机，由接触器 KM1 控制；只有在 M1 启动后，M3 才能启动。KM1 主触点闭合，M3 单向运转；KM1 断开，则 M3 停转。主电路中，M1、M2、M3 均为全压启动。

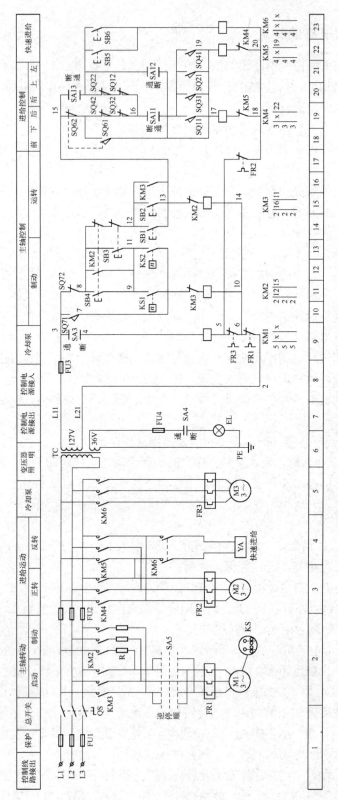

图 2.10 X62W 万能铣床电气控制电路图

四、控制电路分析

1. 主轴电动机启停控制

18　X62W 万能
铣床电气控制
电路

在非变速状态，同主轴变速手柄关联的主轴变速冲动限位开关 SQ7 不受压。根据选用的铣刀，由 SA5 选择转向，合上 QS，按下 SB1 或 SB2（两地操作）就可使得 KM3 通电，进而主轴电动机 M1 启动运行。需要停止时，按下 SB3 或 SB4，KM3 立即断电，但应注意到速度继电器 KS 的正向触点和反向触点总有一个闭合着，故 KM3 断电后，制动接触器 KM2 就立即通电，进行反接制动。当 M1 转速接近零时，原先保持闭合的 KS1 或 KS2 将断开，KM2 线圈会因所在支路断路而断电，从而及时卸除转子中的制动转矩，使主轴电动机 M1 停转。

SB1 与 SB3、SB2 与 SB4 两对按钮分别位于 X62W 万能铣床两个操作面板上，实现主轴电动机 M1 的两地操作控制。

2. 主轴变速冲动控制

主轴变速时，首先将主轴变速手柄微微压下，使它从第 1 道槽内拔出，然后拉向第 2 道槽，当它落入第 2 道槽内以后，再旋转主轴变速盘，选取好速度，将手柄以较快速度推回原位。若推不上时，再一次拉回来、推过去，直至手柄推回原位，变速操作完成。

在上述的变速操作中，在将手柄拉到第 2 道槽或从第 2 道槽推回原位的瞬间，通过变速手柄连接的凸轮，将压下弹簧杆一次，而弹簧将碰撞变速冲动开关 SQ7，使其动作一次，这样，若原来主轴旋转着，当将变速手柄拉到第 2 道槽时，主轴电动机 M1 被反接制动，速度迅速下降；当选好速度，将手柄推回原位时，冲动开关又动作一次，主轴电动机 M1 低速反转，有利于变速后的齿轮啮合。由此可见，该机床可进行不停车直接变速。若原来处于停车状态，则不难想到，在主轴变速操作中，SQ7 第 1 次动作时，M1 反转一下，SQ7 第 2 次动作时，M1 又反转一下，故也可停车变速。当然，若要求主轴在新的速度下运行，则应重新启动主轴电动机。

3. 工作台移动控制

（1）水平工作台纵向（左右）进给控制。水平工作台左右纵向进给前，机床操纵面板上的十字复合手柄扳到"中间"位置，使工作台与横向前后进给机械离合器、上下升降进给机械离合器脱开；而圆形工作台转换开关 SA1 置于"断开"位置，使圆形工作台与圆形工作台转动机械离合器也处于脱开状态。以上操作完成后，水平工作台左右纵向进给运动就可通过纵向操作手柄与行程开关 SQ1 和 SQ2 组合进行控制。

纵向操作手柄有左、停、右 3 个操作位置。当手柄扳到"中间"位置时，纵向机械离合器脱开，行程开关 SQ11（19 区）、SQ12（20 区）、SQ21（21 区）、SQ22（20 区）不受压，KM4 和 KM5 线圈均处于断电状态，主电路中 KM4 和 KM5 主触点断开，电动机 M2 不能转动，工作台处于停止状态。

纵向手柄扳到"右"位置时，纵向进给机械离合器合上，使行程开关 SQ1 压下（SQ11 闭合、SQ12 断开）。因 SA1 处于"断开"位置，导致 SA11 闭合，通过 SQ62→SQ42→SQ32

→SA11→SQ11→17→18 的支路使 KM4 线圈通电，电动机 M2 正转，工作台向右移动。

纵向手柄扳到"左"位置时，压下行程开关 SQ2 而使 SQ21 闭合、SQ22 断开，通过 SQ62→SQ42→SQ32→SA11→SQ21→19→20 的支路使 KM5 线圈通电，电动机 M2 反转，工作台向左移动。

（2）水平工作台横向（前后）进给控制。当纵向手柄扳到"中间"位置、圆形工作台转换开关 SA1 处于"断开"位置时，SA11、SA13 接通，工作台进给运动就通过十字复合手柄不同工作位置选择和 SQ3、SQ4 组合控制。

十字复合手柄扳到"前"位置时，横向进给机械离合器合上，压下行程开关 SQ3 而使 SQ31 闭合、SQ32 断开，因 SA11、SA13 接通，15→SA13→SQ22→SQ12→16→SA11→SQ31→17→18 的支路使 KM4 线圈通电，电动机 M2 正转，工作台横向向前移动。

十字复合手柄扳到"后"位置时，横向进给机械离合器合上，压下行程开关 SQ4 而使 SQ41 闭合、SQ42 断开，因 SA11、SA13 接通，通过 15→SA13→SQ22→SQ12→16→SA11→SQ41→19→20 的支路使 KM5 线圈通电，电动机 M2 反转，工作台横向向后移动。

（3）水平工作台升降进给控制。十字复合手柄扳到"上"位置时，升降进给机械离合器合上，压下行程开关 SQ3 而使 SQ31 闭合、SQ32 断开，因 SA11、SA13 接通，通过 15→SA13→SQ22→SQ12→16→SA11→SQ31→KM5 常闭辅助触点的支路使 KM4 线圈通电，电动机 M2 正转，工作台向上移动。

十字复合手柄扳到"下"位置时，升降进给机械离合器合上，压下行程开关 SQ4 使 SQ41 闭合、SQ42 断开，因 SA11、SA13 接通，通过 15→SA13→SQ22→SQ12→16→SA11→SQ41→KM4 常闭辅助触点的支路使 KM5 线圈通电，电动机 M2 反转，工作台向下移动。

（4）水平工作台快速点动控制。水平工作台在左右、前后、上下任意一个方向移动时，若按下 SB5 或 SB6，KM6 线圈通电，主电路中 KM6 主触点闭合使牵引电磁铁线圈 YA 通电，于是水平工作台接上快速离合器而朝所选择的方向快速移动。当 SB5 或 SB6 按钮松开时，快速移动停止，恢复慢速移动状态。

4. 水平工作台进给连锁控制

如果每次只对纵向操作手柄（选择左、右进给方向）和十字复合操作手柄（选择前、后、上、下进给方向）中的一个手柄进行操作，必然只能选择一种进给运动方向，而如果同时操作两个手柄，就须通过电气互锁避免水平工作台的运动相互干涉。

由于受纵向手柄控制的 SQ22、SQ12 常闭触点串联在 20 区的一条支路中，而受十字复合操作手柄控制的 SQ42、SQ32 常闭触点串联在 19 区的一条支路中，假如同时操作纵向操作手柄和十字复合操作手柄，两条支路将同时切断，KM4 与 KM5 线圈均不能通电，工作台驱动电动机 M2 就不能启动运转。

5. 水平工作台进给变速控制

变速应在工作台停止移动时进行，操作过程：先启动主轴电动机 M1，拉出蘑菇形变速手轮，同时转动至所需的进给速度，再把手轮用力往外一拉，并立即推回原位。

在手轮拉到极限位置时，其连杆机构推动冲动开关 SQ6，使得 SQ62 断开，SQ61 闭合，由于手轮被很快推回原位，故 SQ6 短时动作，KM4 短时通电，M2 短时冲动。KM4 线圈通过 15→SQ61→17→KM4 线圈→KM5 常闭触点支路通电，使 M2 瞬时停转，随即正转。若 M2 处于停转状态，则上述操作导致 M2 正转。

可见，若纵向操作手柄和十字复合手柄中只要有一个不在中间位置，此电流通路便被切断。但是，在水平工作台朝某一方向运动的情况下进行变速操作时，由于没有使进给电动机 M2 停转的电气措施，因而在转动手轮改变齿轮传动比时可能会损坏齿轮，故这种误操作必须严格禁止。

6. 圆形工作台运动控制

在使用圆形工作台时，工作台转换开关 SA1 则置于"接通"位置，工作台纵向操作手柄与十字复合操作手柄均处于中间位置，此时 SA12 闭合、SA11 和 SA13 断开，通过 15→SQ62→SQ42→SQ32→16→SQ12→SQ22→SA12→17→18 的支路使 KM4 线圈通电，电动机 M2 正转并带动圆形工作台单向回转，其回转速度也可通过变速手轮调节。

圆形工作台控制支路中串联了 SQ42、SQ32、SQ12、SQ22 等常闭触点，起着对圆形工作台转动与工作台三种移动的连锁保护作用。圆形工作台也可通过蘑菇形变速手轮变速。另外，当圆形工作台转换开关 SA1 置于"断开"位置，而纵向及十字操作手柄置于中间位置时，也可用手动机械方式使它旋转。

7. 冷却泵电动机 M3 控制

SA3 转换开关置于"开"位置时，KM1 线圈通电，冷却泵主电路中 KM1 主触点闭合，冷却泵电动机 M3 启动供液；而 SA3 置于"关"位置时，M3 停止供液。

8. 照明线路与保护环节

机床局部照明由 TC 变压器供给 36V 安全电压，转换开关 SA4 控制照明灯。

当主轴电动机 M1 过载时，FR1 动作断开整个控制线路的电源；进给电动机 M2 过载时，由 FR2 动作断开自身的控制电源；而当冷却泵电动机 M3 过载时，FR3 动作就可断开 M2、M3 的控制电源。FU1、FU2 实现主电路的短路保护，FU3 实现控制电路的短路保护，而 FU4 则用于实现照明线路的短路保护。

五、常见故障分析

铣床电路的常见故障有：主轴电动机不能启动；主轴不能制动；工作台不进给；进给不能快速移动等。

（1）主轴电动机不能启动。

① 控制电路熔断器 FU3 熔体熔断——更换熔体。

② 转换开关 SA5 在制动位置——重新调准位置。

③ 按钮 SB1、SB2、触点接触不良——修复或更换。

④ 热继电器 FR1 或 FR3 动作——检查排除。

（2）主轴不能制动。

① 按钮 SB3、SB4、触点接触不良——修复或更换。

② 熔断器 FU2 熔体熔断——更换熔体。

③ 速度继电器 KS1 或 KS2 动合触点接触不良，修复或更换。

（3）工作台不进给。

① 熔断器 FU3 熔体熔断——更换熔体。

② 接触器 KM3、KM4 线圈断开或主触点接触不良——修复或更换。

③ SQ2、SQ3 触点接触不良、接线松动或脱落——调节触点，使触点间接触良好，拧（压）紧松脱线头。

④ 热继电器 FR2 常闭触点断开——修复或更换。

⑤ 操作手柄不在零位——重新调准位置。

（4）工作台向左、向右、向前和向下移动都正常，但不能向上和向后移动。

故障原因通常是行程开关 SQ3 或 SQ4 常开触点断开——应检查行程开关 SQ3、SQ4，并修复断开故障。

（5）工作台不能快速移动。

① 快速移动按钮 SB5 或 SB6 常开触点接触不良或接线松动、脱落——修复，使触点间接触良好，并拧（压）紧松脱线头。

② 接触器 KM2 线圈断路——修复或更换。

技能操作

1. 操作目的

（1）掌握 X62W 万能铣床的工作原理。

（2）熟悉 X62W 万能铣床控制电路的接线方法。

（3）学会 X62W 万能铣床控制电路的故障分析及排除方法。

2. 操作器材

按照表 2.2 所示配齐所有工具、仪表及电气元器件，并进行质量检验。

表 2.2　工具、仪表及器材

工具	验电笔、一字螺丝刀、十字螺丝刀、尖嘴钳、斜口钳、剥线钳、电工刀
仪表	万用表、交流电流表、电笔
器材	三相异步电动机 3 台（主轴电动机 M1、进给电动机 M2、冷却泵电动机 M3）
	电源开关 1 个
	螺旋式熔断器 8 个
	行程开关 6 个
	组合开关 5 个
	控制按钮 6 个
	热继电器 3 个
	交流接触器 6 个
	速度继电器 1 个

器材	控制变压器 1 个
	照明灯 1 个
	实验接线板 1 块
	导线若干（主电路所用导线的颜色规格应与辅助电路有区别）
	紧固体若干
	编码套管若干

3. 操作步骤

（1）按图 2.10X62W 万能铣床电气控制电路图接线。注意接线时，先接负载端再接电源端，先接主电路，后接辅助电路，接线顺序从上到下。

（2）通电之前，必须征得指导老师同意，并由老师接通三相电源，同时在场监护。

（3）合上电源开关 QS，机床上电；再合上机床照明开关 SA4，照明灯 EL 亮。

（4）主轴电动机控制：

① SA5 置正转位置，按下 SB1 按钮（或 SB2 按钮），观察电动机正转情况；按下 SB3（或 SB4 按钮），观察电动机制动情况。

② SA5 置反转位置，按下 SB1 按钮（或 SB2 按钮），观察电动机反转情况；按下 SB3（或 SB4 按钮），观察电动机制动情况。

（5）工作台移动控制：

① 将十字复合手柄置于中间位置。操作纵向（左右）手柄向右，观察工作台进给情况；操作纵向（左右）手柄向左，观察工作台进给情况。

② 将纵向手柄置于中间位置。操作十字复合手柄向前（或向后），观察工作台进给情况；操作十字手柄向上（或向下），观察工作台进给情况。

（6）水平工作台快速点动控制。按下 SB5 或 SB6，观察工作台移动情况；松开 SB5 或 SB6，观察工作台移动情况。

（7）圆形工作台回转运动控制。将纵向手柄、十字复合手柄置于中间位置，主轴电动机处于运行状态，将转换开关 SA1 扳到圆形工作台位置，观察圆形工作台工作情况。

（8）冷却泵控制。合上转换开关 SA3，观察冷却泵工作情况。

（9）机床断电。断开机床照明开关 SA4，断开电源开关 QS。

4. 注意事项

（1）各电动机使用的电源电压和绕组接法必须与铭牌上规定的相一致。

（2）不要随意更改线路和带电触摸电气元件。

（3）电动机、变压器的金属外壳必须可靠接地。

（4）电源进线应接在螺旋式熔断器的下接线柱，出线则应接在上接线柱上。

（5）用验电笔检查故障时，必须检查验电笔是否符合使用要求。

（6）学生在操作中要按操作规程进行操作。

（7）排除故障时，不要扩大故障范围或产生新的故障。

（8）通电时，注意观察电动机、各电气元件及电路各部分工作是否正常，如发现异常情况，必须立即切断电源。

5．故障分析

（1）X62W 万能铣床主轴停车制动效果不明显或无制动的原因。
（2）X62W 万能铣床工作台不能快速移动的原因。

6．思考题

（1）X62W 万能铣床电气控制中为什么要设置主轴及进给变速冲动？简述主轴变速冲动的工作原理。
（2）试述 X62W 万能铣床中水平工作台和回转工作台连锁保护的原理。
（3）试述 X62W 万能铣床水平工作台向左移动的工作过程。

知识拓展　双面单工液压传动组合机床的电气控制

一、压力继电器的结构和工作原理

压力继电器是利用液体的压力来启闭电气触点的液压电气转换元件。压力继电器有柱塞式、膜片式、弹簧管式和波纹管式四种结构形式。下面介绍柱塞式压力继电器的工作原理。

柱塞式压力继电器的结构和符号如图 2.11 所示。当从继电器下端进油口进入的液体压力达到设定压力值时，推动柱塞上移，此位移通过杠杆放大后推动微动开关动作，发出电信号，使电气元件（如电磁铁、电动机、时间继电器、电磁离合器等）动作，使油路卸压、换向、执行元件实现顺序动作，或关闭电动机使系统停止工作，起安全保护作用等。改变弹簧的压缩量，可以调节继电器的动作压力。

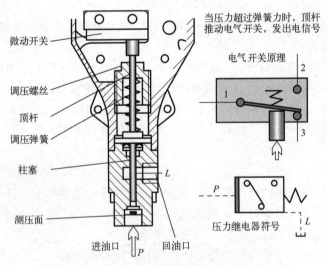

图 2.11　柱塞式压力继电器的结构和符号

注意：压力继电器必须放在压力有明显变化的地方才能输出电信号。若将压力继电器放在回油路上，由于回油路直接接回油箱，压力也没有变化，所以压力继电器也不会工作。

常用柱塞式压力继电器的型号有：HED1 型、HED4 型、HED8 型等系列。

二、组合机床的组成结构

组合机床是由一些通用部件及少量专用部件组成的高效自动化或半自动化专机床。可以完成钻孔、扩孔、铰孔、镗孔、攻螺纹、车削、铣削及精加工等多道工序，一般采用多轴、多刀、多工序、多面、多工位同时加工，适用于大批量生产，能稳定保证加工产品的质量。图 2.12 为单工三面复合式组合机床结构示意图。它由底座、立柱、滑台、切削头、动力箱、多轴箱、夹具等通用和专用部件，以及控制、冷却、排屑、润滑等辅助部件组成。

通用部件是经过系列设计、试验和长期生产实践考验的，其结构稳定、工作可靠，由专业生产厂成批制造，经济效果好，使用、维修方便。一旦被加工零件的结构与尺寸改变时，这些通用部件可根据需要组合成新的机床。在组合机床中，通用部件一般占机床零部件总量的 70%～80%；其他 20%～30%的专用部件由被加工件的形状、轮廓尺寸、工艺和工序决定。

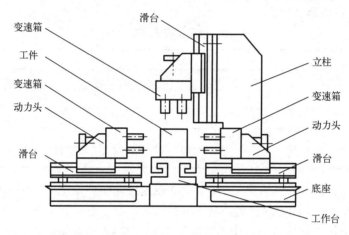

图 2.12　单工三面复合式组合机床结构示意图

组合机床的通用部件主要包括以下几种：

（1）动力部件。动力部件用来实现主运动或进给运动，如动力头、动力箱、各种切削头。

（2）支撑部件。支撑部件主要为各种底座，用于支撑、安装组合机床的其他零部件，它是组合机床的基础部件。

（3）输送部件。输送部件用于多工位组合机床，用来完成工件的工位转换，有直线移动工作台、回转工作台、回转鼓轮工作台等。

（4）控制部件。用于组合机床完成预定的工作循环程序。它包括液压元件、控制挡铁、操纵板、按钮盒及电气控制部分。

（5）辅助部件。辅助部件包括冷却、排屑、润滑等装置，以及机械手、定位、夹紧、导向等部件。

三、组合机床的工作特点

组合机床主要由通用部件装配组成，各种通用部件的结构虽有差异，但它们在组合机床中的工作却是协调的，能发挥较好的效果。

组合机床通常是从几个方向对工件进行加工，它的加工工序集中，要求各个部件的动作顺序、速度、启动、停止、正向、反向、前进、后退等均应协调配合。并按一定的程序自动或半自动地进行。加工时应注意各部件之间的相互位置，精心调整每个环节，避免大批量加工生产中造成严重的经济损失。

四、双面单工液压传动组合机床的电气控制

双面单工液压传动组合机床电气控制电路原理如图 2.13 所示。机床由左、右动力头电动机 M1、M2 及冷却泵电动机 M3 三台电动机拖动。在机床控制电路中，手动开关 SA1 为左动力头单独调整开关，SA2 为右动力头单独调整开关，SA3 为冷却泵电动机的工作选择开关。

左、右动力头的工作循环图如图 2.14 所示。当左、右动力头在原位时，行程开关 SQ1、SQ2、SQ3、SQ4、SQ5、SQ6 被压下。液压执行元件动作如表 2.3 所示，其中 YV 表示电磁阀，KP 表示压力继电器。

表 2.3　液压执行元件动作表

工步	YV1	YV2	YV3	YV4	KP1	KP2
快进	+	−	+	−	−	−
工进	+	−	+	−	−	−
挡铁停留	+	−	+	−	+	+
快退	−	+	−	+	−	−
原位停止	−	−	−	−	−	−

当需要机床工作时，将手动开关 SA1、SA2 扳至自动循环位置，按下机床启动按钮 SB2，接触器 KM1、KM2 通电闭合并自锁，其主触点闭合，左、右动力头电动机 M1、M2 启动运转。然后按下"前进"按钮 SB3，中间继电器 KA1、KA2 通电闭合并自锁，电磁阀 YV1、YV3 线圈通电动作，左、右动力头离开原位快速前进。此时行程开关 SQ1、SQ2、SQ5、SQ6 首先复位，接着行程开关 SQ3、SQ4 也复位，因而中间继电器 KA 通电闭合并自锁，为左、右动力头自动停止做好准备。动力头在快速前进的过程中，由各自的行程阀自动转换为工进，同时压下行程开关 SQ，使得接触器 KM3 通电闭合，冷却泵电动机 M3 启动运转，供给机床切削液。左动力头加工完毕后，压下行程开关 SQ7，并通过挡铁机械装置动作使油压系统油压升高，压力继电器 KP1 动作，使图 2.13 电路中 14 区压力继电器 KP1 的常开触点闭合，中间继电器 KA3 闭合并自锁，KA1 失电释放。同理，右动力头加工完毕后，压下行程开关 SQ8，使得压力继电器 KP2 的常开触点闭合，中间继电器 KA4 闭合并自锁，KA2 失电释放。由于中间继电器 KA1、KA2 失电释放，YV1、YV3 失电，同时 YV2、YV4 通电，根据表 2.3 中各电磁阀及压力继电器的工作动作表可知，此时左、右动力头快速后退。当左、右动力头退回至行程开关 SQ 处时，SQ 复位，接触器 KM3 失电释放，冷却泵电动机 M3 停转。而当左、右动力头退回至原位时，首先压下行程开关 SQ3、SQ4，然后压下行程开关 SQ1、SQ2、SQ5、SQ6。接触器 KM1、KM2 失电释放，左、右动力头电动机 M1、M2 停转，完成一次循环加工过程。

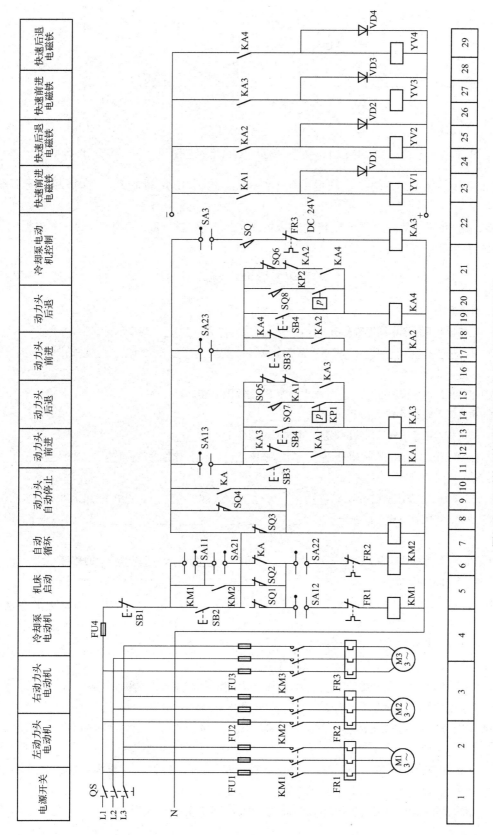

图2.13 双面单工液压传动组合机床电气控制电路图

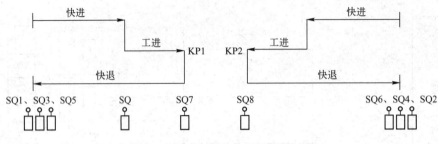

图 2.14 左、右动力头的工作循环图

图 2.13 中按钮 SB4 为左、右快退手动操作按钮,按下 SB4,能使左、右动力头退至原位停止。

要求:能够识读双面单工液压传动组合机床电气控制电路图(见图 2.13),并根据电气原理图进行实物电路连接。

项目 2 能力训练

一、填空题

2.1 电气控制系统图中图形符号由_____、_____及_____构成。

2.2 用_____和_____表示电路各个电气元件_____和电气_____的图称为电气原理图。

2.3 电气控制电路按通过_____大小分为主电路和控制电路。

2.4 电气元件布置图中,体积大的放在_____方。

2.5 安装接线图的电气元件的图形应与电气原理图标注_____。

2.6 C650 型卧式车床主要由床身、_____、尾座、_____、挂轮箱、_____、光杆、_____和溜板箱等组成。

2.7 C650 型卧式车床的运动形式有_____、_____和_____,并由 3 台电动机拖动来完成。

2.8 Z3040 型摇臂钻床可以进行_____、_____、_____、_____及攻螺纹等多种形式的加工。

2.9 X62W 型万能铣床主要由床身、_____、刀杆、_____、_____、回转盘、_____、升降台、底座等几部分组成。

2.10 X62W 型万能铣床主轴电动机 M1 的控制环节包括_____、_____、_____和变速冲动等。

二、判断题(正确的打√,错误的打×)

2.11 电气原理图绘制中,不反映电气元器件的大小。( )

2.12 电气原理图中所有电器的触点都按没有通电或没有外力作用时的开闭状态画出。( )

2.13 电动机的接地装置因为不影响电动机的正常使用,所以有的时候可以不接。( )

2.14 在控制电路或辅助电路中,并联在电源两端的任一支路中都必须包含有线圈或照明灯等耗能软元件。( )

2.15 C650 型车床的主轴电动机 M1 因过载而停转,热继电器 FR1 的常闭触点是否复位,对冷却泵电动机 M2 和刀架快速移动电动机 M3 的运转没有影响。( )

2.16 Z3040 型摇臂钻床的主轴电动机启动和立柱的松开或夹紧不是同时进行的。( )

2.17 X62W 型万能铣床为了避免损坏刀具和机床，要求只要电动机 M1、M2、M3 有 1 台过载，3 台电动机都必须停止运转。（　　）

2.18 X62W 型万能铣床的顺铣和逆铣加工是由液压装置实现的。（　　）

2.19 X62W 型万能铣床在非变速状态下，同主轴变速手柄关联的主轴变速冲动限位开关不受压。（　　）

2.20 C650 型卧式车床主轴电动机 M1 的转动与否与冷却泵电动机 M2 是否提供冷却液无关。（　　）

三、选择题

2.21 C650 型车床的主轴电动机是（　　）。

　　A. 三相笼形异步电动机　　　　　　B. 三相绕线转子异步电动机

　　C. 直流电动机　　　　　　　　　　D. 双速电动机

2.22 电路图中接触器线圈符号下左栏中的数字表示该接触器（　　）所处的图区号。

　　A. 线圈　　　　　B. 主触点　　　　　C. 常开辅助触点　　　　　D. 常闭辅助触点

2.23 安装在 X62W 型万能铣床工作台上的工件可以在（　　）个方向调整位置或进给。

　　A. 2　　　　　　　B. 3　　　　　　　C. 4　　　　　　　D. 6

2.24 机床上的电动机的过载保护通常采用（　　）。

　　A. 过电流继电器　　　　　　　　　B. 过电压继电器

　　C. 欠电流继电器　　　　　　　　　D. 热继电器

2.25 Z3040 型摇臂钻床的工作特点是主轴可以绕内立柱进行（　　）的回转，因此便于加工大中型工件。

　　A. 90°　　　　　　B. 180°　　　　　C. 270°　　　　　D. 360°

2.26 Z3040 型摇臂钻床上的摇臂升降电动机 M2 和冷却泵电动机 M4 不加过载保护的原因是（　　）。

　　A. 要正、反转　　B. 短时工作　　　C. 电动机不会过载　　　D. 负载固定不变

2.27 X62W 型万能铣床主轴电动机的正反转靠（　　）来实现。

　　A. 正、反转接触器　　　　　　　　B. 组合开关

　　C. 正、反转按钮控制　　　　　　　D. 机械装置

2.28 为了缩短 X62W 型万能铣床的停车时间，主轴电动机设有（　　）制动环节。

　　A. 制动电磁离合器　　　　　　　　B. 串电阻反接制动

　　C. 能耗制动　　　　　　　　　　　D. 再生发电制动

2.29 X62W 型万能铣床的 3 台电动机，即主轴电动机 M1、冷却泵电动机 M2、进给电动机 M3 中有过载保护的是（　　）。

　　A. M1 及 M3　　B. M1 及 M2　　C. M1　　　　　　D. 全部都有

四、问答题

2.30 C650 型车床的电气控制电路中具有哪些联锁与保护？为什么要有这些联锁与保护？

2.31 假设 C650 型卧式车床原来主轴电动机反向运行，简述停车时反接制动的原理。

2.32 简述 C650 型卧式车床按下反向启动按钮 SB4 后的启动工作原理。

2.33 Z3040 型摇臂钻床电路中，时间继电器 KT 与电磁阀 YV 在什么时候动作？YV 动作时间比 KT 长还是短？YV 什么时候不动作？

2.34 Z3040 型摇臂钻床在摇臂升降过程中，液压泵电动机和摇臂升降电动机应如何配合工作？

2.35 Z3040 型摇臂钻床电路中具有哪些联锁与保护？为什么要有这些联锁与保护？它们是如何实现作用的？

2.36 X62W 型万能铣床控制电路中变速冲动控制环节的作用是什么？说明控制过程。

2.37 试述 X62W 型万能铣床的工作台六个方向进给联锁保护的工作原理。

2.38 简述柱塞式压力继电器工作原理。

2.39 简述双面单工液压传动组合机床左、右动力头的工作循环过程。

五．分析题

2.40 C650 型卧式车床电路中，若发生下列故障，请分析其故障原因。

（1）主轴电动机 M1 不能启动。

（2）冷却泵电动机 M2 不能启动。

（3）快速移动电动机 M3 不能启动。

2.41 Z3040 型摇臂钻床若发生下列故障，请分别分析其故障原因。

（1）摇臂上升时能够夹紧，但在摇臂下降时没有夹紧的动作。

（2）摇臂能够下降和夹紧，但不能放松和上升。

2.42 X62W 型万能铣床控制电路中，若发生下列故障，请分析其故障原因。

（1）主轴停车时，正、反方向都没有制动作用。

（2）进给运动中，不能向前、右，能向后、左，也不能实现圆形工作台运动。

（3）进给运动中，能向上、下、左、右、前，不能向后。

项目 2 考核评价表

考核项目	评 价 标 准	评价方式	考核方式	分数权重	按任务评价	
					一	二
电路分析	正确分析电路原理	教师评价	答辩	0.1		
接线安装	按图接线正确、规范、合理、美观，无线头松动、压皮、露铜及损伤绝缘层		操作	0.3		
通电试车	按照要求和步骤正确检查、调试电路		操作	0.3		
安全生产及工作态度	自觉遵守安全文明生产规程，认真主动参与学习	小组互评	口试	0.2		
团队合作	具有与团队成员合作的精神		口试	0.1		
综合评价（此栏由指导教师填写）						

项目 3 FX₂ₙ 系列 PLC 的基本指令的编程及应用

党的二十大："两个结合"

——坚持把马克思主义基本原理同中国具体实际相结合、同中华优秀传统文化相结合。

项目描述

本项目主要介绍三菱 FX 系列 PLC 的硬件组成、编程软元件和编程语言，介绍可编程序控制器编程软件的操作方法及 PLC 的基本指令的编程方法，使学生能够熟练操作编程软件，并会用基本指令设计程序。

知识目标

（1）了解 PLC 的特点、分类、应用及主要性能指标。

（2）掌握 FX₂ₙ 系列 PLC 的 27 条基本指令应用，学会设计较复杂程序。

（3）掌握 PLC 定时器和计数器的使用及基本单元电路的应用。

技能目标

（1）能根据控制要求应用基本指令实现 PLC 控制系统的编程。

（2）能够使用 PLC 的定时器、计数器，会设计定时器、计数器基本电路。

（3）能合理分配 I/O 地址，会正确连接 PLC 系统的电气电路图。

（4）学会 PLC 控制系统的接线和编程软件的调试方法。

任务 1 编程软件的应用

任务描述

用 FX₂ₙ 系列可编程序控制器编程软件将梯形图和指令输入 PLC，会用编程软件修改、调试、检测程序。本任务要求使用 GX-Developer V8 编程软件编辑 PLC 的梯形图和顺序功能图等基本操作。

任务目标

（1）熟悉 GX-Developer V8 编程软件的界面。

（2）掌握梯形图和指令表的基本操作。

（3）学会利用 GX-Developer V8 编程软件进行编程和调试程序。

知识储备

一、PLC 定义及产生

可编程序控制器（Programmable Controller，PC），是以微处理器为基础，综合了计算机技术、自动控制技术和通信技术而发展起来的一种新型、通用的自动控制装置，它是"专为在工业环境下应用而设计"的计算机。这种工业计算机采用"面向用户的指令"，因此编程方便。它能完成逻辑运算、顺序控制、定时、计数和算术操作，它还具有"对数字量或模拟量的输入/输出控制"的能力。

早期产品名称为可编程逻辑控制器（Programmable Logic Controller，PLC），主要替代传统的继电器接触器控制系统。为了与个人计算机（Personal Computer，PC）这一缩略语名称相区别，故仍用 PLC 来表示可编程控制器。但这一缩略语并不意味着它只有逻辑功能。

1968 年，美国最大的汽车制造商——通用汽车公司（GM 公司）为了适应生产工艺不断更新的需要，提出要用一种新型的工业控制器取代继电器接触器控制装置，并要求把计算机控制的优点（功能完备，灵活性、通用性好）和继电器接触器控制的优点（简单易懂、使用方便、价格低廉）结合起来，设想将继电器接触器控制的硬接线逻辑转变为计算机的软件逻辑编程，且要求编程简单，使不熟悉计算机的人员也能很快掌握其使用技术，具体从用户角度提出了十大条件：

（1）编程简单方便，可在现场编制程序。

（2）硬件维护方便，采用插件式结构。

（3）可靠性高于继电器接触器控制装置。

（4）体积小于继电器接触器控制装置。

（5）可将数据直接送入计算机。

（6）用户程序存储器容量至少可以扩展到 4KB。

（7）输入可直接用 115V 交流电。

（8）输出为交流 115V，2A 以上，能直接驱动电磁阀、交流接触器等。

（9）通用性强，扩展方便。

（10）成本上可与继电器接触器控制系统竞争。

针对通用汽车公司提出的要求，1969 年美国数字设备公司（DEC 公司）研制出了世界上首台可编程控制器 PDP-14，并在美国通用汽车公司的自动装配线上试用成功，取得了满意的效果，可编程控制器也由此诞生。

二、PLC 的特点

1. 可靠性高，抗干扰能力强

这是选择控制装置的首要条件。可编程控制器生产厂家在硬件方面采用了屏蔽、滤波、隔离等抗干扰措施，在软件方面上采取了故障检测、信息保护和恢复、警戒时钟（死循环报警）、程序检验等一系列抗干扰措施。

2. 使用灵活，通用性强

产品均成系列化生产，多数采用模块式的硬件结构，用户可灵活选用。软接线逻辑使得 PLC 能简单轻松地实现各种不同的控制任务，且系统设计周期短。

3. 编程方便，易于掌握

采用与继电器电路极为相似的梯形图语言，直观易懂；近年来又发展了面向对象的顺序控制流程图语言（Sequential Function Chart，SFC），也称功能图，使编程更为简单方便。

4. 接口简单，维护方便

可编程控制器可直接与现场强电设备相连接，接口电路模块化，有完善的自诊断和监视功能。可编程控制器对于其内部工作状态、通信状态、异常状态和 I/O 点的状态均有显示，可以方便地查出故障原因，迅速做出处理。

5. 功能完善，性价比高

除基本的逻辑控制、定时计数、算术运算外，配合特殊功能模块可以实现点位控制、PID 运算、过程控制、数字控制等功能，还可与上位机通信、远程控制等。

三、PLC 的应用

目前，PLC 在国内外已广泛应用于钢铁、石油、化工、电力、建材、机械制造、汽车、轻纺、交通运输、环保及文化娱乐等各个行业，使用情况大致可归纳为如下几类。

1. 开关量的逻辑控制

开关量的逻辑控制是 PLC 最基本、最广泛的应用领域，它取代传统的继电器电路，实现逻辑控制、顺序控制，既可用于单台设备的控制，也可用于多机群控及自动化流水线，如注塑机、印刷机、邮件分拣机、组合机床、磨床、包装生产线、电镀流水线等。

2. 模/数（A/D）、数/模（D/A）的转换控制

在工业生产过程中，有许多连续变化的量，如温度、压力、流量、液位和速度等都是模拟量。为了使可编程控制器处理模拟量，必须实现模拟量（Analog）和数字量（Digital）之间的 A/D 转换及 D/A 转换，PLC 厂家都生产配套的 A/D 和 D/A 转换模块。

3. 过程控制

过程控制是指对温度、压力、流量等模拟量的闭环控制。作为工业控制计算机，PLC 能编制各种各样的控制算法程序，完成闭环控制。PID（比例—积分—微分）调节是一般闭环控制系统中用得较多的调节方法，大中型 PLC 都有 PID 模块，目前许多小型 PLC 也具有此功能模块。过程控制在冶金、化工、热处理、锅炉控制等场合有非常广泛的应用。

4. 数据处理

现代 PLC 具有数学运算（含矩阵运算、函数运算、逻辑运算）、数据传送、数据转换、排序、查表、位操作等功能，可以完成数据的采集、分析及处理。这些数据可以与存储在存储器中的参考值比较，完成一定的控制操作。数据处理一般用于大型控制系统，如柔性控制系统。

5. 运动控制

PLC 可以用于圆周运动或直线运动的控制。早期直接用于开关量 I/O 模块连接位置传感器和执行机构，现在一般使用专用的运动控制模块。目前大多数厂家的 PLC 都有运动控制功能，广泛用于各种机械、机床、机器人、电梯等场合。

6. 通信和联网

PLC 之间及 PLC 与其他智能设备间都要求有很强的通信能力。工厂自动化网络发展速度很快，如今很多 PLC 都具有通信接口，通信非常方便。

四、PLC 的分类

PLC 产品种类繁多，其规格和性能也各不相同。其分类主要有以下几种。

1. 按 I/O 点数分类

（1）微型 PLC：I/O 点数小于 64 点的 PLC 为超小型或微型 PLC。

（2）小型 PLC：I/O 点数为 256 点以下，用户程序存储容量小于 8KB 的为小型 PLC。它可以连接开关量和模拟量 I/O 模块以及其他各种特殊功能模块，能执行逻辑运算、计时、计数、算术运算、数据处理和传送、通信联网等功能。如西门子公司的 S7-200，三菱公司的 F1、F2 和 FX0 系列都属于小型机。

（3）中型 PLC：I/O 点数在 512～2048 点之间的为中型 PLC。它除了具有小型机所能实现的功能外，还具有更强大的通信联网功能、更丰富的指令系统、更大的内存容量和更快的扫描速度。如西门子公司的 S7-300、三菱公司的 A1S 系列都属于中型机。

（4）大型 PLC：I/O 点数为 2048 点以上的为大型 PLC。它具有极强的软件和硬件功能、自诊断功能、通信联网功能，它可以构成三级通信网，实现工厂生产管理自动化。另外大型 PLC 还可以采用三个 CPU 构成表决式系统，使机器具有更高的可靠性。如西门子公司的 S7-400 系列、三菱公司的 A3M、A3N 系列都属于大型机。

2. 按结构分类

（1）整体式 PLC。将 CPU、I/O 单元、电源、通信系统等部件集成到一个机壳内的称为整体式 PLC。整体式 PLC 由不同 I/O 点数的基本单元(又称主机)和扩展单元组成。基本单元内有 CPU、I/O 接口、与 I/O 扩展单元相连的扩展口以及与编程器相连的接口，扩展单元内只有 I/O 接口和电源等，没有 CPU。它还配备特殊功能单元，如模拟量单元、位置控制单元等，使其功能得以扩展。整体式 PLC 一般都是小型机。

（2）模块式 PLC。模块式 PLC 是将 PLC 的每个工作单元都制成独立的模块，如 CPU 模块、I/O 模块、电源模块（有的含在 CPU 模块中）以及各种功能模块。把这些模块按控制系统需要选取后，安插到母板上，就构成了一个完整的 PLC 系统。这种模块式 PLC 的特点是配置灵活，可根据需要选配不同规模的系统，而且装配方便，便于扩展和维修。大、中型 PLC 一般采用模块式结构。

（3）叠装式 PLC。将整体式和模块式的特点结合起来，构成所谓叠装式 PLC。叠装式 PLC 将 CPU 模块、电源模块、通信模块和一定数量的 I/O 单元集成到一个机壳内，如果集成的 I/O 模块不够使用，可以进行模块扩展。其 CPU、电源、I/O 接口等也是各自独立的模块，但它们之间要靠电缆进行连接，并且各模块可以一层层地叠装。叠装式 PLC 集整体式 PLC 与模块式 PLC 优点于一身，它不但系统配置灵活，而且体积较小，安装方便。西门子公司的 S7-200 系列 PLC 就是叠装式的结构形式。

3．按功能分类

（1）低档 PLC。具有逻辑运算、定时、计数、移位以及自诊断、监控等基本功能，还可有少量的模拟量 I/O、算术运算、数据传送和比较、通信等功能。主要用于逻辑控制、顺序控制或少量模拟量控制的单机控制系统。

（2）中档 PLC。除具有低档 PLC 的功能外，还具有较强的模拟量 I/O、算术运算、数据传送和比较、数制转换、远程 I/O、子程序、通信联网等功能。有些还可增设中断控制、PID（比例—积分—微分）控制等功能，以适用于复杂控制系统。

（3）高档 PLC。除具有中档 PLC 的功能外，还增加了带符号算术运算、矩阵运算、函数、表格、CRT 可编程控制器原理与应用显示、打印和更强的通信联网功能，可用于大规模过程控制或构成分布式网络控制系统，实现工厂自动化。一般低档机多为小型 PLC，采用整体式结构；中档机可为大、中、小型 PLC，其中小型 PLC 多采用整体式结构，高档机为中型和大型 PLC。

4．按生产厂家分类

目前世界上 PLC 产品按地域分成三大块：美国、欧洲和日本。日本和美国的 PLC 产品较相似。占 PLC 市场 80%以上的生产公司有：德国的西门子公司、法国的施耐德自动化公司、日本的欧姆龙和三菱公司。

目前国内常用的主要是三菱 FX 系列中小型机和西门子 S7-200、S7-300、S7-400 系列机型等。

五、PLC 的主要性能指标

1．I/O 点数

I/O 点数是指 PLC 外部输入端子和输出端子个数总和，这是非常重要的一项技术指标。如 FX_{2N} 系列 I/O 点数最多为 256。

2．扫描速度

这是指 PLC 执行一步指令的时间，单位是μs/步，有时也以执行 1 000 步指令的时间计，单位为 ms/千步，通常为 10ms/千步。

3．内存容量

一般小型 PLC 的存储容量为 1～8KB，中、大型 PLC 则为几十 KB，甚至达到 1～2MB。通常以 PLC 所能存放用户程序的多少来衡量。在 PLC 中，程序指令是按"步"存放的，而一条指令往往不止一步。一步占用一个地址单元，一个地址单元占用两字节。

4．指令系统

PLC 指令的多少是衡量其软件功能强弱的主要指标。PLC 具有的指令种类越多，它的软件功能则越强。

5．内部寄存器

PLC 内部有许多寄存器用来存放变量状态、中间结果和数据等，还有许多辅助寄存器给用户提供特殊功能，以简化程序设计。寄存器的配置情况是衡量 PLC 硬件功能的一个重要指标。

六、PLC 的编程语言

1．梯形图

梯形图（LD）是一种以图形符号及其在图中的相互关系来表示控制关系的编程语言，是从继电器电路图演变过来的，是使用得最多的 PLC 图形编程语言。梯形图与继电器控制系统的电路图很相似，直观易懂，很容易被熟悉继电器控制的电气人员掌握，特别适用于开关量逻辑控制。梯形图由触点、线圈和应用指令等组成，触点代表逻辑输入条件，如外部的开关、按钮和内部条件等；线圈通常代表逻辑输出结果，用来控制外部的指示灯、接触器等。

梯形图通常有左、右两条母线（有时候只画出左母线），两母线之间是内部继电器常开、常闭的触点以及继电器线圈组成的一条条平行的逻辑行（或称梯级），每个逻辑行必须以触点与左母线连接开始，以线圈与右母线连接结束，如图 3.1 所示。

2．指令表

PLC 的指令是一种与微型计算机的汇编指令相似的助记符表达式，由指令组成的程序称为指令表（IL）程序，如图 3.2 所示。指令表程序较难阅读，其中的逻辑关系很难一眼看出，所以在设计时一般使用梯形图语言。

3．顺序功能图

顺序功能图（SFC）用来描述开关量控制系统的功能，是一种基于其他编程语言的图形语言，用于编制顺序控制程序。顺序功能图提供了一种组织程序的图形方法，根据它可以很容易地画出顺序功能图，如图 3.3 所示。

4．功能块图

功能块图（FBD）是一种类似于数字逻辑门电路的编程语言。该编程语言用类似与门、或门的方框来表示逻辑运算关系，方框的左侧为逻辑运算的输入变量，右侧为输出变量，输入、输出端的小圆圈表示"非"运算，方框被"导线"连接在一起，信号自左向右流动，如图 3.4 所示。

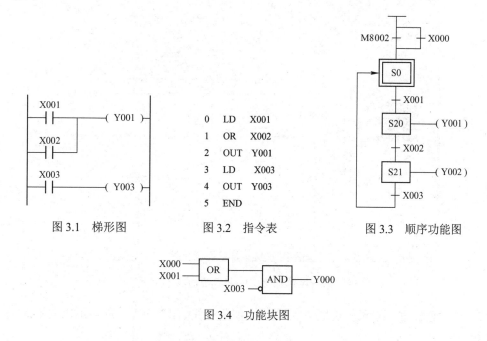

图 3.1 梯形图 　　　　　图 3.2 指令表 　　　　　图 3.3 顺序功能图

图 3.4 功能块图

七、GX-Developer V8 编程软件的使用

GX-Developer V8 是三菱公司通用性较强的编程软件，它能够完成 Q 系列、QnA 系列、A 系列、FX 系列 PLC 梯形图、指令表和 SFC 等的编辑，并能自由地进行切换，还可以对用户程序进行编辑、改错、核对，并可将计算机中的程序写入到 PLC 中，或从 PLC 中读取程序。

1. 软件的使用环境与安装

本软件要求计算机装有 Windows 2000、Windows XP 等操作系统，有 100MB 以上内存，有硬盘、鼠标、显示器、打印机等外部配置。

19 GX 编程软件的安装

2. 软件的安装

运行安装盘中的"SETUP"，按照逐级提示即可完成 GX-Developer V8 的安装。安装结束后，将在桌面上建立一个和"GX-Developer"相对应的图标，同时在桌面的"开始\程序"中建立一个"MELSOFT 应用程序→GX-Developer"选项。若要增加模拟仿真功能，在上述安装结束后，再运行安装盘中的 LLT 文件夹下的"SETUP"，按照逐级提示即可完成模拟仿真功能的安装。

3. 软件的启动与退出

（1）软件的启动。双击桌面上的"GX-Developer"图标，或打开"开始"菜单下的"程序"项，选择 MELSOFT 应用程序中的 GX-Developer，出现如图 3.5 所示编程软件界面。

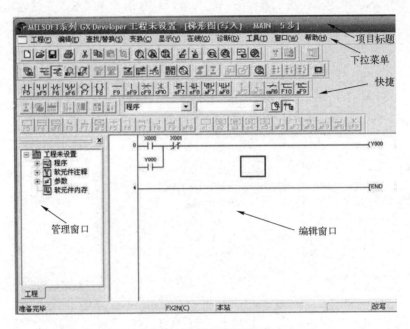

图 3.5　编程软件的界面

（2）软件的退出。以鼠标选取"工程"菜单下的"关闭"命令，即可退出 GX-Developer V8 系统。

4. GX-Developer V8 编程软件的界面

双击桌面上的"GX-Developer"图标，即可启动 GX-Developer V8，其界面如图 3.5 所示。GX-Developer V8 的界面由项目标题栏、下拉菜单、快捷工具栏、编辑窗口、管理窗口等部分组成。在调试模式下，可打开远程运行窗口、数据监视窗口等。

（1）下拉菜单。GX-Developer V8 共有 10 个下拉菜单，每个菜单又有若干个菜单项。

（2）快捷工具栏。GX-Developer V8 共有 8 个快捷工具栏，即标准、数据切换、梯形图标记、程序、注释、软元件内存、SFC、SFC 符号工具栏。以鼠标选取"显示"菜单下的"工具条"命令，即可打开这些工具栏。常用的有标准、梯形图标记、程序工具栏，将鼠标停留在快捷按钮上片刻，即可获得该按钮的提示信息。

（3）编辑窗口。PLC 程序是在编辑窗口进行输入和编辑的，其使用方法和众多的编辑软件相似。

（4）管理窗口。管理窗口实现项目管理、修改等功能。

5. 文件的管理

（1）创建新工程：选择"工程"→"创建新工程"菜单项，或者按"Ctrl"+"N"键操作，如图 3.6 所示，在出现的"创建新工程"对话框中选择 PLC 类型，如选择 FX_{2N} 系列 PLC 后，单击"确定"，如图 3.7 所示。

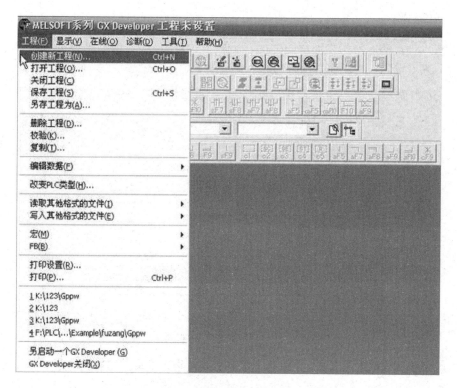

图 3.6 "创建新工程"界面

（2）打开工程。打开一个已有工程，单击"工程"→"打开工程"菜单或按"Ctrl"＋"O"键，在出现的"打开工程"对话框中选择已有工程，单击"打开"，如图 3.8 所示。

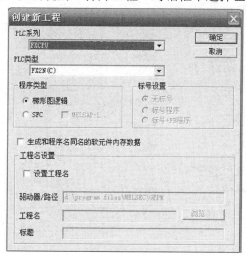

图 3.7 "创建新工程"对话框

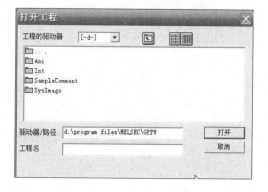

图 3.8 "打开工程"对话框

（3）文件的保存和关闭。保存当前 PLC 程序、注释数据以及其他在同一文件名下的数据的操作方法是：单击"工程"→"保存工程"菜单命令或"Ctrl"＋"S"键操作即可。将已处于打开状态的 PLC 程序关闭，操作方法是单击"工程"→"关闭工程"菜单命令即可。

6. 编程操作

（1）输入梯形图。使用"梯形图标记"工具条（见图 3.9）或通过单击"编辑"→"梯形图标记"菜单选项，将已编好的程序输入到计算机。

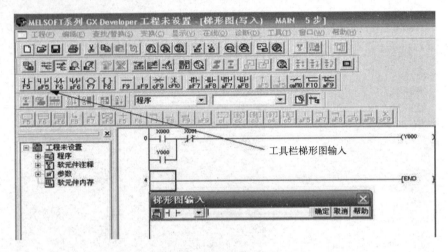

图 3.9　输入梯形图

（2）编辑操作。单击"编辑"菜单栏中的指令，对输入的程序进行修改和检查，如图 3.10 所示。

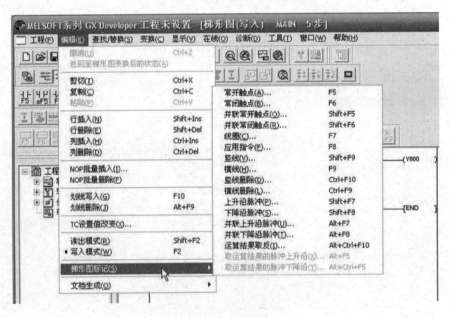

图 3.10　编辑菜单

（3）梯形图的转换及保存操作。编辑好的程序先通过单击"变换"→"变换"菜单选项或按"F4"键变换后，才能保存。如图 3.11 所示。在变换过程中显示梯形图变换信息，如果在不完成变换的情况下关闭梯形图窗口，新创建的梯形图将不被保存。

图 3.11　梯形图的变换

7. 程序调试及运行

（1）程序的检查。单击"诊断"→"诊断"菜单命令，进行程序检查，如果没有连接好 PLC，则弹出如图 3.12 所示对话框。

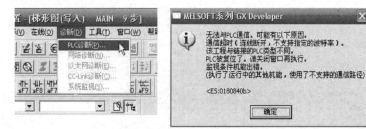

图 3.12　程序检查对话框

（2）程序的写入。PLC 在 STOP 模式下，单击"在线"菜单→"PLC 写入"命令，将计算机中的程序发送到 PLC 中。出现 PLC 写入对话框，如图 3.13 所示，选择"参数+程序"，再单击"执行"，完成将程序写入 PLC。

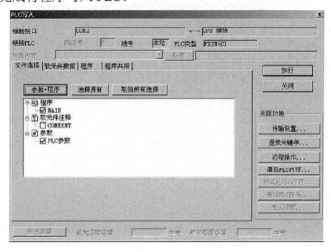

图 3.13　"PLC 写入"对话框

8. 程序的运行及监控

（1）运行。单击"在线"菜单→"远程操作"命令，将 PLC 设为 RUN 模式，程序运行，如图 3.14 所示。

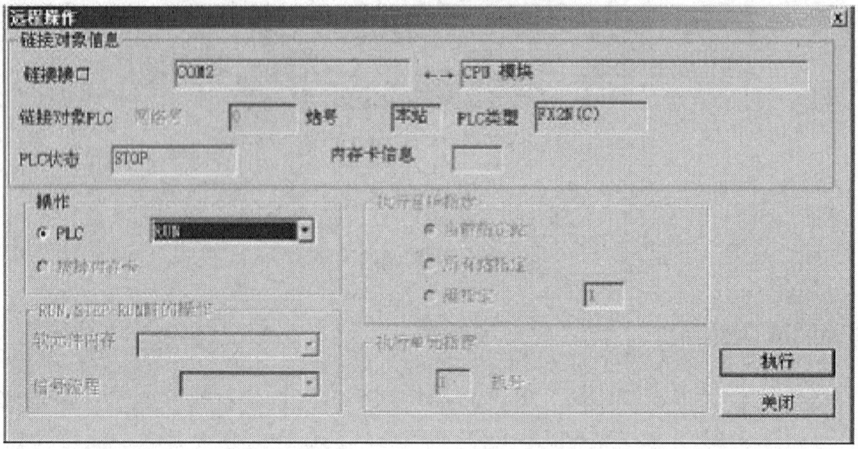

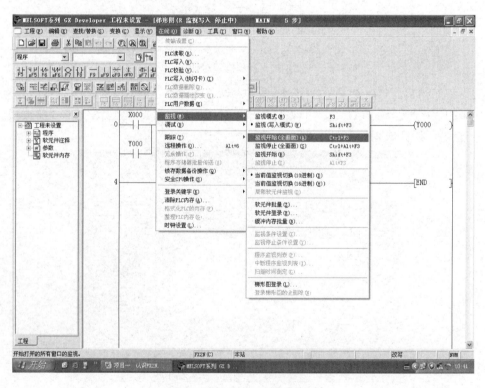

图 3.14　PLC 程序运行控制

（2）监控。程序运行后，再单击"在线"菜单→"监视"命令，可对 PLC 的运行过程进行监控，如图 3.15 所示。

图 3.15　在线监控的操作界面

八、GX Simulator 仿真软件的使用

GX Simulator 仿真软件是 GX-Developer 编程软件的一个附加软件包。在安装 GX-

Developer 编程软件后再加装 GX Simulator 仿真软件，可以实现不连接 PLC 的仿真模拟调试。

1. 启动仿真

程序编辑完成后，单击菜单栏的"工具"→"梯形图逻辑测试启动"命令，或直接单击工具栏上的快捷按钮 ▦ ，启动仿真。

2. 写入程序

启动仿真后，程序将被写入虚拟 PLC 中，并显示写入进度，如图 3.16 所示。写入完成后，出现仿真窗口，如图 3.17 所示。此时系统自动运行程序并进入监视状态，如图 3.18 所示。

图 3.16 程序写入的进度显示

图 3.17 PLC 运行状态窗口

3. 软元件的测试

单击菜单栏的"在线"→"调试"→"软元件测试"命令，或直接单击工具栏上的快捷按钮 ▤，也可以单击鼠标右健（右击），在弹出的快捷菜单中选择"软元件测试"，则弹出"软元件测试"对话框，如图 3.19 所示。

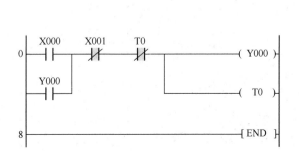

图 3.18 程序运行的监视状态

图 3.19 测试软元件

在该对话框中"位软元件"下的"软元件"中输入要强制执行的位元件（也可以选中软元件后单击鼠标右键），再单击"强制 ON"或"强制 OFF"按钮。

4. 软元件的监控

单击仿真窗口中的"菜单启动"→"继电器内在监视"命令，在弹出的对话框中单击"软元件"，在"位软元件窗口"或"字软元件窗口"中选择需要监控的软元件，监控界面如图 3.20（a）所示。

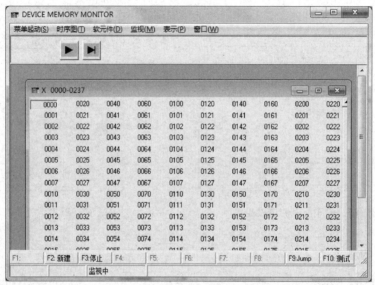

（a）软元件监控界1

（b）软元件监控界2

图 3.20　软元件监控界面

在监控界面中，位软元件窗口中置 ON 的用黄色显示，字软元件窗口中显示当前值。对于位软元件，在其相应的位置处双击，可以强制置 ON，再次双击可以强制置 OFF，对于数据寄存器 D，可以直接置数。

对于软元件的监控,还可以通过单击工具栏中的软元件登录按钮 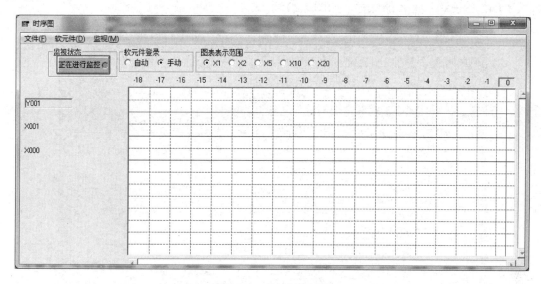 ,在出现的窗口中输入需要监控的软元件名称,完成后单击"监视开始"按钮,如图 3.20(b)所示,可以适时监控程序中各软元件的运行状态。

5. 时序图的监控

单击仿真窗口的"菜单启动"→"继电器内在监视" 命令,出现窗口监视界面,单击"时序图"→"启动",出现时序图监控界面。单击"软元件"→"软元件登录",选择或直接输入需要监控的软元件并输入元件编号,单击"登录"按钮进行确认,完成上述操作后单击"监视状态"中的"正在进行监控"按钮,如图 3.21 所示,可以适时监控程序中各软件的变化时序。

图 3.21　时序监控界面

6. 退出仿真

单击菜单栏中的"工具"→"梯形图逻辑测试结束"命令,或直接单击工具栏上的快捷按钮 ,退出仿真。这时程序处于"读出模式",若要对程序进行编辑修改,需要单击菜单栏中的"编辑"→"写入模式"命令或单击工具栏上的快捷按钮 ,才可以对程序进行编辑和修改。

技能操作

1. 操作目的

(1)熟悉 GX-Developer V8 软件的界面。

(2)掌握梯形图的基本输入操作。

(3)学会利用 PLC 编程软件进行编辑、调试等基本操作。

2. 操作器材

可编程控制器 1 台（FX$_{2N}$-48MR）、计算机 1 台。

3. 操作步骤

启动 GX-Developer V8，可用鼠标双击桌面上的 图标。

（1）创建新工程：选择"工程"→"创建新工程"菜单项，在出现的"创建新工程"对话框选择 PLC 类型，选择 FX$_{2N}$ 系列 PLC 后，单击"确定"。

（2）编程操作：使用"梯形图标记"工具条，将已编好的程序输入到计算机。

（3）梯形图的转换及保存操作：编辑好的程序先通过执行"变换"菜单→"变换"操作或按"F4"键变换后，才能保存，如图 3.22 所示。

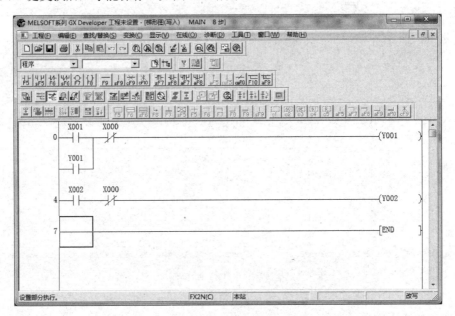

图 3.22 梯形图的输入

4. 思考题

（1）利用 GX-Developer V8 编程软件能够进行哪些操作？

（2）如果 GX-Developer V8 编程软件与 PLC 无法通信，可能是什么原因？

知识拓展　用 GX-Developer V8 编辑单流程结构 SFC 程序

状态转移图亦称顺序功能图（SFC），是一种新颖的、按照工艺流程图进行编程的图形编程语言。下面通过示例程序，介绍 GX-Developer V8 中，编制单流程结构 SFC 程序的具体方法。

示例程序：自动闪烁信号生成，要求 PLC 上电后 Y000、Y001 以 1s 为周期交替闪烁的梯形图及指令表程序如图 3.23 所示。

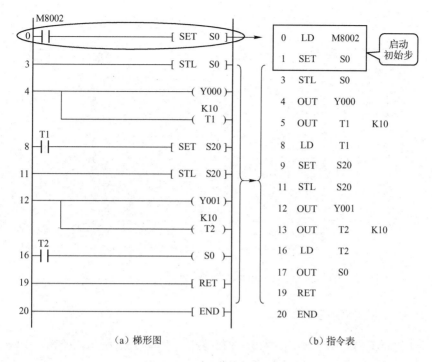

（a）梯形图   （b）指令表

图 3.23　梯形图及指令表程序

以下是编辑状态转移图（SFC）的具体步骤。

1. 创建新工程

启动 GX-Developer V8 编程软件，单击"工程"菜单，单击"创建新工程菜单"项或单击"新建工程"按钮，如图 3.24 所示。

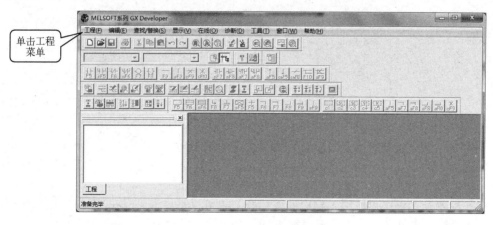

图 3.24　GX-Developer V8 编程软件窗口

"创建新工程"对话框如图 3.25 所示。在 PLC 系列下拉列表框中选择 FXCPU，PLC 类型下拉列表框中选择 FX2N（C），在程序类型项中选择 SFC，在工程设置项中设置好工程名和保存路径之后单击"确定"按钮。

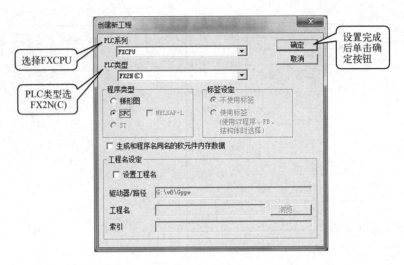

图 3.25　创建新工程

2．编辑启动初始状态的程序块

单击"创建新工程"确定按钮，弹出块列表窗口，如图 3.26 所示。双击第 0 块，弹出"块信息设置"对话框，如图 3.27 所示。

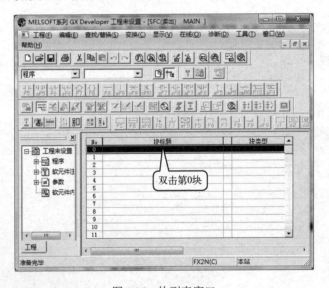

图 3.26　块列表窗口

在块标题文本框中可以填入相应的块标题（也可以不填），在块类型中选择梯形图块。初始状态的激活都是利用一段梯形图程序，放在 SFC 程序的第一部分（即第 0 块），单击"执行"按钮弹出如图 3.28（a）所示的梯形图编辑窗口，在右边梯形图编辑窗口中输入启动初始状态的梯形图。本例中我们利用 PLC 的一个辅助继电器 M8002 的上电脉冲使初始状态生效，即置位 S0，输入过程如图 3.28（b）所示。输入完成后，单击"变换"菜单，选择"变换"项或按"F4"快捷键，完成梯形图的变换，如图 3.28（c）所示。

图 3.27　块信息设置对话框

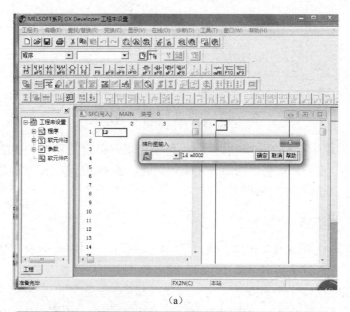

（a）

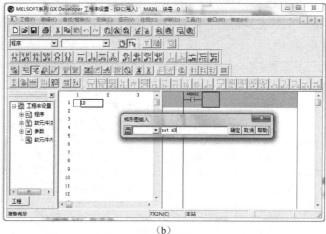

（b）

图 3.28　梯形图编辑窗口

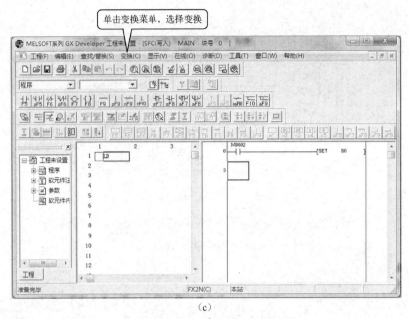

图 3.28　梯形图编辑窗口（续）

每一个 SFC 程序中至少有一个初始状态，且初始状态必须在 SFC 程序的最前面。在 SFC 程序的编制过程中，每一个状态中的梯形图编制完成后必须进行变换，才能进行下一步工作，否则会弹出如图 3.29 所示的出错信息。

3. 编辑 SFC 程序块

以上完成了程序的第 0 块（梯形图块），双击工程数据列表窗口中的"程序"→"MAIN"返回块列表窗口（图 3.26）并双击第 1 块，在弹出的"块信息设置"对话框中，"块类型"选择 SFC，如图 3.30 所示，在"块标题"中可以填入相应的标题（也可以不填），单击"执行"按钮，弹出 SFC 程序编辑窗口，如图 3.31 所示。在 SFC 程序编辑窗口中光标变成空心矩形。

在 SEC 程序中每一个状态或转移条件都是以 SFC 符号的形式出现在程序中，每一种 SFC 符号都对应有图标和图标号。

图 3.29　出错信息

图 3.30　"块信息设置"对话框

（1）状态转移条件的编辑。在 SFC 程序编辑窗口将光标移到第"1"个转移条件符号处（如图 3.31 所示），在右侧梯形图编辑窗口输入使状态转移的梯形图。注意：T0 触点驱动的不是线圈，而是 TRAN 符号，意思是转移（Transfer），在 SFC 程序中所有的转移用 TRAN 表示，不可以用 SET＋S□语句表示。编辑完转移条件后按"F4"快捷键变换，变换后梯形图由原来的灰色变成亮白色，同时，SFC 程序编辑窗口中转移条件符号处"？1"自动变为

"1"，表明第"1"个转移条件已经完成编辑。其他标号处的转移条件编辑方法类同。

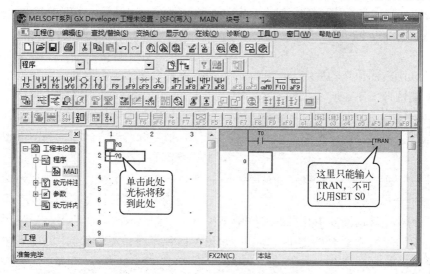

图 3.31　SFC 程序编辑窗口

（2）SFC 程序中状态"步"的编辑。下面我们编辑下一个工步，在左侧的 SFC 程序编辑窗口中把光标下移到方向线底端，按工具栏中的工具按钮或单击"F5"快捷键弹出步输入设置对话框，如图 3.32 所示。

图 3.32　SFC 符号输入

输入图标号后单击"确定"，这时光标将自动向下移动，此时我们看到"步"图标号前面有一个问号"？"，这表示对此步我们还没有进行梯形图编辑，同样右边的梯形图编辑窗口是灰色的不可编辑状态，如图 3.33 所示。

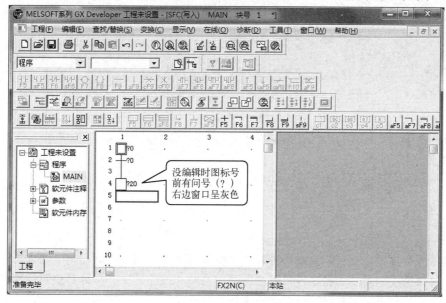

图 3.33　未编辑的步

将光标移到步"？20"符号处（在步符号处单击），在右侧的梯形图编辑窗口中输入梯形图，此处的梯形图是指程序运行到此工步时要驱动哪些输出线圈，本例中我们要求工步20驱动输出线圈Y000及T0线圈。编辑并完成变换后，步符号"？20"前的"？"将自动消失。

（3）SFC图返回原点的编辑。用相同的方法把控制系统的一个周期编辑完成后，最后要求系统能周期性地工作，所以在SFC程序中要有返回原点的符号。SFC程序中用"JUMP"加目标号进行返回操作，如图3.34所示。输入方法是把光标移到方向线的最下端按"F8"快捷键或者单击按钮，在弹出的对话框中填入跳转的目的步号，单击"确定"按钮即可。

图3.34 跳转符号输入

当输入完跳转符号后，在SFC编辑窗口中我们可以看到有跳转返回的步符号的方框中多了一个小黑点，这说明此工步是跳转返回的目标步，这为我们阅读SFC程序提供了方便。如图3.35所示是单流程示例程序完整的SFC图。

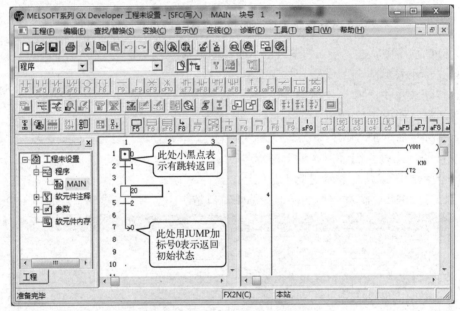

图3.35 单流程示例程序完整的SFC图

要求：会用编程软件GX-Developer V8编制流程结构SFC程序。

任务2 三相异步电动机点动/长动的PLC控制

任务描述

在机床设备中异步电动机启动和停止控制是最基本的、最简单的控制，通常采用启动按钮、停止按钮及接触器等电器进行控制。另外有些机床设备的运动部件的位置常常需要进行调整，这就要用到点动调整功能。本任务主要介绍电动机的点动/长动的PLC控制的接线、编程及调试运行。

任务目标

（1）了解编程控制工作原理及特点。

（2）熟悉梯形图画法基本规则和技巧，学会分析 PLC 系统控制要求及分配 I/O 点。

（3）掌握基本指令 LD、LDI、OUT、END、OR、ORI、AND、ANI、NOP 的编程方法。

（4）独立完成三相异步电动机点动/长动的 PLC 控制的接线、调试和编程。

知识储备

一、PLC 的组成与工作原理

1. PLC 的组成

PLC 是一种面向工业环境设计的专用计算机，它具有与一般计算机类似的结构，也是由硬件和软件组成的。

1）PLC 的硬件系统

PLC 一般由四大部分组成：CPU、存储器、I/O 系统以及其他可选部件，前三大部分是 PLC 完成各种控制任务所必需的，一般称为 PLC 的基本组成部分，其他可选部件包括编程器、外存储器、仿真 I/O、通信接口、扩展接口以及测试设备等，主要用于系统的编程组态、程序存储、通信联网、系统扩展和系统测试等。如图 3.36 所示为 PLC 结构示意图。

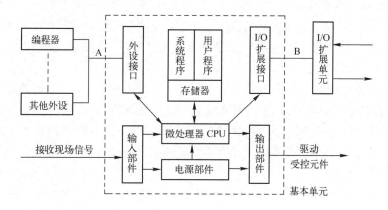

图 3.36　PLC 结构示意图

（1）CPU。CPU 是 PLC 的核心部件。PLC 中 CPU 的概念与普通微型计算机的 CPU 有很大的不同。在 PLC 中，CPU 指的是一个 CPU 模块，其上不仅包括 CPU 芯片，还有 RAM 和 ROM 或者 EPROM，用于存放系统程序、用户程序和数据。在中大型 PLC 中，CPU 模块中一般有两块 CPU 芯片，一片作为字处理器（主处理器），用于字节指令的处理，并实现各种控制作用；另一片作为位处理器（辅助处理器），用于实现位信息的高速处理。

（2）I/O 接口电路。I/O 接口是 CPU 与现场 I/O 设备联系的桥梁。

输入接口接收和采集输入信号。数字量（或称开关量）输入接口用来接收从按钮、选择开关、限位开关、接近开关、压力继电器等传来的数字量输入信号；模拟量输入接口用来接收电位器、测速发电机和各种变送器提供的连续变化的模拟量电流/电压信号。输入信号通过接口电路转换成适合 CPU 处理的数字信号。为防止各种干扰信号和高电压信号，输入接口一般要加光耦合器进行隔离。

输出接口电路将内部电路输出的弱电信号转换为现场需要的强电信号输出，以驱动执行元器件。数字量输出模块用来控制接触器、电磁阀、电磁铁、指示灯、数字显示装置和报警装置等输出设备，模拟量输出模块用来控制调节阀、变频器等执行装置。为保证 PLC 可靠安全地工作，输出接口电路也要采取电气隔离措施。输出接口电路分为继电器输出、晶体管输出和晶闸管输出三种形式，目前，一般采用继电器输出方式。

I/O 接口除了传递信号外，还有电平转换与隔离作用。

（3）编程器。编程器可用来输入和编辑程序，也可用来监视 PLC 运行时各编程元器件的工作状态。编程器由键盘、显示器、工作方式开关以及与 PLC 的通信接口等几部分组成。一般情况下只在程序输入、调试阶段和检修时使用，所以一台编程器可供多台 PLC 使用。

编程器可分为简易编程器、智能型编程器两种。前者只能联机编程，且只能输入和编辑指令表程序。简易编程器价格便宜，一般用来给小型 PLC 编程。智能型编程器既可联机编程又可脱机编程；既可输入指令表程序又可直接生成和编辑梯形图程序，使用起来方便直观，但价格较高。

此外，也可以在微机上运行专用的编程软件，通过串行通信口使微机与 PLC 连接，用微机编程，程序被编译后下载到 PLC，也可以将 PLC 中的程序上传到计算机。

通过网络，可以实现远程编程和传送，可以用编程软件设置可编程序控制器的各种参数。通过通信，可以显示梯形图中触点和线圈的通断情况，以及运行时可编程序控制器内部各种参数，这对于查找故障非常有用。

（4）电源。电源的作用是把外部供应的电源变换成系统内部各单元所需的电源。有的电源单元还向外提供 24V 直流电源，可供开关量输入单元连接的现场无源开关等使用。电源单元还包括掉电保护电路和后备电源，以保持 RAM 在外部电源断电后存储的内容不丢失。PLC 的电源一般采用开关电源，其特点是输入电压范围宽、体积小、重量轻、效率高、抗干扰性能好。

2）PLC 软件

PLC 软件分为系统软件和用户程序两大部分。系统软件由 PLC 制造商固化在机内，用以控制 PLC 本身的运作；用户程序由 PLC 的使用者编制并输入，用于控制外部被控对象运行。

（1）系统软件。系统软件包括系统管理程序、用户指令解释程序及标准程序模块等。

系统管理程序用于管理、控制整个系统的运行，其作用包括三个方面：第一是运行管理，对控制 PLC 何时输入、何时输出、何时计算、何时自检、何时通信等进行时间上的分配管理。第二是存储空间管理，即生成用户环境，由它规定各种参数、程序的存放地址，将用户使用的数据参数、存储地址转化为实际的数据格式及物理存放地址，将有限的资源变为便于用户直接使用的编程资源。第三是系统自检程序，它包括各种系统出错检验、用户程序语法检验、句法检验、警戒时钟运行等。

用户指令解释程序则把用户程序（如梯形图）逐条解释，翻译成相应的机器语言指令，由 CPU 执行这些指令。

标准程序模块是一些独立的程序模块，各程序块完成不同的功能，有些完成输入、输出处理，有些完成特殊运算等。PLC 的各种具体工作都是由这部分程序来完成的。

（2）用户程序。用户程序是用户根据现场控制的需要，用 PLC 的编程语言编制的应用程序。通过编程器将其输入到 PLC 内存中，用来实现各种控制要求。

2. PLC 的工作原理

PLC 是一种工业控制计算机，其核心就是一台计算机。但由于有接口器件及监控软件的包围，因此其外形不像一般计算机，操作使用方法、编程语言甚至工作原理都与一般计算机有所不同。另外，作为替代物，由于其核心为计算机芯片，因此 PLC 与继电器控制逻辑的工作原理也有很大区别。我们通过一个电路实例说明这个问题。

如图 3.37 所示是一个很简单的继电器控制系统，它控制指示灯的接通和断开。图中，X1、X2 是两个按钮开关，Y1、Y2 是两个继电器，T1 是时间继电器。它的工作过程是：当X1 或 X2 任何一个按钮按下后，继电器线圈 Y1 接通，继电器 Y1 的常开触点闭合，指示灯红灯点亮。此时，时间继电器线圈 T1 同时接通，开始计时，其整定值是 20s，当时间继电器线圈接通 20s 后，继电器 Y2 线圈接通，继电器 Y2 的常开触点接通，指示灯绿灯点亮。

若采用 PLC 控制，其工作过程为：先读入 X1、X2 触点信息，然后对 X1、X2 状态进行逻辑运算，若逻辑条件满足，Y1 和 T1 线圈接通，此时外触点 Y1 接通，外电路形成回路，红灯亮；在定时时间未到时，T1 触点接通的条件不满足，因此 Y2 线圈不通电，绿灯不亮。经过 T1 计时时间后，Y2 线圈才接通，Y2 触点接通，绿灯亮。

由此可见，PLC 的整个工作过程需要读入开关状态、逻辑运算、输出运算结果三步。输入的是给定量或反馈量，输出的是被控量。因为 PLC 每一瞬间只能做一件事，所以工作的次序是：输入→第一步运算→第二步运算→…→最后一步运算→输出。这种工作方式称为周期循环扫描工作方式，从输入到输出的整个执行时间称为扫描周期。

PLC 的工作过程如图 3.38 所示，分以下三个阶段。

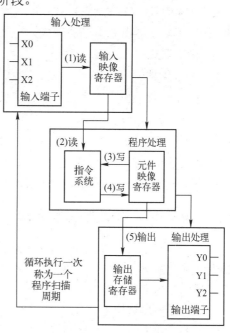

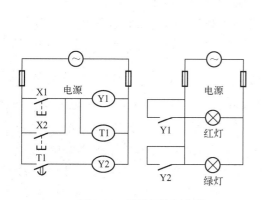

图 3.37 指示灯控制电路　　　　　　图 3.38 PLC 的工作过程

（1）输入处理。程序执行前，PLC 的全部输入端子的通／断状态读入输入映像寄存器。在程序执行中，即使输入状态变化，输入映像寄存器的内容也不变，直到下一扫描周期的输入处理阶段才读入该变化。

另外，输入触点从通（ON）→断（OFF）或从断（OFF）→通（ON）变化到处于确定状态为止，输入滤波器还有一响应延迟时间（约 10ms）。

（2）程序处理。对应用户程序存储器所存的指令，从输入映像寄存器和其他软元件的映像寄存器中将有关软元件的通／断状态读出，从 0 步开始顺序运算，每次结果都写入有关的映像寄存器，因此，各软元件（X 除外）的映像寄存器的内容随着程序的执行在不断变化。

输出继电器的内部触点的动作由输出映像寄存器的内容决定。

（3）输出处理。全部指令执行完毕，将输出映像寄存器的通/断状态向输出锁存寄存器传送，成为 PLC 的实际输出。

PLC 的外部输出触点对输出软元件的动作有一个响应时间，即要有一个延迟才动作。

二、FX 系列 PLC 的型号

FX 系列 PLC 型号名称的含义如下。

FX□□-□□□□-□

　①②③④⑤

① 子系列序号：如 1N、2N、2NC、3U、3G。

② 输入/输出的总点数：FX$_{2N}$ 系列 PLC 的最大输入/输出点数为 256 点。FX$_{3U}$ 系列 PLC 的最大输入/输出点数为 384 点。

③ 单元类型：M 为基本单元，E 为输入输出混合扩展单元与扩展模块，EX 为输入专用扩展模块，EY 为输出专用扩展模块。

④ 输出形式：

R——继电器输出（有干接点，交流、直流负载两用）。

T——晶体管输出（无干接点，直流负载用）。

S——晶闸管输出（无干接点，交流负载用）。

⑤ 电源形式：D 为 DC24V 电源；无标记为 AC 电源或 24V 直流输入。

例如，型号为 FX$_{2N}$-48MR-D 的 PLC，属于 FX$_{2N}$ 系列，有 48 个 I/O 点的基本单元，继电器输出型，使用 DC24V 电源。

三、FX 系列 PLC 的基本构成

FX$_{2N}$ 和 FX$_{3U}$ 系列 PLC 是 FX 家族中最常用的 PLC 系列，由基本单元、扩展单元、扩展模块及特殊功能单元构成。扩展单元的位置也可以是扩展模块，它们用于增加 PLC 的 I/O 点数。扩展单元内部设有电源；扩展模块内部无电源，所用电源由基本单元或扩展单元供给。因扩展单元及扩展模块无 CPU，必须与基本单元一起使用。单元是一些有专门用途的装置，如模拟量 I/O 单元、高速计数单元、位置控制单元、通信单元等。

四、FX₂N 系列 PLC 的外部结构及接线

FX₂N 系列 PLC 是三菱第二代 PLC 中的高性能标准机型，其市场占有率相当高，适应于绝大多数单机控制、生产线控制和简单网络控制的场所。FX₂N 基本单元有 16、32、48、64、80、128 共 6 种规格（数字代表输入/输出点数），每个规格中又有 AC100/200V 和 DC24V 两种输入方式，有继电器、晶体管和双向晶闸管 3 种输出形式。FX₂N-48MR 的外部结构及端子接线如图 3.39 所示。

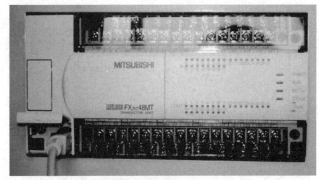

（a）FX₂N 系列 PLC 的外部结构

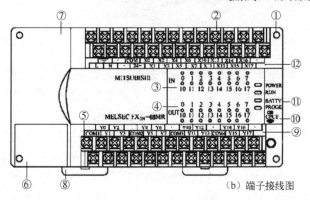

①安装孔 4 个；②电源、辅助电源、输入信号用的可装卸式端子；③输入指示灯；④输出动作指示灯；⑤输出用的可装卸式端子；⑥外围设备接线插座、盖板；⑦面板盖；⑧DIN 导轨装卸用卡子；⑨I/O 端子标记；⑩动作指示灯：POWER（电源指示灯），RUN（运行指示灯），BATT.V（电池电压下降指示灯），PROG-E（指示灯闪烁时表示程序出错），CPU-E（指示灯亮时表示 CPU 出错）

（b）端子接线图

图 3.39   FX₂N-48MR 的外部结构及端子接线

1. 外部端子及其接线

外部端子包括 PLC 电源端子、供外部传感器用的 DC24V 电源端子（24V、COM）、输入端子（X）和输出端子（Y）等。其主要完成电源、输入信号和输出信号的连接。

（1）电源端子的接线。PLC 基本单元的供电通常有两种情况：一是直接使用工频交流电，通过交流输入端子连接，对电压的要求比较宽松，100~250V 均可；二是采用外部直流开关电源供电，一般配有直流 24V 输入端子。采用交流供电的 PLC，机内自带直流 24V 内部电源，为输入器件及扩展单元供电。

（2）输入端子的接线。PLC 输入端子与开关、按钮及各种传感器相连接，如图 3.40 所示，图中上部为输入端子，输入公共端子在某些 PLC 中是分组隔离的，在 FX₂N 系列 PLC 中是连通的。由于 FX₂N 系列 PLC 中信号的输入是漏型输入（NPN 开路集电极晶体管输入），因此

FX$_{2N}$ 系列 PLC 输入端子只能接 NPN 输出型的传感器。开关、按钮等都是无源接点器件，当 PLC 输入端子 X0 所接的开关或按钮闭合时，电流从输入端子 X0 流出，相应的输入指示灯点亮，PLC 内部电源能为每个输入端子提供大约 7mA 的电流。三线式传感器和两线式传感器的接线如图 3.40 所示。

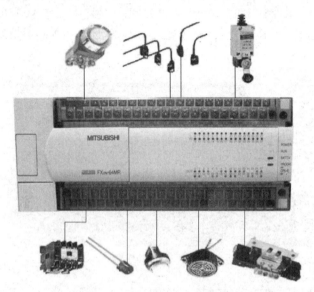

图 3.40   PLC 的输入/输出元器件

PLC 的漏型输入和源型输入是对直流输入而言的。对于 FX 系列 PLC 来说，电流从 PLC 公共端子 COM 流入，而从输入端子 X 流出，称为漏型输入；而源型输入电路的电流是从 PLC 输入端子 X 流入，从公共端子 COM 流出的。FX$_{2N}$ 系列 PLC 只有漏型输入。

（3）输出端子的接线。PLC 的输出端子上连接的器件主要是继电器、接触器、电磁阀的线圈、指示灯、蜂鸣器等，如图 3.40 所示。这些器件均采用 PLC 机外的专用电源供电。图 3.42（a）所示为 FX$_{2N}$ 系列继电器输出型 PLC 的输出端子接线图，FX$_{2N}$ 系列继电器输出型 PLC 属于漏型输出（即 NPN 开路集电极晶体管），其接线图如图 3.42（b）所示。

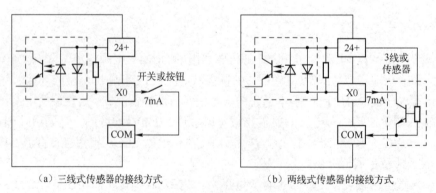

（a）三线式传感器的接线方式　　　　　　　（b）两线式传感器的接线方式

图 3.41   FX$_{2N}$ 系列 PLC 输入端子的接线图

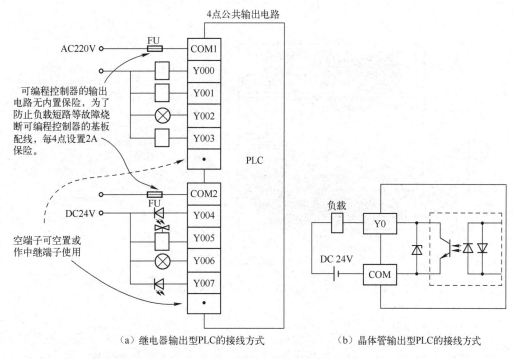

（a）继电器输出型PLC的接线方式   （b）晶体管输出型PLC的接线方式

图 3.42 FX$_{2N}$ 系列 PLC 输出端子的接线图

五、FX$_{3U}$ 系列 PLC 的外部结构及其接线

FX$_{3U}$ 系列 PLC 是三菱公司推出的第三代小型 PLC，也是目前三菱公司小型 PLC 中性能最好（运算速度最快、定位控制功能和通信网络控制功能最强、I/O 点数最多）的产品，其 I/O 点数可以扩展到 384，兼具 FX$_{1N}$ 系列 PLC 和 FX$_{2N}$ 系列 PLC 的全部功能。FX$_{3U}$ 系列 PLC 的输入可以采用漏型连接和源型连接两种连接方式（FX$_{2N}$ 系列 PLC 的输入只有漏型连接方式），使得外电路设计更为灵活、方便，外接有源传感器的类型（PNP、NPN）更为丰富。FX$_{3U}$ 系列 PLC 为 FX$_{2N}$ 系列 PLC 的替代产品，其外部结构及端子接线如图 3.43 所示。

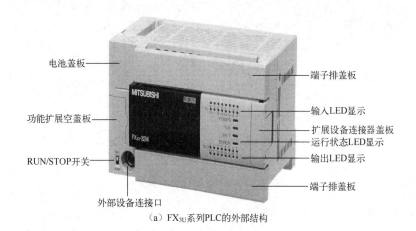

（a）FX$_{3U}$系列PLC的外部结构

图 3.43 FX$_{3U}$ 系列 PLC 外部结构及端子接线

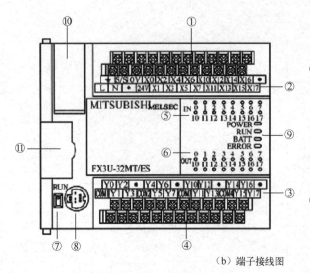

①—电源、输入信号端子；②—I/O端
子标记；③—I/O端子标记；④—输出
信号端子⑤—输入LED显示；⑥—输出
LED显示；⑦—RUN/STOP开关⑧—外
部设备连接口；⑨—运行状态LED显示，
POWER（电源指示（绿色）），RUN（运
行指示灯（绿色）），BATT（电池电压下
降指示灯（红色）），ERROR（程序错误
时闪烁，CPU错误时灯亮（红色））
⑩—电池盖板；⑪—功能扩展空盖板

（b）端子接线图

图 3.43　FX$_{3U}$ 系列 PLC 外部结构及端子接线（续）

1. 输入端子的接线

FX$_{3U}$ 系列 PLC 输入端子既可以接受干接点输入信号，也可以接受漏型输入（连接 NPN 传感器）和源型输入（连接 PNP 传感器）信号。用户可根据使用习惯和输入传感器的种类，针对标准配置的 S/S 端子选择漏型输入还是源型输入，不需要担心不匹配问题。

漏型输入（-公共端）：如图 3.44（a）所示，将【S/S】端子与【24V】端子连接，此时电流从 PLC 的输入端子 X 流出，可以使用 NPN 输出型的传感器。

源型输入（+公共端）：如图 3.44（b）所示，将【S/S】端子与【0V】端子连接，此时电流从 PLC 的输入端子 X 流入，可以使用 PNP 输出型的传感器。

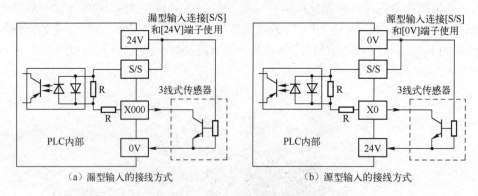

图 3.44　FX$_{3U}$ 系列 PLC 输入接口的接线图

2. 输出端子的接线

FX$_{3U}$ 系列晶体管输出型 PLC 输出端子有漏型输出和源型输出两种方式。

漏型输出（-公共端）：电流从输出端子 Y 流入（NPN 是输出低电平的），其接线如图 3.45（a）所示，漏型输出型号后面带 ES，如 FX3U-32MT/ES。

源型输出（+公共端）：电流从输出端子 Y 流出（PNP 是输出高电平的），其接线如图 3.45（b）所示，源型输出型号后面带 ESS，如 FX3U-32MT/ESS。

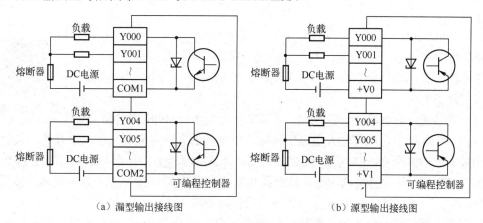

（a）漏型输出接线图　　　　　　　　　（b）源型输出接线图

图 3.45　FX$_{3U}$ 系列 PLC 输出接口的接线图

六、PLC 内部继电器

FX$_{2N}$ 系列 PLC 梯形图中的编程元件的名称由字母和数字组成，它们分别表示元件的类型和元件号，例如，X000、Y001。输入继电器和输出继电器的元件号用八进制表示，八进制数只有 0~7 这 8 个数字符号，遵循"逢 8 进 1"的运算规则。

1. 输入继电器 X

输入继电器是 PLC 接收外部开关信号的窗口，PLC 通过输入端子将外部信号的状态读入并存在输入映像寄存器。如图 3.46 所示为一个 PLC 控制系统的示意图，X0 端子外接的输入电路接通时，它对应的输入映像寄存器为 1 状态，断开时为 0 状态。输入继电器线圈只能由外部输入信号驱动，不能通过程序驱动，因此在梯形图中绝对不能出现输入继电器线圈。

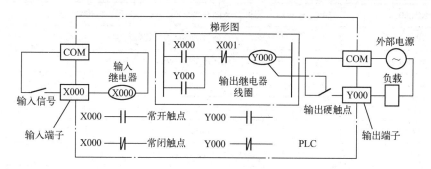

图 3.46　PLC 控制系统的示意图

2. 输出继电器 Y

输出继电器是 PLC 向外部负载发送信号的窗口。输出继电器将 PLC 的输出信号传送给输出单元，再由后者驱动外部负载。如果图 3.46 梯形图中 Y000 的线圈"通电"，继电器型输出模块中对应的硬件继电器的常开触点闭合，使外部负载工作。输出模块中的每一个硬件继电器仅有一对常开触点，但是在梯形图中，每一个输出继电器的常开触点和常闭触点都可以多次使用。

3. 辅助继电器

辅助继电器用 M 表示，是用软件实现的，它们不能接收外部的输入信号，也不能直接驱动外部负载，相当于继电器控制系统中的中间继电器，有以下三种类型。

20　辅助继电器 M

（1）通用辅助继电器。通用辅助继电器编号为 M0～M499，共 500 点。在 FX$_{2N}$ 系列 PLC 中，除了输入继电器和输出继电器的元件号采用八进制编号外，其他编程元件均采用十进制编号。FX 系列 PLC 的通用辅助继电器没有断电保持功能，如果 PLC 运行时电源突然中断，输出继电器和通用辅助继电器将全部变为 OFF 状态，若电源再次接通，除了因外部输入信号变为 ON 的状态，其余的仍保持 OFF 状态。

（2）断电保持辅助继电器。断电保持辅助继电器编号为 M500～M3071，某些控制系统要求记忆电源中断瞬时的状态，重新通电后再现其状态，断电保持辅助继电器适用于这种场合。为了利用它们的断电记忆功能，可以采用有记忆功能的电路，如图 3.47 所示，当电源中断又重新通电后，M500 的线圈将一直"通电"，直到 X1 的常闭触点断开，其自保持功能是用它的常开触点实现的。

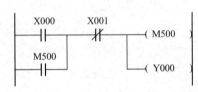

图 3.47　断电保持功能

（3）特殊辅助继电器。特殊辅助继电器编号为 M8000～M8255，共 256 点，这些继电器具有特定的功能。表 3.1 列出了部分常用的特殊辅助继电器的功能。

表 3.1　FX$_{2N}$ 系列 PLC 常用特殊辅助继电器功能

继电器编号	功　能
M8000	PLC 执行用户程序时，M8000 为 ON；停止执行时，M8000 为 OFF
M8002	PLC 运行开始和第 1 个扫描周期为 ON，其余为 OFF
M8003	PLC 运行开始和第 1 个扫描周期为 OFF，其余为 ON
M8011	10ms 时钟脉冲
M8012	100ms 时钟脉冲
M8013	1s 时钟脉冲
M8020	零标志，加减运算结果为"0"时为 ON
M8021	借位标志，减运算结果小于最小负数值时为 ON
M8022	进位标志，加运算时有进位或结果溢出时为 ON
M8034	禁止所有输出，外部输出端全为 OFF
M8039	定时扫描方式

七、相关基本指令

1. 逻辑取、取反与输出线圈驱动指令 LD、LDI、OUT

逻辑取、取反、输出线圈指令如表 3.2 所示。

表 3.2 逻辑读取、取反、输出线圈指令

符号、名称	功　能	电　路　表　示	操　作　元　件	程　序　步
LD 取	常开触点逻辑运算开始	├─┤ ├─┤ ├─(Y005)	X、Y、M、S、T、C	1
LDI 取反	常闭触点逻辑运算开始	├─┤/├─┤ ├─(Y005)	X、Y、M、S、T、C	1
OUT 输出	输出线圈	├─┤ ├─┤ ├─(Y005)	Y、M、S、T、C	Y、M：1；特 M：2；T：3，C：3-5

（1）LD、LDI、OUT 指令的使用方法如图 3.48 所示。

（2）指令说明。

① LD 与 LDI 指令用于将触点连接到母线上。

② OUT 指令是驱动线圈的输出指令，可以用于 Y、M、C、T 和 S 继电器，但不能用于输入继电器 X。

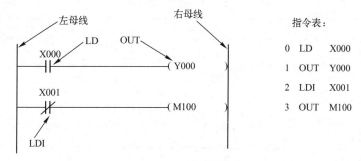

指令表：

0 LD X000
1 OUT Y000
2 LDI X001
3 OUT M100

图 3.48　LD、LDI、OUT 指令的使用

③ 并行的 OUT 指令可以使用多次，但不能串联使用。

④ 对于计数器线圈或定时器线圈，使用 OUT 指令时必须设定常数 K。

2. 触点串联指令 AND、ANI

触点串联指令如表 3.3 所示。

表 3.3　触点串联指令

符号、名称	功　能	电　路　表　示	操　作　元　件	程　序　步
AND 与	常开触点串联连接	├─┤ ├─┤ ├─(Y002)	X、Y、M、S、T、C	1
ANI 与非	常闭触点串联连接	├─┤ ├─┤/├─(Y002)	X、Y、M、S、T、C	1

（1）AND、ANI 指令的使用方法如图 3.49 所示。

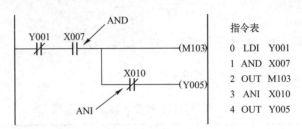

图 3.49　AND、ANI 指令的使用

（2）使用说明。

① AND 是常开触点串联连接指令，ANI 是常闭触点串联连接指令，这 2 条指令后面必须有被操作的元件名称及元件号，都可以用于 X、Y、M、C、T 和 S 继电器。

② AND 和 ANI 指令用于单个触点与前面的触点的串联，串联触点的次数不限，即可多次使用。

3. 触点并联指令（OR、ORI）

触点并联指令如表 3.4 所示。

表 3.4　触点并联指令

符号、名称	功　能	电 路 表 示	操作元件	程 序 步
OR 或	常开触点并联连接	（ Y005 ）	X、Y、M、S、T、C	1
ORI 或非	常闭触点并联连接	（ Y005 ）	X、Y、M、S、T、C	1

（1）OR、ORI 指令的使用方法如图 3.50 所示。

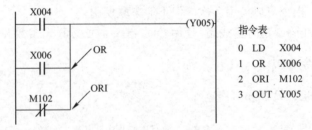

图 3.50　OR、ORI 指令的使用

（2）使用说明。

① OR 是常开触点并联连接指令，ORI 是常闭触点并联连接指令，这 2 条指令后面必须有被操作的元件名称及元件号，都可以用于 X、Y、M、C、T 和 S 继电器。

② OR、ORI 是用于将单个触点与上面的触点并联连接的指令。

③ OR 和 ORI 是指从该指令的步开始，与前述的 LD、LDI 指令步，进行并联连接，并

联的数量不受限制。

4．空操作和程序结束指令 NOP、END

空操作和程序结束指令如表 3.5 所示。

表 3.5　空操作和程序结束指令

符号、名称	功　能	电　路　表　示	操 作 元 件	程　序　步
NOP 空操作	无动作	无	无	1
END 结束	输出处理以及 程序返回到第 0 步	┤[END]├	无	1

（1）空操作指令 NOP。

① NOP 是一条无动作、无操作数的程序步。

② NOP 指令的作用有两个：一个作用是在 PLC 的执行程序全部清除后，用 NOP 显示；另一个作用是用于修改程序。其具体的操作是：在编程的过程中，预先在程序中插入 NOP 指令，则修改程序时，可以使步序号的更改减到最少。此外可以用 NOP 来取代已写入的指令，从而修改电路，如图 3.51 所示。

（2）程序结束指令 END。

① END 将强制结束当前的扫描执行过程。若不写 END 指令，将从用户程序存储器的第一步执行到最后一步；将 END 指令放在程序结束处，只执行第一步到 END 这一步之间的程序，使用 END 指令可以缩短扫描周期。

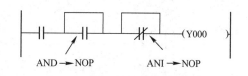

图 3.51　用 NOP 指令短路触点

② 在调试程序时可以将 END 指令插在各段程序之后，从第一段开始分段调试，调试好以后再顺序删去程序中间的 END 指令，这种方法对程序的查错很有用处。

八、梯形图的基本规则和技巧

1．线圈右边无触点

梯形图是按照从上到下，从左到右的顺序设计的，梯形图的左母线与线圈间一定要有触点，而线圈与右母线间不能有任何触点。如图 3.52 所示。

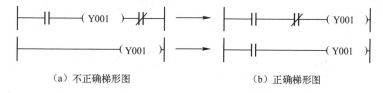

（a）不正确梯形图　　　　　　　　　（b）正确梯形图

图 3.52　线圈右边无触点

2．触点可串可并无限制

触点可以用于串行电路，也可用于并行电路，且使用次数不受限制。

3．触点"串上并左"

如果有串联电路块并联，应将串联触点多的电路块放在最上面；如果有并联电路块串联，应将并联触点多的电路块移近母线，这样可减少指令语句，使程序简洁。如图 3.53 所示。

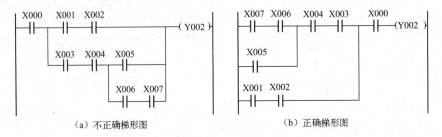

（a）不正确梯形图 　　　　　　　（b）正确梯形图

图 3.53　触点"串上并左"

4．触点"水平不垂直"

触点只能画在水平线上，不能画在垂直线上。如图 3.54 所示。

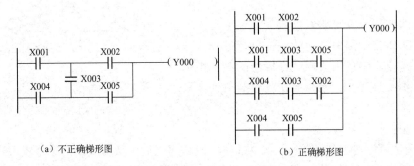

（a）不正确梯形图 　　　　　　　（b）正确梯形图

图 3.54　触点"水平不垂直"

5．不能使用双线圈

同一编号的线圈如果使用两次则称为双线圈，双线圈输出容易引起误操作，所以在一个程序中应尽量避免使用双线圈。如图 3.55 所示。

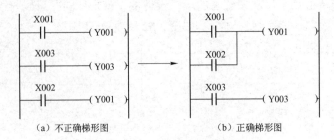

（a）不正确梯形图 　　　　　　　（b）正确梯形图

图 3.55　不能使用双线圈

6．复杂电路的处理

对于结构复杂的电路，可以重复使用一部分触点画出它们的等效电路，利用可编程序控制器内部继电器触点数可以无限制使用的特点，然后再编程就比较容易了。如图 3.56 所示。

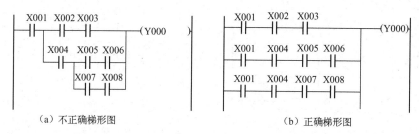

(a) 不正确梯形图　　　　　　　　　　(b) 正确梯形图

图 3.56　复杂电路的处理

技能操作

1．操作目的

（1）掌握 PLC 编程的技巧和程序调试的方法。

（2）训练分析和解决工程实际控制问题的能力。

2．操作器材

（1）可编程控制器 1 台（FX$_{2N}$-48MR）。

（2）电动机控制实验板。

（3）连接导线若干。

（4）安装有 GX-Developer V8 编程软件的计算机 1 台。

3．操作步骤

（1）控制要求：主电路如图 3.57 所示。按下启动按钮 SB1，电动机启动运行，松开按钮 SB1，电动机停止运行；按下长动按钮 SB2，电动机启动运行，松开按钮 SB2，电动机不会停止；按下停止按钮 SB3，电动机停止运行。

图 3.57　主电路

（2）I/O 地址分配如表 3.6 所示。

（3）画 PLC 的外部接线图，如图 3.58 所示。

（4）PLC 程序设计。

根据控制要求，点动时，按点动按钮 X001，线圈 Y001 有输出；长动时，按长动按钮 X002，辅助继电器 M0 输出并自锁，线圈 Y000 有输出。梯形图如图 3.59 所示。

表 3.6　I/O 地址分配表

输入端	点动按钮 SB1	X001
	长动按钮 SB2	X002
	停止按钮 SB3	X003
输出端	接触器 KM1	Y001

4．程序调试

用编程软件将梯形图输入 PLC 后，将 PLC 置于 RUN 状态，运行程序，按下启动按钮 SB1，观察电动机运行情况是否与控制要求一致，如果动作情况和控制要求一致，表明程序正确，保存程序；如果发现电动机运行情况和控制要求不相符，应仔细分析，找出原因，重新修改，直到电动机运行情况和控制要求一致为止。

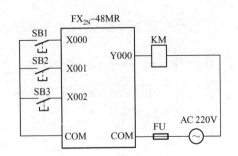

图 3.58　PLC 的外部接线图

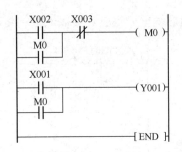

图 3.59　电动机自锁的 PLC 控制梯形图

5. 注意事项

（1）I/O 接线和拆线应在断电情况下进行，即先接线，后上电；先断电，后拆线。

（2）调试单元和实验板上的插线不能插错或短路。

（3）调试中如 PLC 的 CPU 状态指示灯报警，应分析原因，排除故障后再继续运行程序。

（4）遵守电工操作规程。

6. 思考题

（1）辅助继电器 M0 有什么作用？

（2）如果只能点动，不能长动，是什么原因？

知识拓展　多台电动机的 PLC 顺序控制

控制要求：先按下启动按钮 SB1，M1 开始运行，再按下 SB2，M2 才能开始运行；再按下 SB3，M3 才能开始运行，按下停止按钮 SB4，三台电动机停止运行。

（1）I/O 地址分配如表 3.7 所示。

（2）画 PLC 的外部接线图和梯形图，如图 3.60 所示。

表 3.7　I/O 地址分配表

输入端	M1 启动按钮 SB1	X000
	M2 启动按钮 SB2	X001
	M3 启动按钮 SB3	X002
	停止按钮 SB4	X003
输出端	接触器 KM1	Y001
	接触器 KM2	Y002
	接触器 KM3	Y003

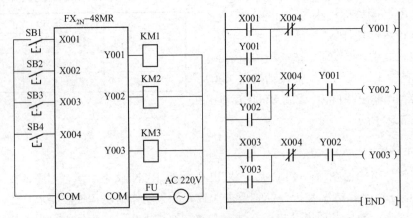

图 3.60　电动机顺序控制的 PLC 外部接线图和梯形图

要求：用编程软件 GX-Developer V8 编辑顺序控制的梯形图，并通电调试运行。

任务 3　三相异步电动机正、反转的 PLC 控制

任务描述

电动机正、反转电路控制是常用的控制形式，输入设备设有停止按钮、正向启动按钮、反向启动按钮，输出设备设有正、反转接触器。电动机可逆运行方向的切换是通过两只接触器的切换来实现的，切换时要改变电源的相序。在设计程序时，必须防止由于电源换相所引起的短路事故。

任务目标

（1）掌握基本指令 ORB、ANB、SET、RST 的编程方法。

（2）独立完成三相异步电动机正、反转的 PLC 控制的接线、编程和调试。

知识储备

一、电路块连接指令 ORB、ANB

电路块连接指令如表 3.8 所示。

25　ORB、ANB 指令

表 3.8　电路块连接指令

符号、名称	功　能	电路表示	操作元件	程　序　步
ORB 电路块或	串联电路的并联连接	——┤├──┤├──(Y005) ——┤├──┤├──	无	1
ANB 电路块与	并联电路的串联连接	——┤├──┤├──(Y005)	无	1

（1）ORB、ANB 指令的使用方法如图 3.61、图 3.62 所示。

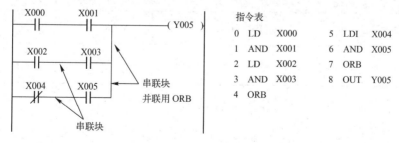

图 3.61　ORB 指令的使用

（2）使用说明。

① ORB 是串联电路块的并联连接指令，ANB 是并联电路块的串联连接指令。它们都没操作元件，可以多次重复使用。

② ORB 指令是将串联电路块与前面的电路并联，相当于电路块间右侧的一段竖直连线。并联的电路块的起始触点要使用 LD 或 LDI 指令，完成了电路块的内部连接后，用 ORB 指

令将它与前面的电路并联。

③ ANB 指令是将并联电路块与前面的电路串联，相当于两个电路之间的串联连线。要串联的电路块的起始触点使用 LD 或 LDI 指令，完成了电路块的内部连接后，用 ANB 指令将它与前面的电路串联。

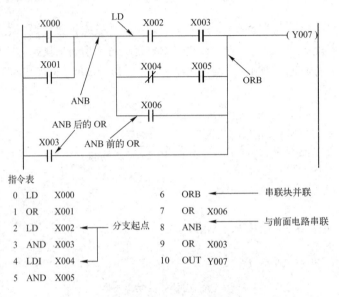

指令表

0	LD	X000	6	ORB		← 串联块并联
1	OR	X001	7	OR	X006	← 与前面电路串联
2	LD	X002	← 分支起点	8	ANB	
3	AND	X003	9	OR	X003	
4	LDI	X004	10	OUT	Y007	
5	AND	X005				

图 3.62 ANB 指令的使用

④ ORB、ANB 指令可以多次重复使用，但是连续使用不可超过 8 次。

二、置位与复位指令 SET、RST

置位与复位指令如表 3.9 所示。

表 3.9 置位与复位指令

符号、名称	功　能	电 路 表 示	操 作 元 件	程 序 步
SET 置位	动作接通并保持	┤├──[SET Y000]	Y、M、S	Y、M：1 S、特 M：2
RST 复位	动作断开, 寄存器清零	┤├──[RST Y000]	Y、M、S、T、C、D、V、Z	Y、M：1 S、特 M、C、T：2 D、V、Z：3

（1）SET、RST 指令的使用方法如图 3.63 所示。

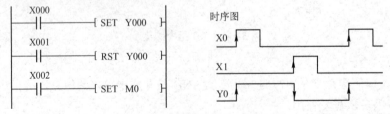

图 3.63 SET、RST 指令的使用

（2）使用说明。

① 图 3.52 中，X000 一接通，Y000 变为接通，即使 X000 常开触点断开，Y000 也保持接通。X001 接通后，即使再变成断开，Y000 也保持断开状态。

② 对于同一元件可以多次使用 SET、RST 指令，其顺序可任意，但对于外部输出，则只有最后执行的一条指令才有效。

技能操作

1. 操作目的

（1）掌握 PLC 编程的技巧和程序调试的方法。

（2）训练分析和解决工程实际控制问题的能力。

2. 操作器材

（1）可编程控制器 1 台（FX$_{2N}$-48MR）。

（2）电动机控制实验板。

（3）连接导线若干。

（4）安装有 GX-Developer V8 编程软件的计算机 1 台。

3. 操作要求

设计一个用 PLC 基本逻辑指令控制电动机正、反转的控制系统，其控制要求是：按正转启动按钮 SB1，电动机正转；按反转启动按钮 SB2，电动机反转；按停止按钮 SB3，电动机停止运行。主电路如图 3.64 所示。

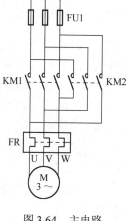

图 3.64　主电路

4. 用户程序

（1）I/O 地址分配如表 3.10 所示。

（2）画 PLC 的外部接线图，如图 3.65 所示。

表 3.10　I/O 地址分配表

输入端	正转启动按钮 SB1	X001
	反转启动按钮 SB2	X002
	停止按钮 SB3	X003
	热继电器常闭触点 FR	X004
输出端	正转接触器 KM1	Y001
	反转接触器 KM2	Y002

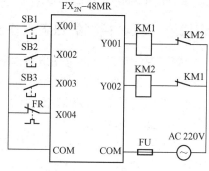

图 3.65　PLC 外部接线图

（3）PLC 程序设计。

① 采用基本指令设计控制程序　其梯形图程序如图 3.66 所示。

② 采用置位、复位指令设计控制程序，其梯形图程序如图 3.67 所示。

5. 程序调试

用编程软件将梯形图输入 PLC 后，将 PLC 置于 RUN 状态，运行程序，按下正转启动按钮 SB1 或者反转启动按钮 SB2，观察电动机运行情况是否与控制要求一致，如果动作情况和控制要求一致，表明程序正确，保存程序；如果发现电动机运行情况和控制要求不相符，应仔细分析，找出原因，重新修改，直到电动机运行情况和控制要求一致为止。

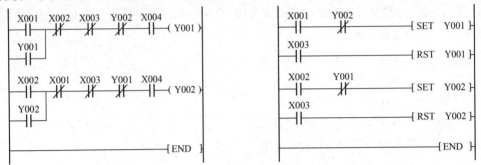

图 3.66　电动机正、反转 PLC 控制梯形图程序一　　图 3.67　电动机正、反转 PLC 控制梯形图程序二

6．注意事项

（1）PLC 的 I/O 接线和拆线应在断电情况下进行，即先接线，后上电；先断电，后拆线。

（2）调试单元和实验板上的插线不能插错或短路。

（3）调试中如 PLC 的 CPU 状态指示灯报警，应分析原因，排除故障后再继续运行程序。

（4）遵守电工操作规程。

7．思考题

（1）如图 3.66 所示的控制程序中，X001、X002、Y001、Y002 的常闭触点各起什么作用？

（2）如图 3.66 所示的控制程序中，去掉 X001、X002 的常闭触点，分析其工作过程。

知识拓展　PLC 控制的四组抢答器

控制要求：任意一组抢先按下抢答按键后，显示器能显示该组的编号并使蜂鸣器发出响声，同时锁住抢答器，其他组抢答无效。抢答器设有复位开关，复位后可重新抢答。

（1）数码管显示。数码管的显示是通过输出点来控制的，显示的数字与各输出点的对应关系如图 3.68 所示。

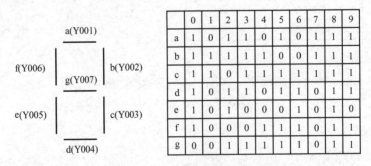

	0	1	2	3	4	5	6	7	8	9
a	1	0	1	1	0	1	0	1	1	1
b	1	1	1	1	1	0	0	1	1	1
c	1	1	0	1	1	1	1	1	1	1
d	1	0	1	1	0	1	1	0	1	1
e	1	0	1	0	0	0	1	0	1	0
f	1	0	0	0	1	1	1	0	1	1
g	0	0	1	1	1	1	1	0	1	1

图 3.68　数字与各输出点的对应关系

（2）I/O 地址分配如表 3.11 所示。

表 3.11　I/O 地址分配表

输入端	复位按钮 SB1	X000
	1 组按钮 SB2	X001
	2 组按钮 SB3	X002
	3 组按钮 SB4	X003
	4 组按钮 SB5	X004
输出端	蜂鸣器 HA	Y000
	数码管 a 段	Y001
	数码管 b 段	Y002
	数码管 c 段	Y003
	数码管 d 段	Y004
	数码管 e 段	Y005
	数码管 f 段	Y006
	数码管 g 段	Y007

（3）画 PLC 的外部接线图和梯形图，如图 3.69 所示。

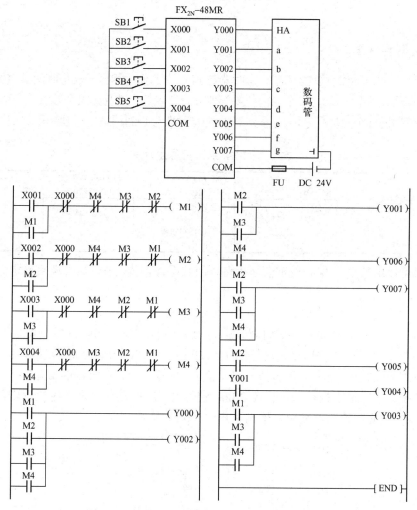

图 3.69　抢答器控制的 PLC 外部接线图和梯形图

要求：用编程软件 GX-Developer V8 编辑抢答器控制的梯形图，并通电调试运行。

任务 4　PLC 控制三相异步电动机 Y-Δ 降压启动

任务描述

Y-Δ降压启动是针对容量较大的电动机降压启动的常用方法之一，电路的输入端设有启动按钮、停止按钮、热继电器的动合触点，输出端外部保留 Y-Δ接触器线圈的硬互锁环节，程序中另设软互锁。本任务通过 PLC 内部的定时器 T 实现电动机 Y-Δ降压启动。

任务目标

（1）掌握 PLC 控制电动机 Y-Δ降压启动的方法。

（2）熟练使用定时器 T 常用编程方法。

（3）学会基本指令 MC、MCR、MPS、MRD、MPP 的编程方法。

27　定时器 T

知识储备

一、定时器（T）

定时器用 T 表示，如表 3.12 所示。定时器在 PLC 中的作用相当于一个时间继电器，它有一个设定值寄存器（一个字长），一个当前值寄存器（一个字长）以及无限个触点（一个位），这三个存储单元使用同一个元件号。FX_{2N} 系列 PLC 的定时器分为通用型定时器和积算型定时器。

表 3.12　FX_{2N} 系列 PLC 定时器

时钟	100ms 型 0.1～3276.7s	10ms 型 0.01～327.67s	1ms 累积型 0.001～32.767s	100ms 累积型 0.1～3276.7s	机内容量型 0～255
定时器	T0～T199 200 点	T200～T245 46 点	T246～T249 4 点 执行中断用 断电保持型	T250～T255 6 点 断电保持型	功能扩展板 8 点
	一般程序用 T192～T199				

定时器可以用常数 K 作为设定值，也可以用数据寄存器（D）的内容来设定。

1. 通用型定时器

从表 3.12 中可知 100ms 的定时器范围为 0.1～3276.7s，10ms 的定时器范围为 0.01～327.67s，如图 3.70 所示为通用型定时器的工作原理图：当 X000 接通时，T200 的当前值计数器对 10ms 时钟脉冲相加计数，当该值与设定值 K125 相等时，定时器的常开触点就接通，其常闭触点就断开，即输出触点 Y000 在 X000 接通 1.25s 时动作；在计时过程中，驱动输入X000 断开或停电时，定时器复位，输出触点 Y000 断开。

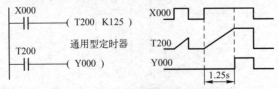

图 3.70　通用型定时器的工作原理图

通用型定时器没有保持功能，在输入电路断开或停电时复位。

2．积算型定时器

如图 3.71 所示为积算型定时器工作原理图。当定时器线圈 T250 的驱动输入 X000 接通，则 T250 的当前值计数器开始累积 100ms 的时钟脉冲的个数，当该值与设定值 K125 相等时，定时器的常开触点接通，其常闭触点就断开，定时器的输出触点动作。在定时过程中，即使输入 X000 断开或失电时，T250 的当前值计数保持不变，当输入 X000 再接通或得电时，计数继续进行。当累积时间为 0.1s×125=12.5s 时，输出 Y000 接通。当复位输入 X001 接通时，计数器就复位，输出触点也复位。

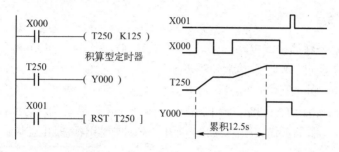

图 3.71　积算型定时器工作原理图

二、定时器（T）的应用

1．延时断开电路

如图 3.72 所示为定时器构成的延时断开电路。当输入继电器 X000 闭合时，输出继电器 Y000 得电并自保，同时由于 X000 的常闭触点断开，使 T0 的线圈不能得电；当输入 X000 断开时，其常闭触点 X000 闭合，T0 线圈得电，经 10s 使设定值减到零，T0 的常闭触点断开，Y000 线圈断开。

28　定时器 T 的应用

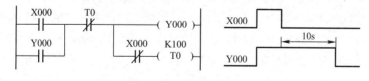

图 3.72　延时断开电路

2．延时闭合/断开电路

如图 3.73 所示为延时闭合/断开电路。图中有两个定时器 T0 和 T1，用于延时闭合和延时断开。当输入继电器 X000 闭合时，T0 得电，延时 5s 后，T0 的常开触点闭合，输出继电器 Y000 得电并自保；当输入 X000 断开时，其常闭触点 X000 闭合，T1 线圈得电，延时 5s 后，T1 的常闭触点断开，Y000 线圈解除自保断电。

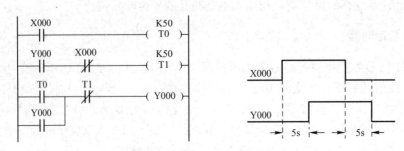

图 3.73 延时闭合/断开电路

3．脉冲发生器电路

如图 3.74 所示为脉冲振荡电路，可以产生 50s 的脉冲信号。当 X000 闭合后，脉冲振荡电路开始工作，T1 经过 30s 后，其常开触点闭合，T2 开始延时，经过 20s 后 T2 触点动作，其常闭触点使 T1 断开，再经过 30s 后，T1 常开触点又使 T2 断开，一个周期结束。在一个周期中 T1 触点闭合 20s，断开 30s；而 T2 触点只闭合一个扫描周期的时间。只要 X000 闭合，脉冲振荡电路就一直循环工作，直到 X000 断开，脉冲振荡电路停止工作。

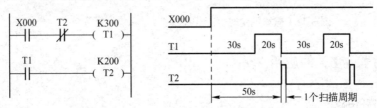

图 3.74 脉冲振荡电路

4．定时器的扩展

PLC 的定时器有一定的定时设定范围，如果定时需要超出设定范围，可通过几个定时器串联，或者将定时器和计数器串联使用，达到扩充设定值的目的。如图 3.75 所示为定时器的扩展电路，图中通过两个定时器的串联使用，可以实现延时 1300s，图中 T1 的设定值为 800s，T2 的设定值为 500s。当 X001 闭合，T1 就开始计时，当到达 800s 时，T1 的常开触点闭合，使 T2 得电开始计时，再延时 500s 后，T2 的常开触点闭合，Y000 线圈得电，获得延时 1300s 的输出信号。

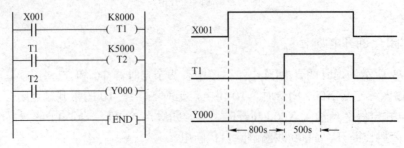

图 3.75 定时器的扩展电路

5. 报警电路

29　定时器实现
报警灯的闪烁

在机床控制中常常要设置报警功能，当发生故障时，应能及时报警，通知现场工作人员，采取紧急措施。对报警电路的要求：报警时蜂鸣器响、灯闪烁（接通 0.5s，断开 0.5s）；报警响应后蜂鸣器声响可解除，灯光常亮；报警条件结束后灯灭；可测试蜂鸣器和灯是否正常工作。

在图 3.76 中，当有报警信号输入时，即输入继电器 X000 的常开触点闭合时，由定时器 T0 和 T1 组成的振荡电路使输出继电器 Y000 产生间隔为 0.5s 的断续信号输出；此后，按下报警响应按钮（蜂鸣器复位按钮），输入继电器 X001 的常开触点闭合，辅助继电器 M0 线圈接通并自锁，其常闭触点 M0 断开，Y001 线圈断电，蜂鸣器停止鸣响，但报警灯仍然亮。当报警信号消失时，即 X000 的常开触点复位，报警指示灯熄灭。按下报警测试按钮时，输入继电器 X002 的常开触点闭合，输出继电器 Y000 和 Y001 接通，报警指示灯亮，蜂鸣器响，从而确定报警电路正常工作。

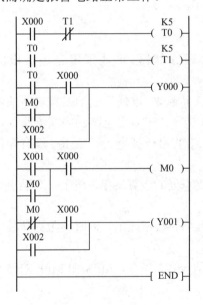

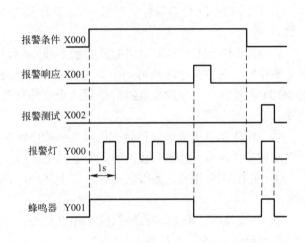

图 3.76　报警电路

三、相关基本指令

1. 栈存储器与多重输出电路指令 MPS、MRD、MPP

多重输出电路指令如表 3.13 所示。

表 3.13　多重输出电路指令

符号、名称	功　能	电　路　表　示	操作元件	程　序　步
MPS 进栈	进栈	MPS ——(Y003)	无	1
MRD 读栈	读栈	MRD ——(Y004)	无	1
MPP 出栈	出栈	MPP ——(Y005)	无	1

（1）MPS、MRD、MPP 指令的使用方法如图 3.77 所示。

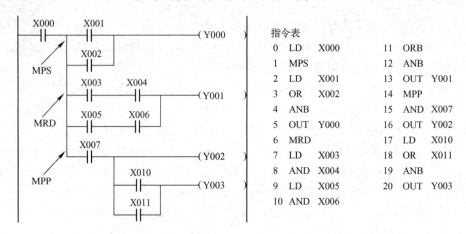

图 3.77　多重输出指令的应用

（2）使用说明。

① FX 系列 PLC 有 11 个存储中间运算结果的堆栈存储器，堆栈采用先进后出的方式。

② MPS 指令可将多重电路的公共触点或电路块先存储起来，以便后面的多重电路的输出支路使用。在多重电路的第一个支路前使用 MPS 进栈指令，在多重电路的中间支路前使用 MRD 读栈指令，在多重电路的最后一个支路前使用 MPP 出栈指令。该组指令没有操作元件。

③ MRD 指令用于读取存储在栈最上层的电路中分支点处的运算结果，将下一个触点强制性地连接在该点。读数后栈内的数据不发生移动。

④ 使用 MPP 指令，各数据按顺序向上移动，将最上端的数据读出，同时该数据从栈中消失。

⑤ 处理最后一条支路时必须使用 MPP 指令，而不是 MRD 指令，MPS 和 MPP 的使用累计不得超过 11 次，并且要成对出现。

2. 主控与主控复位指令 MC、MCR

在编程时，经常会遇到许多线圈同时受一个或一组触点控制的情况，如果在每个线圈的控制电路中串入同样的触点，将占用很多存储单元，主控指令可以解决这一问题。使用主控指令的触点称为主控触点，它在梯形图中一般竖直放置，主控触点是控制一组电路的总开关，指令如表 3.14 所示。

表 3.14　主控触点指令

符号、名称	功　能	电　路　表　示	程　序　步
MC 主控	公共串联触点的连接	┤├ ─[MC　N0　Y 或 M]	3
MCR 主控复位	公共串联触点的清除	─[MCR　N0]	2

（1）MC、MCR 指令的使用方法如图 3.78 所示。在编程时常会出现这样的情况：多个线圈同时受一个或一组触点控制，如果在每个线圈的控制电路中都串入同样的触点，将重复进行栈操作，占用很多存储单元，使写出的程序很长，如图 3.79 所示，其实质就是 X000 控制多重输出，使用主控指令就可以了。

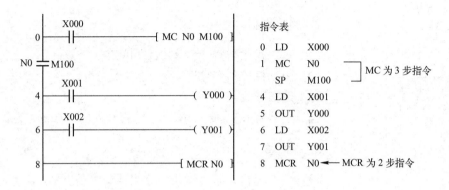

图 3.78　MC、MCR 指令的使用

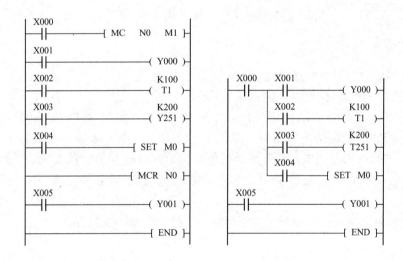

图 3.79　主控指令程序及对应栈指令程序

（2）使用说明。

① MC 是主控起点指令，操作数 N（0～7 层）为嵌套层数，操作元件为 M、Y，特殊辅助继电器不能作为 MC 的操作元件。MCR 是主控结束（复位）指令，是主控电路块的终点，操作数 N（0～7）MC 与 MCR 必须成对使用。

② 在 MC 指令后的任何指令都要以 LD 或 LDI 开头。MCR 使母线回到原来的位置。

③ 在 MC 指令内再使用 MC 指令时，称为嵌套，嵌套层数 N 的编号就依次增大；主控返回时用 MCR 指令，嵌套层数 N 的编号就依次减小。

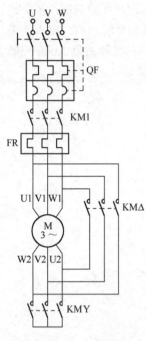

图 3.80　主电路图

技能操作

1．操作目的

（1）掌握 PLC 编程技巧和程序调试的方法。

（2）训练分析和解决工程实际控制问题的能力。

2．操作器材

（1）可编程控制器 1 台（FX$_{2N}$-48MR）。

（2）电动机控制实验板。

（3）连接导线若干。

（4）安装有 GX-Developer V8 编程软件的计算机 1 台。

3．操作要求

设计一个用 PLC 基本逻辑指令来控制电动机 Y-Δ 启动的控制系统，其控制要求是：按下启动按钮 SB1，电动机进行 Y 形启动；过一段时间后，电动机进入正常运行状态。按下停止按钮 SB2，电动机停止运转。主电路图如图 3.80 所示

4．用户程序

（1）I/O 地址分配如表 3.15 所示。

（2）画 PLC 的外部接线图，如图 3.81 所示。

（3）程序设计。按下启动按钮 SB1，时间继电器 KT 和启动接触器 KMY 线圈得电，之后主接触器 KM1 线圈得电并自锁，进行 Y 形启动；当 KT 延时 5s 后，则 KT 的延时断开触点断开，KMY 线圈失电，Y 形启动过程结束，同时运行接触器 KMΔ 线圈得电，电动机进入正常运行状态。在此过程中，按下停止按钮 SB2 或热继电器 FR 动作，电动机停止。

① 采用启停电路设计 Y-Δ 启动控制程序，其梯形图如图 3.82 所示。

表 3.15　I/O 地址分配表

输入端	启动按钮 SB1	X001
	停止按钮 SB2	X000
	热继电器常开触点 FR	X002
输出端	主接触器 KM1	Y000
	启动接触器 KMY	Y001
	运行接触器 KMΔ	Y002

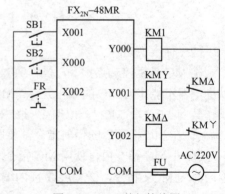

图 3.81　PLC 外部接线图

② 采用主控、主控复位指令设计控制程序，其梯形图如图3.83所示。

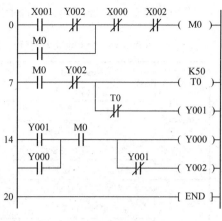

图3.82 Y-Δ启动PLC控制程序一

5. 程序调试

用编程软件将梯形图输入PLC，然后将PLC置于RUN状态，运行程序，按下正转启动按钮SB2，观察电动机运行情况是否与控制要求一致，如果动作情况与控制要求一致，表明程序正确，保存程序；如果发现电动机运行情况与控制要求不相符，应仔细分析，找出原因，重新修改，直到电动机运行情况和控制要求一致为止。

6. 注意事项

（1）PLC I/O接线和拆线应在断电情况下进行，即先接线，后上电；先断电，后拆线。
（2）调试单元和实验板上的插线不能插错或短路。
（3）调试中如PLC的CPU状态指示灯报警，应分析原因，排除故障后再继续运行程序。
（4）遵守电工操作规程。

7. 思考题

（1）若没有定时器能否实现PLC控制电动机Y-Δ启动？
（2）如图3.82所示的控制程序中，如果使用栈指令将如何编制程序？

知识拓展　PLC控制的自动送料装车系统

控制要求：初始状态，HL3灯亮，HL4灯灭，表明允许汽车开进装料。料斗及电动机M1、M2、M3、M4皆为OFF。当汽车到来时，HL4灯亮，HL3灯灭。系统启动后，若料位传感器S1为OFF，表明料斗中的物料不满，进料阀开启，料斗进料电磁阀Y003有输出；若料位传感器S1为ON，表明料斗中的物料满，料斗满指示灯亮。系统启动状态下，车到位后，行程开关SQ1置为ON，首先让电动机M4运行，2s后电动机M3运行，依次启动电动机M2和M1，时间间隔都是2s。4个电动机启动后过2s斗打开，物料经过料斗出料。车装满时，行程开关SQ2置为ON，料斗关闭，停止出料，车装满指示灯亮。2s后电动机M1停止，M1停止2s后M2停止，再过2s后M3停止，再过2s后M4停止。同时HL4灯灭，HL3灯亮，表明车开走。梯形图如图3.83所示。

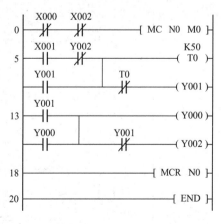

图3.83 Y-Δ启动PLC控制程序二

（1）I/O地址分配如表3.16所示。

（2）画 PLC 的外部接线图和梯形图，如图 3.84、图 3.85 所示。

表 3.16 I/O 地址分配表

输入端	启动按钮 SB1	X000
	停止按钮 SB2	X001
	料位传感器 S1	X002
	车未到位行程开关 SQ1	X003
	车装满行程开关 SQ2	X004
	热继电器常开触点 FR	X005
输出端	车装满指示灯 HL1	Y000
	料斗出料电磁阀 YV1	Y001
	料斗满指示灯 HL2	Y002
	料斗进料电磁阀 YV2	Y003
	车未到位指示灯 HL3	Y004
	车到位指示灯 HL4	Y005
	电动机 M1 运行接触器 KM1	Y006
	电动机 M2 运行接触器 KM2	Y007
	电动机 M3 运行接触器 KM3	Y010
	电动机 M4 运行接触器 KM4	Y011

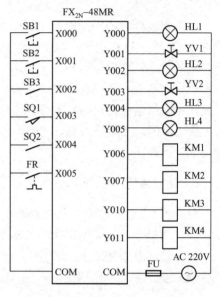

图 3.84 PLC 外部接线图

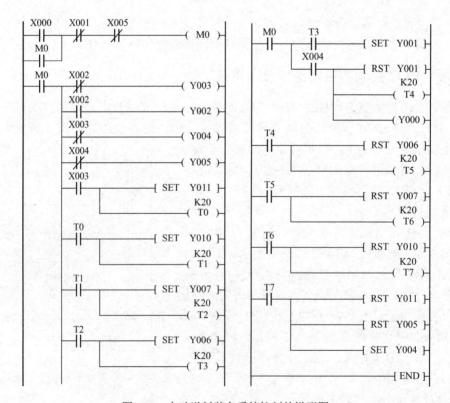

图 3.85 自动送料装车系统控制的梯形图

要求：用编程软件 GX-Developer V8 编辑自动送料装车系统控制的梯形图，并通电调试运行。

任务 5 液体混合装置的 PLC 控制

任务描述

液体混合装置广泛应用于化工、冶金、石油、制药等行业，用于将两种液体或多种液体按一定比例混合，并指定时间进行搅拌。本任务通过对液体的注入、混合、送出的过程控制，实现对两种液体按比例进行混合搅拌，然后打开流出口，将混合液输出至下一个液体处理系统。

任务目标

（1）掌握 PLC 控制液体混合装置的工作过程。
（2）熟练掌握液体混合装置的 I/O 分配。
（3）学会 LDP、LDF、ANDP、ANDF、ORP、ORF、PLS、PLF 指令的编程方法。

知识储备

一、脉冲触点指令 LDP、LDF、ANDP、ANDF、ORP、ORF

脉冲触点指令如表 3.17 所示。

表 3.17 脉冲触点指令

符号、名称	功　能	电　路　表　示	操　作　元　件	程　序　步
LDP 取脉冲上升沿	上升沿检出，运算开始	├─┤↑├─┤├─（ M1 ）	X、Y、M、S、T、C	2
LDF 取脉冲下降沿	下降沿检出，运算开始	├─┤↓├─┤├─（ M1 ）	X、Y、M、S、T、C	2
ANDP 与脉冲上升沿	上升沿检出，串联连接	├─┤├─┤↑├─（ M1 ）	X、Y、M、S、T、C	2
ANDF 与脉冲下降沿	下降沿检出，串联连接	├─┤├─┤↓├─（ M1 ）	X、Y、M、S、T、C	2
ORP 或脉冲上升沿	上升沿检出，并联连接	├─┤├─┤├─（ M1 ）／├─┤↑├	X、Y、M、S、T、C	2
ORF 或脉冲下降沿	下降沿检出，并联连接	├─┤├─┤├─（ M1 ）／├─┤↓├	X、Y、M、S、T、C	2

（1）脉冲触点指令的使用方法如图 3.86 所示。
（2）使用说明。
① LDP、ANDP、ORP 指令是进行上升沿检出的触点指令，触点的中间有一个向上的箭

头，对应的触点仅在指定元器件波形的上升沿（由 OFF 变为 ON）时接通一个扫描周期。

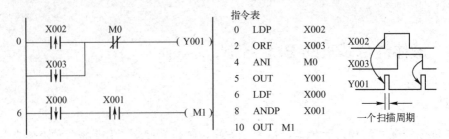

图 3.86　脉冲触点指令的使用

② LDF、ANDF、ORF 指令是进行下降沿检出的触点指令，触点的中间有一个向下的箭头，对应的触点仅在指定元器件波形的下降沿（由 ON 变为 OFF）时接通一个扫描周期。

二、脉冲输出指令 PLS、PLF

脉冲输出指令如表 3.18 所示。

表 3.18　脉冲输出指令

符号、名称	功　能	电　路　表　示	操作元件	程　序　步
PLS 上升沿脉冲	上升沿微分输出	X000 ─┤├─[PLS　M0]	Y、M	2
PLF 下降沿脉冲	下降沿微分输出	X001 ─┤├─[PLF　M1]	Y、M	2

（1）PLS、PLF 指令的使用方法如图 3.87 所示。

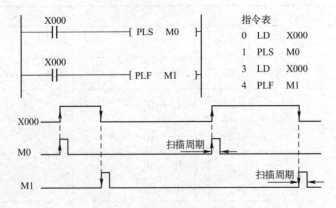

图 3.87　PLS、PLF 指令的使用

（2）使用说明。

① PLS 是脉冲上升沿微分输出指令，PLF 是脉冲下降沿微分输出指令。PLS 和 PLF 指令只能用于输出继电器 Y 和辅助继电器 M（不包括特殊辅助继电器）。

② 图 3.87 中的 M0 仅在 X000 的常开触点由断开变为接通（即 X000 的上升沿）时的一

个扫描周期内为 ON；M1 仅在 X000 的常开触点由接通变为断开（即 X000 的下降沿）时的一个扫描周期内为 ON。

三、分频程序

在许多控制场合，需要对信号进行分频。下面以如图 3.88 所示的二分频程序为例说明 PLC 是如何实现分频的。从图 3.88 中可以看出，M8002 产生的脉冲在第 1 周期内对 Y000 复位，每当 X000 有上升沿信号时，M100 输出一个扫描周期的短脉冲信号，M100 的第 1 个脉冲启动 Y000，Y000 依靠其自锁触点自锁，M100 的第 2 个脉冲使 Y000 复位，依此 Y000 周期性启动、复位，就形成了分频控制电路。

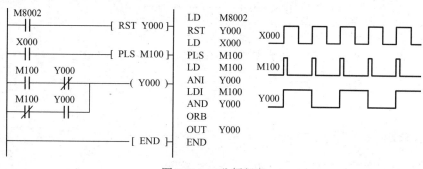

图 3.88　二分频程序

四、取反指令 INV

见表 3.19 所示。

表 3.19　取反指令

符号、名称	功　　能	电　路　表　示	操 作 元 件	程 序 步
INV 取反	将执行 INV 指令前的运算结果取反	X002 ─┤├──/(Y001)	无	1

说明：

（1）INV 指令不能像指令 LD、LDP、LDI、LDF 那样直接与母线相连，也不能像指令 OR、ORP、ORI、ORF 那样单独使用。

（2）在能输入 AND、ANI、ANDP、ANDF 指令步的相同位置处，可以编写 INV 指令。

（3）INV 指令的功能是将执行 LD、LDI、LDP、LDF 指令以后的运算结果取反，指令的位置应该在 LD、LDI、LDP、LDF 指令之后，并把指令后面的程序作为 INV 运算的对象并取反。

如图 3.89 所示，当 X002 接通时，Y001 断开；当 X002 断开时，Y001 接通。

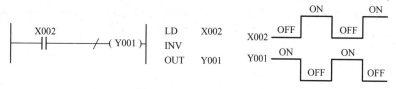

图 3.89　INV 指令的应用

如图 3.90 所示是 INV 指令包含在 ORB 指令、ANB 指令中的编程，各个 INV 指令将它前面的逻辑运算结果取反。如图 3.90 所示程序输出的逻辑表达式为：

$$Y000 = X000 \cdot (\overline{\overline{X001 \cdot X002} + \overline{X003 \cdot X004} + \overline{X005}})$$

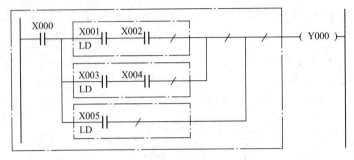

图 3.90　INV 指令包含在 ORB 指令、ANB 指令中的编程

技能操作

1．操作目的

（1）能够对混合装置控制系统的 PLC 进行程序设计。

（2）能独立完成混合装置的 PLC 控制电路接线与调试。

2．操作器材

（1）可编程控制器 1 台（FX$_{2N}$-48MR）。

（2）混合装置控制板。

（3）连接导线若干。

（4）安装有 GX-Developer V8 编程软件的计算机 1 台。

3．操作要求

设计一个用 PLC 基本逻辑指令来控制液体混合的装置，其结构如图 3.91 所示。其控制要求如下。

初始状态：容器为空，电磁阀 YV1、YV2、YV3 以及搅拌机 M 状态为 OFF，液面传感器 SL1、SL2、SL3 状态均为 OFF。

按下启动按钮 SB1，液体 A 阀门打开，液体 A 流入容器，当液面到达 SL2 标定位置时，SL2 接通，关闭液体 A 阀门，打开液体 B 阀门，液面到达 SL1 标定位置时，关闭液体 B 阀门，搅匀电动机开始搅匀，搅匀电动机工作 6s 后停止搅动，混合液体出料阀门打开，开始放出混合液体，当液面下降到 SL3 标定位置时，SL3 由接通变为断开，再过 2s 后，容器放空，混合液体出料阀门关闭，开始下一个周期。按下停止按钮 SB2，在当前的混合液体操作处理完毕后才停止操作。

4．用户程序

（1）I/O 地址分配如表 3.20 所示。

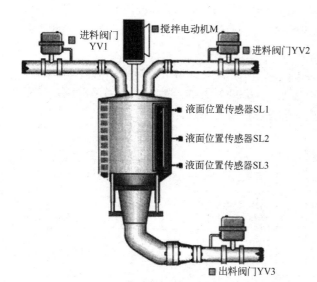

表 3.20　I/O 地址分配表

输入端	启动按钮 SB1	X000
	停止按钮 SB2	X001
	液面传感器 SL1	X002
	液面传感器 SL2	X003
	液面传感器 SL3	X004
输出端	液体 A 阀门 YV1	Y000
	液体 B 阀门 YV2	Y001
	混合液体出料阀门 YV3	Y002
	搅拌电动机接触器 KM	Y003

图 3.91　混合装置图

（2）画出 PLC 的外部接线图，如图 3.92 所示。

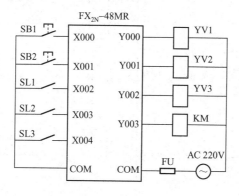

图 3.92　PLC 的外部接线图

（3）程序设计。按下启动按钮 SB1，辅助继电器 M100 产生一个扫描周期的启动脉冲，M100 常开触点闭合，置位 Y000，使 Y000 保持接通，液体 A 的电磁阀 YV1 被打开，当液面上升到 SL2 标定位置时，SL2 接通，X003 的常开触点闭合，M103 产生一个扫描周期的脉冲，M103 常开触点接通同时复位 Y000，关闭 YV1 电磁阀，液体 A 停止流入。M103 常开触点使 Y001 置位，打开电磁阀 YV2，液体 B 流入，当液面上升到 SL1 标定时，SL1 接通，X002 常开触点闭合，M102 产生一个扫描周期的脉冲，M102 常开触点闭合，复位 Y001，电磁阀 YV2 关闭，液体 B 停止流入。置位 Y003，驱动搅拌电动机，搅拌电动机开始工作，Y003 常开触点闭合，接通定时器 T0，6s 后，T0 常开触点闭合，复位 Y003，搅拌电动机停止工作。Y003 常闭触点闭合，M112 产生一个扫描周期的脉冲，M112 常开触点闭合，置位 Y002，混合液电磁阀 YV3 打开，开始放混合液体。液面下降到 SL3 标定位置时，液面传感器由接通变为断开，X004 常闭触点闭合，使 M110 产生一个扫描周期的脉冲，M110 常开触点闭合，置位 M201，M201 常开触点闭合，接通定时器 T1，2s 后，T1 常开触点闭合，复位 M201 的同时复位 Y002，混合液电磁阀 YV3 关闭。启动按钮闭合时，M100 产生一个扫描周期的脉冲，M100 闭合后置位 M200，T1 的常开触点闭合，复位 Y002 的同时置位 Y000，进入下一个循环。

按下停止按钮 SB2，X001 的常开触点接通，M101 产生停止脉冲，M101 常开触点闭合，让 Y000、Y002、Y003 复位，同时让 M200 复位，M200 常开触点断开，在当前的混合操作处理完毕后，不能再接通，即停止操作，其梯形图如图 3.93 所示。

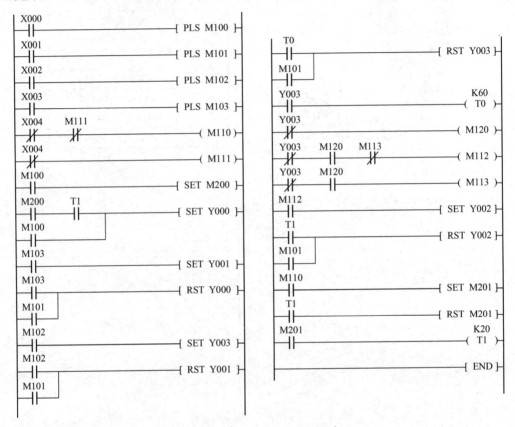

图 3.93　液体混合装置的 PLC 控制梯形图

5. 程序调试

用编程软件将梯形图输入 PLC，然后将 PLC 置于 RUN 状态，运行程序，按下启动按钮 SB1，观察混合情况是否与控制要求一致，如果动作情况和控制要求一致，表明程序正确，保存程序；如果发现运行情况和控制要求不相符，应仔细分析，找出原因，重新修改，直到混合情况和控制要求一致为止。

6. 注意事项

（1）PLC I/O 接线和拆线应在断电情况下进行，即先接线，后上电；先断电，后拆线。

（2）调试单元和实验板上的插线不能插错或短路。

（3）调试中如 PLC 的 CPU 状态指示灯报警，应分析原因，排除故障后再继续运行程序。

（4）遵守电工操作规程。

7. 思考题

（1）若用 LDP、LDF 指令编写 PLC 控制液体混合装置，试设计梯形图。

（2）若每个动作都加上相应的指示灯，试设计梯形图。

知识拓展　三节传送带接力传送的 PLC 控制

控制要求：按下启动按钮 SB1，电动机 M1 运行，1 号传送带开始工作；货到位后，接近开关 SQ1 置为 ON（当 SQ1 由 ON→OFF 时 M1 停止），电动机 M2 运行，2 号传送带开始工作；货到位后，接近开关 SQ2 置为 ON（当 SQ2 由 ON→OFF 时 M2 停止），电动机 M3 运行，3 号传送带开始工作；货到位后，接近开关 SQ3 置为 ON，当 SQ3 由 ON→OFF 时 M3 停止，结束传送，如图 3.94 所示。

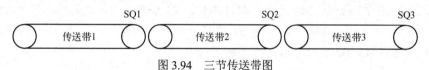

图 3.94　三节传送带图

（1）I/O 地址分配如表 3.21 所示。

表 3.21　I/O 地址分配表

输入端	启动按钮 SB1	X000
	接近开关 SQ1	X001
	接近开关 SQ2	X002
	接近开关 SQ3	X003
输出端	电动机 M1	Y001
	电动机 M2	Y002
	电动机 M3	Y003

（2）画出 PLC 的外部接线图和梯形图，如图 3.95 所示。

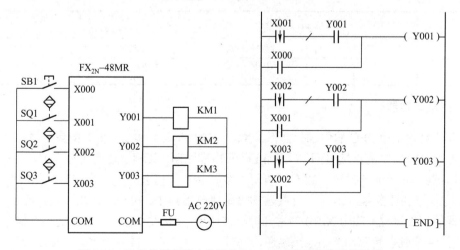

图 3.95　三节传送带接力传送控制 PLC 的外部接线及梯形图

要求：用编程软件 GX-Developer V8 编辑三节传送带接力传送控制的梯形图，并通电调试运行。

任务 6 自控轧钢机的 PLC 控制（计数器 C）

任务描述

自控轧钢机在工业中应用广泛，主要是通过 PLC 控制系统，使其完成进料、轧钢、出料的自动化程序控制。本任务要求：轧钢机按下启动按钮，电机 M1、M2 运行，Y0 给一个向下的轧压量。接近开关 S1 有信号，电动机正转，钢板轧过后，S1 信号消失，S2 有信号时，钢板到位，电磁阀 Y2 动作，M3 反转，钢板推回，Y1 给出较 Y0 更大的轧压量，S2 信号消失，S1 有信号时，电动机 M3 正转。当 S1 的信号消失，仍重复以上动作，完成三次轧压。当第三次轧压完成后，S2 有信号时，则停机下料。

任务目标

（1）掌握用 PLC 控制轧钢机系统的方法。
（2）熟练掌握轧钢机系统的 I/O 分配。
（3）掌握计数器 C 的使用方法。

知识储备

30 计数器 C

一、计数器（C）基本知识

计数器用 C 表示，如表 3.22 所示为 FX$_{2N}$ 系列 PLC 的计数器，它分内部计数器和高速计数器。

表 3.22 FX$_{2N}$ 系列 PLC 的计数器

计数器	16 位加计数器		32 位加/减计数型计数器 $-2\,147\,483\,648\sim+2\,147\,483\,647$	
	普通型	断电保持型	普通型	断电保持型
	C0～C99 100 点	C100～C199 100 点	C200～C219 20 点	C220～C234 15 点

1. 内部计数器

内部计数器是用 PLC 的内部元器件（X、Y、M、S、T 和 C）提供的信号进行计数的。计数脉冲为 ON/OFF 的持续时间应大于 PLC 的扫描周期，其响应速度通常小于数十赫兹。内部计数器可为 16 位加计数器、32 位双向计数器，按功能可分为通用型和断电保持型。

（1）16 位加计数器。16 位加计数器的设定值范围为 1～32 767。如图 3.96 所示为 16 位加计数器的工作过程，图中 X010 的常开触点接通后，C0 被复位，它对应的位存储单元被置"0"，它的常开触点断开，常闭触点接通，同时其计数当前值被置为"0"。X011 用来提供计数输入信号，当计数器的复位输入电路断开，计数输入电路由断开变为接通（即计数脉冲的上升沿）时，计数器的当前值加 1，在 5 个计数脉冲之后，C0 的当前值等于设定值 5，它对应的位存储单元的内容被置"1"，其常开触点接通，常闭触点断开。再来计数脉冲时当前值不变，直到复位输入电路接通，计数器的当前值被置为"0"。

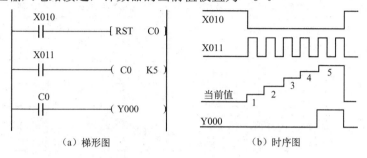

| （a）梯形图 | （b）时序图 |

图 3.96　16 位加计数器的工作过程

断电保持型的计数器在电源断电时可保持其状态信息，重新送电后能立即按断电时的状态恢复工作。

（2）32 位加/减计数器。32 位加/减计数器的设定值范围为−2 147 483 648～+2 147 483 647，其加/减计数方式由特殊辅助继电器 M8200～M8234 设定，对应的特殊辅助继电器为 ON 时，为减计数，反之为加计数。

32 位加/减计数器的设定值除了可由常数 K 设定外，还可通过指定数据寄存器来设定，设定值存放在元件号相连的两个数据寄存器中。如果指定的是 D0，则设定值存放在 D1 和 D0 中。如图 3.86 所示的 C200 的设定值为 5，当 X012 断开时，M8200 为 OFF，此时 C200 为加计数，若计数器的当前值由 4 到 5，计数器的输出触点为 ON，当前值等于 5 时，输出触点仍为 ON；当 X012 接通时，M8200 为 ON，此时 C200 为减计数，若计数器的当前值由 5 到 4 时，计数器的输出触点为 OFF，当前值小于等于 4 时，输出触点仍为 OFF。

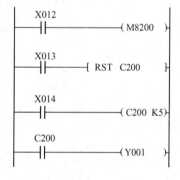

如图 3.97 所示的复位输入 X013 的常开触点接通时，C200 被复位，其常开触点断开，常闭触点接通，当前值被置为"0"。

图 3.97　32 位加/减计数器示例

2．高速计数器

高速计数器均为 32 位加/减计数器，但适用于高速计数器输入的 PLC 输入端只有 6 个（X000～X005），如果这 6 个输入端中的一个已被某个高速计数器占用，它就不能再有其他用途了。也就是说，只有 6 个高速计数输入端，最多只能有 6 个高速计数器同时工作。高速计数器的选择并不是任意的，它取决于所需计数器的类型及高速输入端子。全部高速计数器如表 3.23 所示。高速计数器的类型如下：

（1）一相无启动 / 复位端子高速计数器 C235～C240。

（2）一相带启动 / 复位端子高速计数器 C241～C245。

（3）一相双计数输入（加/减脉冲输入）高速计数器 C246～C250。

（4）两相（A-B 相型）双计数输入高速计数器 C251～C255。

表 3.23　全部高速计数器

中断输入	1 相 1 计数输入											1 相 2 计数输入					2 相 2 计数输入				
	C235	C236	C237	C238	C239	C240	C241	C242	C243	C244	C245	C246	C247	C248	C249	C250	C251	C252	C253	C254	C255
X000	U/D						U/D			U/D		U	U		U		A	A		A	
X001		U/D					R			R		D	D		D		B	B		B	
X002			U/D					U/D			U/D		R		R			R		R	
X003				U/D				R			R			U		U			A		A
X004					U/D				U/D					D		D			B		B
X005						U/D			R					R		R			R		R
X006										S					S					S	
X007											S					S					S

注：U 表示加计数输入，D 表示减计数输入，R 表示复位输入，S 表示启动输入，A 表示 A 相输入，B 表示 B 相输入。

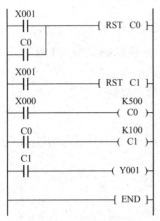

图 3.98　两个计数器组合使用

31　计数器 C 的应用

二、计数器的扩展

1. 两个计数器组合使用

如果一个计数器满足不了要求时，可以用两个计数器组合计数。如图 3.98 所示是用两个计数器串联组成的一个扩展计数器电路，此电路总的计数值为两个计数器设定值的乘积，即 $C_总=500 \times 100=50000$。

2. 定时器和计数器的组合使用

如图 3.99 所示为定时器和计数器的组合使用，该电路可以得到 $100 \times 30s$ 延时，图中 T0 的设定值为 100s，当 X000 闭合，T0 线圈得电开始计时，当 100s 延时时间到，T0 的常闭触点断开，使 T0 自动复位，在 T0 线圈再次得电后又开始计时，在电路中，T0 的常开触点每隔 100s 闭合一次，计数器计一次数，当计到 30 次时，C0 的常开触点闭合，Y001 线圈得电。

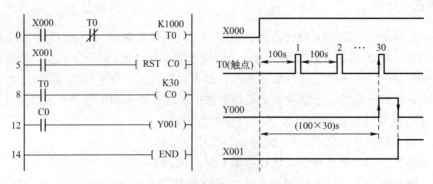

图 3.99　定时器和计数器的组合使用

技能操作

1．操作目的

（1）能够对轧钢机控制系统进行 PLC 控制软、硬件设计。

（2）独立完成轧钢机 PLC 控制电路的接线与调试。

2．操作器材

（1）可编程控制器 1 台（FX$_{2N}$-48MR）。

（2）自控轧钢机控制实验板。

（3）连接导线若干。

（4）安装有 GX-Developer V8 编程软件的计算机 1 台。

3．操作要求

如图 3.100 所示系统启动后，电动机 M1、M2 运行，传送钢板。检测传送带上有无钢板的传感器 S1 的信号为 ON 表示有钢板，电动机 M3 正转；S1 的信号消失，检测传送带上钢板到位后传感器 S2 有信号，表示钢板到位，电磁阀动作，电动机 M3 反转；Y001 给出一个向下压的信号，S2 信号消失，S1 有信号，电动机 M3 正转。如此重复上述过程。Y1第 1 次接通，发光管 A 亮，表示有一个向下压的信号，第 2 次接通时，A、B 亮，表示有两个向下压的信号，第 3 次接通时 A、B、C 亮，表示有 3 个向下压的信号，若此时 S2 有信号，则停机。

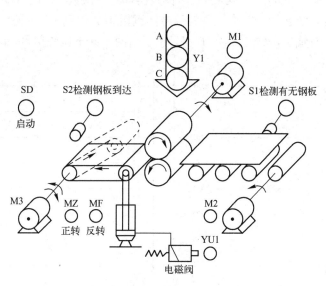

图 3.100　自控轧钢机控制系统

4．用户程序

（1）I/O 地址分配如表 3.24 所示。

（2）画 PLC 的外部接线图，如图 3.101 所示。

表 3.24 I/O 地址分配表

输入端	启动按钮 SB1	X000
	检测有无钢板传感器 S1	X001
	检测钢板是否到位传感器 S2	X002
输出端	电动机 M1 接触器	Y000
	电动机 M2 接触器	Y001
	电动机 M3 正转接触器	Y002
	电动机 M3 反转接触器	Y003
	发光管 A	Y004
	发光管 B	Y005
	发光管 C	Y006
	电磁阀动作指示灯	Y007

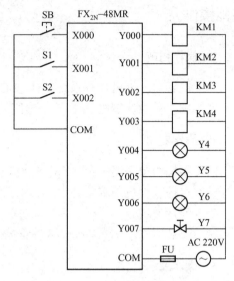

图 3.101 PLC 的外部接线图

（3）PLC 程序设计。按下启动按钮后，X000 常开触点闭合，Y000 和 Y001 线圈得电，电动机 M1、M2 运行，准备传送钢板。检测传感器 S1 检测到有钢板时，X001 有输入，此时 Y002 有输出，带动电动机 M3 正转，当钢板传送到位后检测钢板传感器 S2 有信号，X002 有输入，此时 Y003 有输出，电动机 M3 反转，同时 Y007 有输出，指示灯亮，表示钢板到位，电动机 M3 正、反转有互锁触点，梯形图如图 3.102 所示。用 3 个计数器 C0、C1、C2 分别可以计数 1、2、3 次，钢板第 1 次到位时，计数器都记一次数，C0 常开触点闭合，Y004 有输出，数码管 A 亮，表示给一个向下压的信号，钢板第 2 次到位时，C1 计两个数时，其常开触点闭合，Y005 有输出，数码管 A、B 亮，表示给两个向下压的信号，钢板第 3 次到位时，

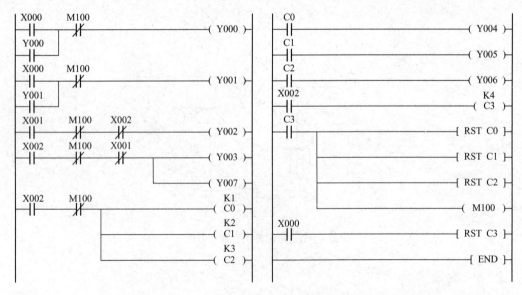

图 3.102 自控轧钢机的 PLC 控制梯形图

C2 计 3 个数时，Y006 有输出，数码管 A、B、C 亮，表示给三个向下压的信号。计数器 C3 可计数 4 次，钢板到位一次，计数器计一次数，钢板到位 4 次后 C3 常开触点闭合，让计数器 C0、C1、C2 复位，同时接通 M100，M100 常闭触点断开，整个系统停止。

5. 程序调试

用编程软件将梯形图输入 PLC 后，将 PLC 置于 RUN 状态，运行程序，按下启动按钮 SB，观察自控轧钢机运行情况是否与控制要求一致，如果动作情况和控制要求一致，表明程序正确，保存程序；如果发现电动机运行情况和控制要求不相符，应仔细分析，找出原因，重新修改，直到自控轧钢机运行情况和控制要求一致为止。

6. 注意事项

（1）PLC I/O 接线和拆线应在断电情况下进行，即先接线，后上电；先断电，后拆线。
（2）调试单元和实验板上的插线不能插错或短路。
（3）调试中如 PLC 的 CPU 状态指示灯报警，应分析原因，排除故障后再继续运行程序。
（4）遵守电工操作规程。

7. 思考题

若要求钢板第 2 次到位时，给一个向下压的信号，钢板第 3 次到位时，给两个向下压的信号，钢板第 4 次到位时，给三个向下压的信号，钢板第 5 次到位时，系统停止，试设计梯形图。

知识拓展　声光报警的 PLC 控制

控制要求：按下启动按钮 SB1，报警灯以 1Hz 的频率闪烁，蜂鸣器持续发声，闪烁 100 次停止 5s 后重复上面的过程，反复 3 次后停止，之后再按启动按钮后又重新实现上述操作。

（1）I/O 地址分配如表 3.25 所示。
（2）画出 PLC 的外部接线图和梯形图，如图 3.103 所示。

表 3.25　I/O 分配

输入端	启动按钮 SB1	X000
输出端	蜂鸣器 HA	Y001
	报警灯 HL	Y002

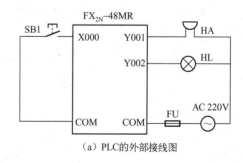

（a）PLC的外部接线图

图 3.103　声光报警系统的 PLC 控制外部接线及梯形图

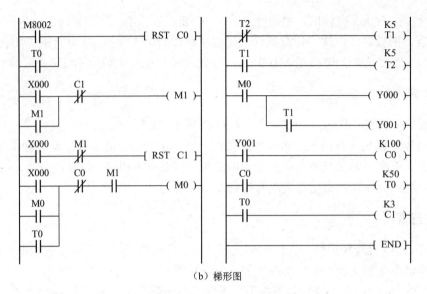

（b）梯形图

图 3.103　声光报警系统的 PLC 控制外部接线及梯形图（续）

要求： 用编程软件 GX-Developer V8 编辑声光报警系统控制的梯形图，并通电调试运行。

项目 3 能力训练

一、填空题

3.1　可编程序控制器简称_____，但为了与个人计算机（PC）相区别，也称为_____，它专为_____环境而设计，主要替代传统的_____控制系统。

3.2　可编程序控制器能完成_____运算、_____控制，还具有模拟量或_____的 I/O 控制。

3.3　世界上第一台 PLC 诞生于_____年。

3.4　PLC 常被用于开关量的逻辑控制、_____的转换控制、_____控制、数据处理、_____、运动控制。

3.5　PLC 按结构可分为_____式、_____式、叠装式。

3.6　_____模块是 PLC 的硬件核心，PLC 的速度、规模都由它的性能体现。

3.7　PLC 一般由四大部分组成：_____、_____、_____系统以及其他可选部件。

3.8　PLC 的编程器有_____型、_____型两种。能用梯形图语言进行编程的是_____。

3.9　PLC 采用_____工作方式。

3.10　顺序功能图语言简称_____语言。

3.11　三菱 FX$_{2N}$ 系列 PLC 是应用比较广泛的 PLC 之一，它由_____、_____、_____构成。

3.12　编程元器件中只有_____和_____的元器件号采用八进制数。

3.13　定时器的线圈_____时开始定时，定时时间到其常开触点_____，常闭触点_____。

3.14　通用定时器没有_____功能，在输入电路_____或_____时被复位。

3.15　内部计数器的复位输入电路_____，计数输入电路_____，计数器当前值加 1。计数当前值_____设定值时，其常开触点_____，常闭触点_____。再来计数脉冲时当前值_____，复位输入电路_____时，计数器被复位，复位后其常开触点_____，常闭触点_____，当前值为_____。

3.16 _____是初始化脉冲，在_____时，它保持为 ON 一个扫描周期。当 PLC 处于 RUN 状态时，M8000 一直为_____。

3.17 OUT 指令是驱动线圈的_____指令，可以用于 Y、M、C、T 和 S 继电器，但不能用于_____继电器。

3.18 AND 是_____触点串联连接指令，ANI 是_____触点串联连接指令，这 2 条指令后面必须有被操作的_____及元器件号。

3.19 _____是串联电路块的并联连接指令，_____是并联电路块的串联连接指令。它们都没有操作元器件，可以多次重复使用。

3.20 FX$_{2N}$ 系列 PLC 有_____个存储中间运算结果的堆栈存储器，堆栈采用_____的方式。

3.21 _____是一条无动作、无操作数的程序步。

二、判断题（正确的打 √，错误的打 ×）

3.22 FX$_{2N}$–64MR 型 PLC 的输出形式是继电器触点输出。（   ）

3.23 PLC 产品技术指标中的存储容量是指其内部用户存储容量。（   ）

3.24 可编程序控制器的输入端可与机械系统上的触点开关、接近开关、传感器等直接连接。（   ）

3.25 可编程序控制器的输出端可直接驱动大容量电磁铁、电磁阀、电动机等大负载。（   ）

3.26 在 PLC 梯形图中如果单个接点与一个串联支路并联，应将串联支路排列在图形的上面，而把单个接点并联在其下面。（   ）

3.27 PLC 梯形图中，串联块的并联连接指的是梯形图中由若干个接点并联所构成的电路。（   ）

3.28 串联一个常开触点时采用 AND 指令；串联一个常闭触点时采用 LD 指令。（   ）

3.29 PLC 内的指令 ORB 或 ANB 在编程时，如非连续使用，可以使用无数次。（   ）

3.30 在梯形图中，输入触点和输出线圈为 ON 的状态下，可直接驱动 PLC 外部的执行元器件。（   ）

三、选择题

3.31 PLC 不具有以下哪种转换控制功能（   ）。

    A. 模/数   B. 数/模   C. 模/模

3.32 I/O 点数小于 64 点的 PLC 称为（   ）。

    A. 微型 PLC   B. 小型 PLC   C. 中型 PLC

3.33 FX$_{2N}$ 系列的 PLC 是（   ）公司的产品。

    A. 欧姆龙   B. 三菱   C. 西门子

3.34 图形化编程语言不包含以下哪种语言（   ）。

    A. 梯形图语言   B. 顺序功能图语言   C. 结构文本语言

3.35 （   ）来源于继电器逻辑控制系统的描述，具有直观性和对应性，深得电气技术人员喜爱。

    A. 梯形图语言   B. 顺序功能图语言   C. 功能块图语言

3.36 FX$_{2N}$ 系列 PLC 能够提供 100ms 时钟辅助继电器的是（   ）。

    A. M8011   B. M8012   C. M8013   D. M8014

3.37 PLC 的内部辅助继电器是（   ）。

    A. 内部软件变量，非实际对象，可多次使用   B. 内部微型电器

    C. 一种内部输入继电器   D. 一种内部输出继电器

3.38 PLC 的计数器是（　　）。

　　A. 硬件实现的计数继电器　　　　　　　　B. 一种输入模块

　　C. 一种定时时钟继电器　　　　　　　　　D. 软件实现的计数单元

3.39 PLC 的特殊辅助继电器指的是（　　）。

　　A. 提供特定功能的内部继电器　　　　　　B. 断电保护继电器

　　C. 内部定时器和计数器　　　　　　　　　D. 内部状态指示继电器和计数器

3.40 FX$_{2N}$ 系列 PLC 面板上的"PROG-E"LED 闪烁表示（　　）。

　　A. 设备正常运行状态电源指示　　　　　　B. 忘记设置定时器或计数器常数

　　C. 梯形图有双线圈　　　　　　　　　　　D. 在通电状态进行存储卡盒的装卸

3.41 PLC 中微分指令 PLS 的表现形式是（　　）。

　　A. 仅输入信号的上升沿有效　　　　　　　B. 仅输入信号的下降沿有效

　　C. 仅输出信号的上升沿有效　　　　　　　D. 仅高电平有效

3.42 在 FX$_{2N}$ 系列 PLC 的基本指令中，（　　）指令是无操作数的。

　　A. OR　　　　　　　B. ORI　　　　　　　C. ORB　　　　　　D. OUT

3.43 在 PLC 梯形图编程中，2 个或 2 个以上的触点并联连接的电路称为（　　）。

　　A. 串联电路　　　　　B. 并联电路　　　　C. 串联电路块　　　D. 并联电路块

四、问答题

3.44 PLC 有什么特点？

3.45 PLC 有哪些主要技术指标？

3.46 与继电器控制系统比较，PLC 控制系统有哪些优点？

3.47 PLC 的程序设计语言包含哪几种？各有何特点？

3.48 PLC 的工作方式如何？简述 PLC 的工作过程。

3.49 FX$_{2N}$ 系列 PLC 有什么特点？

3.50 输入继电器有哪些特点？其编号范围是什么？

3.51 辅助继电器是用什么来实现的？它相当于继电器控制系统中的什么继电器？

五、综合题

3.52 写出如图 3.104 所示梯形图的指令语句。

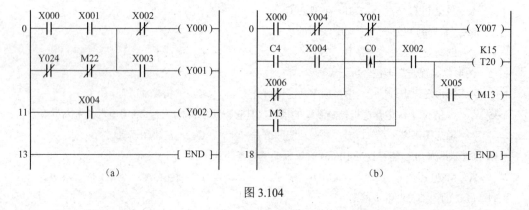

图 3.104

3.53 分别画出表 3.26、表 3.27 对应的梯形图。

表 3.26　指令表

0	LD	X000	4	ORB		8	AND	X007	12	AND	M1
1	AND	X001	5	LD	X004	9	ORB		13	ORB	
2	LD	X002	6	AND	X005	10	ANB		14	AND	M2
3	ANI	X003	7	LD	X006	11	LD	M0	15	OUT	Y004

表 3.27　指令表

0	LD	X000	6	MRD		12	ANB		18	OR	X011
1	MPS		7	LD	X003	13	OUT	Y001	19	ANB	
2	LD	X001	8	AND	X004	14	MPP		20	ANI	X012
3	OR	X002	9	LD	X005	15	AND	X007	21	OUT	Y003
4	ANB		10	AND	X006	16	OUT	Y002			
5	OUT	Y000	11	ORB		17	LD	X010			

3.54　根据图 3.105 所示的波形图，设计其相应的控制梯形图，并写出指令语句。

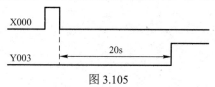

图 3.105

3.55　有 3 个灯，要求 SB1、SB2、SB3 这 3 个按钮中的任意一个被按下时，灯 HL1 亮；任意两个被按下时，灯 HL2 亮；3 个同时被按下时，灯 HL3 亮；没有任何按钮被按下时，所有灯不亮。试设计梯形图程序。

3.56　试设计一个延时 24 小时的定时器。

3.57　用一个按钮控制一盏灯，每按一次按钮，灯亮 5s 后自动熄灭，如果连续按两次按钮，灯常亮不灭，再次按下按钮灯才能熄灭。

3.58　某控制系统有 3 台电动机，当按下启动按钮 SB1 时，润滑电动机启动；运行 5s 后，主电动机启动；运行 10s 后，冷却泵电动机启动，当按下停止按钮 SB2 时，主电动机立即停止；主电动机停 5s 后，冷却泵电动机停止；冷却泵电动机停 5s 后，润滑电动机停止。其中任一台电动机过载时，3 台电动机全停。

3.59　有一条生产线，用光电感应开关 X001 检测传送带上通过的产品，有产品通过时 X001 为 ON，如果在 10s 内没有产品通过，则发出灯光报警信号，如果在连续的 20s 内没有产品通过，则灯光报警的同时发出声音报警信号，用 X000 输入端开关解除报警信号，画出梯形图，并写出指令语句。

3.60　设计一个小型 PLC 控制系统，实现对某锅炉的鼓风机和引风机控制。要求鼓风机比引风机晚 12s 启动，引风机比鼓风机晚 15s 停机，其时序波形图如图 3.106 所示。试画出 PLC 控制的 I/O 接线图及梯形图。

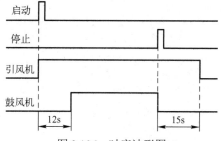

图 3.106　时序波形图

项目 3 考核评价表

考核项目	评价标准	评价方式	考核方式	分数权重	按任务评价					
					一	二	三	四	五	六
接线安装	1. 根据控制任务确定 I/O 分配 2. 画出 PLC 控制 I/O 接线图 3. 布线合理，接线美观 4. 布线规范，无线头松动、压皮、露铜及损伤绝缘层	教师评价	操作	0.3						
编程下载	1. 正确输入梯形图或指令表 2. 会转换梯形图 3. 正确保存文件 4. 会传送程序		操作	0.3						
通电试车	按照要求和步骤正确检查、调试电路		操作	0.2						
安全生产及工作态度	自觉遵守安全文明生产规程，认真主动参与学习	小组互评	口试	0.1						
团队合作	具有与团队成员合作的精神		口试	0.1						
综合评价（此栏由指导教师填写）										

项目 4 FX2N 系列 PLC 的步进指令的编程及应用

党的二十大:"六个坚持"

——必须坚持人民至上,坚持自信自立,坚持守正创新,坚持问题导向,坚持系统观念,坚持胸怀天下。

项目描述

在工业控制中,除了过程控制系统外,大部分的控制系统属于顺序控制系统。顺序控制是指按照生产工艺预先规定的顺序,在各个输入信号的作用下,根据内部状态和时间的顺序,控制生产过程中的各个执行机构自动有序地进行操作的过程。本项目主要介绍可编程序控制器步进指令的编程方法,使学生能熟练使用步进指令进行编程设计。

知识目标

(1)掌握 FX2N 系列 PLC 的步进指令,学会设计较复杂程序。
(2)掌握状态转移图 SFC 的绘制方法。
(3)学会使用 GX-Developer V8 编程软件在计算机上编辑生成 SFC。

技能目标

(1)能够根据控制要求应用基本指令实现 PLC 控制系统的编程。
(2)能够按照顺序功能图通过不同的编程方法来灵活设计 PLC 程序。
(3)学会使用 SFC 进行 PLC 的编程。

任务 1 彩灯闪烁的 PLC 控制

任务描述

随着经济的不断繁荣和发展,各种装饰彩灯、广告彩灯越来越多地出现在城市中,装点我们的生活。本任务介绍 PLC 在不同变化类型的彩灯控制系统中的应用,灯的亮灭、闪烁时间及流动方向的控制均通过 PLC 来实现。

任务目标

(1)掌握步进指令 STL、RET、ZRET 的编程方法。
(2)学习 PLC 控制的彩灯闪烁的程序编制,并能正确完成下载、运行、调试及监控。
(3)掌握状态继电器 S 的功能应用。
(4)掌握特殊辅助继电器 M8002 的使用。

知识储备

32 状态转移图
的绘制

一、状态转移图

状态转移图可将一个复杂的控制过程分解为若干个工作状态，弄清楚每个工作状态的作用、转移到其他工作状态的方向和条件，再根据控制顺序的要求，把所有的工作状态连接起来，就形成了状态转移图。

1. 状态转移图的组成要素

状态转移图是一种用于描述顺序控制系统的编程语言，主要由步、转移和动作组成。

（1）步。所谓的"步"是指控制过程中的一个特定状态。它又分为初始步和工作步，状态转移图中初始步用双线框表示，工作步用单线框表示。初始步表示一个控制系统的初始状态，故每个控制系统都必须有初始步，初始步可以没有具体完成的动作。当转移条件被满足时，转移条件所指向的工作步就被激活为活动步。活动步可以驱动具体的输出，完成相应的动作。

（2）转移。转移分为转移方向（有向连线）和转移条件。

在状态转移图中，随着时间的推移和转移条件的满足，将会使步的活动状态随之移动，它的移动路线和方向由有向连线来决定。所谓有向连线是指步与步之间的连线。步的活动状态一般是从上到下或者从左到右的，故在这两个方向上的有向连线的箭头可以省略，但如果不是这两个方向上的，就应该在有向连线上用箭头注明移动方向。

因状态转移图涉及到状态的转移，所以在步与步之间必须要有转移条件。通常用垂直于有向连线的短线来表示，在短线旁边标注出从前一步的活动步转移到下一步的转移条件。转移条件通常用文字语言、逻辑方程或图形符号表示。如转移条件 X、$\overline{X}$ 分别表示当逻辑信号为 ON 和 OFF 时，状态转移。

在使用状态转移图时要注意，转移的前一步必须是活动步，当转移条件满足后，当前步变为活动步，前一步被自动复位，即由完成前一步动作，转移到执行下一步动作。

（3）动作。动作是指某步处于活动步状态时，PLC 向被控系统发出命令，如输出继电器 Y000 线圈得电。

下面举例说明，如图 4.1 所示。

在图 4.1 中，S0、S20、S21 所在的位置都为"步"，因 S0 用双线框表示，故 S0 是初始步，它的右侧没有驱动任何输出，所以它可以不完成具体的工作。当 PLC 开始运行时，M8002 产生一个初始化脉冲使初始状态 S0 置 1，在 X001 置 1 后，状态转移到 S20，使 S20 置 1，S20 所在的步成为活动步，同时 S0 自动复位，S20 驱动 Y001 得电。当 X002 置 1 后，状态向下转移到 S21，使 S21 置 1，S21 所在的步成为活动步，S20 复位，S21 驱动 Y002 得电。当 X003 被置 1 后，状态重新回到 S0 的初始态停下来。在图 4.1 中，S0 与 S20 之间的连接线为有向连线，说明了状态转移路线和方向是从上到下，故箭头省略了。但从 S21 到 S0 的转移方向是从下到上，所以就需要箭头指明转移方向了。X001 就是从 S0 状态转移到 S20 状态的转移条件，在转移前 S0 是活动步，X001 置 1 条件满足后，S20 就变为活动步了。当 S20 为活动步时，输出继电器 Y001 线圈就得电动作了。

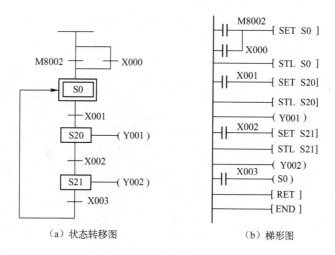

（a）状态转移图　　　　（b）梯形图

图 4.1　状态转移图举例

在绘制状态转移图时，应注意以下几点：

（1）状态转移图必须要有初始态。若没有该状态，一是无法表示系统的初始状态，二是系统无法返回到停止状态。

（2）若状态转移顺序不是从上到下、从左到右时，有向连线的箭头不能省略。

（3）步与步之间不能直接连接，必须要有转移条件将两步隔开。在步的活动状态转移过程中，相邻两步的状态继电器会同时接通一个扫描周期，会引发瞬时双线圈问题。如在状态转移图中同一定时器的线圈可以在不同的步中使用，这样可以节省定时器的使用数量。但有一种情况除外，即相邻两步不能使用同一定时器。若同一定时器的线圈用在相邻两步上，在步的活动状态转移时，该定时器的线圈还没断开，又被下一活动步启动计时，导致定时器的当前值不能复位，无法正常运行。如果软件无法解决双线圈问题，也可试试从硬件方面解决。

2．状态转移图的结构

从结构上状态转移图可分为单序列、选择序列、并行序列、跳转与循环序列。

（1）单序列。如图 4.2（a）所示，单序列的状态转移只有一种顺序，所有的步依次被激活，每步后面只有一个转移，每个转移后面也只有一个步。图 4.2（a）中，从 S0 到 S21 被顺序激活，两步之间的转移条件只有一个。

33　单序列状态
转移图

（2）选择序列。如图 4.2（b）所示，选择序列用单水平线表示，选择序列的开始称为分支，在一个步后可以有两条或两条以上的分支，但每次只能从多个分支中选择其中的一条分支执行。为保证只选择一条分支执行，应对各分支的转移条件加以约束。各条分支的转移条件标注在水平线以下。在图 4.2（b）中有两条分支，当 S20 为活动步时，若 X001 被置 1，则活动步将转移到 S21，S21 所在的分支被执行；若 X002 被置 1，则活动步将转移到 S31，S31 所在的分支被执行。

34　选择序列
状态转移图

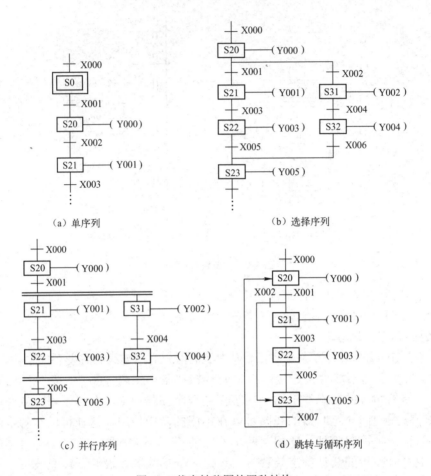

（a）单序列 （b）选择序列

（c）并行序列 （d）跳转与循环序列

图 4.2　状态转移图的四种结构

选择序列的结束称为合并，几个选择序列合并到一个公共序列时，各分支的转移条件汇合在同一单水平线，其后直接接公共步。图 4.2（b）中，不管哪条分支被执行，只要对应的转移条件（X005 或 X006）满足，都可以使 S23 被激活。

（3）并行序列。如图 4.2（c）所示，并行序列的结构和选择序列相似，但也有不同。并行序列用的是双水平线表示，当满足某一转移条件后，几条分支被同时激活，各自完成所在分支的全部动作，在所有分支的动作都完成，且转移条件满足后，状态转移至公共步，故该转移条件必须出现在双水平线下。

35　并行序列状态转移图

在图 4.2（c）中，当 S20 为活动步，X001 置 1 后，S21、S31 所在的两条分支同时被执行，没有先后之分。当各分支的动作全被执行完（先执行完的要等后执行完的），且 X005 被置 1，则 S23 被激活。

（4）跳转与循环序列。如图 4.2（d）所示，跳转序列是表示执行过程中跳过了某些步（状态），循环序列是指重复执行某些状态。

在图 4.2（d）中，当 S20 是活动步，而 X002 被置 1 时，状态直接跳过了 S21、S22，S23 被直接激活，这就是跳转。跳转有向后跳转、向前跳转、向外程序跳转和自复位跳转。若 X001

被置 1 时，程序中的工作步 S20 到 S23 依次被激活，当 S23 成为活动步，且 X007 被置 1 时，状态重新转移到 S20，再进行下一次循环，这就是循环序列。

二、状态继电器（S）

在图 4.1 中所示的 S 是状态继电器，它也是 PLC 的软元件之一，是组成状态转移图的重要部分。它除了在状态转移图中使用外，也可作为一般的辅助继电器使用，其触点在梯形图中使用次数不受限制。在 FX_{2N} 中共有 1000 个状态继电器，其编号、用途如表 4.1 所示。

表 4.1　FX_{2N} 状态继电器

类　别	元件编号	个　数	用途及特点
初始状态	S0～S9	10	用于表示 SFC 的初始状态
返回状态	S10～S19	10	多运行控制模式当中，用于表示返回原点的状态
一般状态	S20～S499	480	用于表示 SFC 的中间状态
掉电保持状态	S500～S899	400	具有掉电保持功能，用于停电恢复后继续执行的场合
信号报警状态	S900～S999	100	用于表示报警元件使用

三、步进顺控指令

FX_{2N} 系列 PLC 为编程人员提供了两条步进指令 STL 和 RET。STL 是步进开始指令，RET 是 STL 的复位指令，即步进结束指令。使用这两条指令可以方便地编制出顺序控制梯形图或指令程序。

1. STL 指令

STL 是表示步进开始的指令，只能用于状态继电器 S。当某一步被激活为活动步时，对应的 STL 触点接通，该步的负载线圈被驱动，若后面的转移条件满足时，就执行转移，即后步的状态继电器被 SET 或 OUT 置位，该步被复位，所对应的 STL 触点断开，其对应的负载线圈复位（SET 驱动的除外）。

在使用 STL 指令时需要注意以下几点：

（1）STL 可以直接驱动或通过别的触点驱动 Y、M、S、T 等元件的线圈或应用指令。驱动负载用 OUT 指令。

（2）因 PLC 只执行活动的步对应的电路块，故使用 STL 指令可以允许双线圈输出，但须注意同一软元件的多个线圈不能同时出现在同一活动步的 STL 区域内。

（3）STL 指令在同一程序中对某一状态继电器只能使用一次，不能重复使用，说明控制编程中同一状态只能出现一次，否则会引起程序执行错误。

（4）同一定时器可在程序中出现多次，以节省定时器个数。但因相邻两步的状态继电器会同时接通一个扫描周期，故同一定时器不能出现在相邻的两步中。

（5）顺序不连续转移（跳转）过程中不能使用 SET 指令状态转移，应用 OUT 指令进行状态转移。

2. RET 指令

RET 是步进结束指令，使程序重新回到主母线上。

四、初始状态编程

在步进顺控指令编制的程序中，应特别注意初始步的进入条件，初始步可由其他状态继电器驱动，但是最开始运行时，初始状态处必须用其他方法预先驱动，使之处于工作状态。初始步由 PLC 启动运行，使特殊辅助继电器 M8002 接通，从而使状态继电器 S0 置 1。

M8002 称为初始化脉冲，在 PLC 每一次由 STOP 到 RUN 状态时有效，即初始态 S0 被 M8002 激活为"活动步"。但 M8002 只在 PLC 初次通电时具有复位功能，一旦程序开始被执行，要想完成停止复位或保护复位，就要借助于其他的复位条件，如图 4.1 中与 M8002 并联的 X000。

下面通过一个单序列的编程说明。

如图 4.3 所示的小车在一个周期内的运动由 S20～S23 代表的 4 步组成，S0 是初始步。假设小车位于原点（最左端），X000 为 ON，系统处于初始步，当 PLC 由 STOP 转换到 RUN

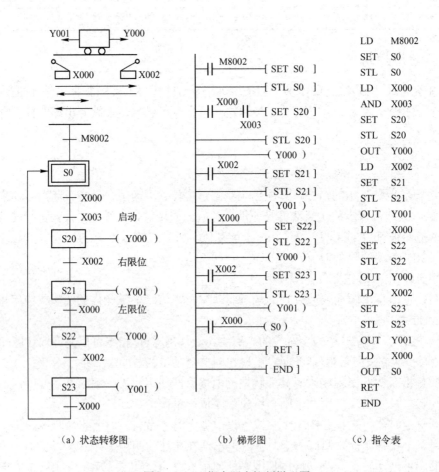

（a）状态转移图 （b）梯形图 （c）指令表

图 4.3 STL 指令顺序控制梯形图

状态时，M8002 将 S0 置 1 变为活动步。按下启动按钮 X003，步 S0 到步 S20 的转换条件满足，系统由初始步转换到步 S20。S20 的 STL 触点接通后，Y000 的线圈"通电"，小车右行，行至最右端时，限位开关 X002 变为 ON，使 S21 置位，S20 被系统程序置为 OFF 状态，小车变为左行，小车将这样一步一步地顺序运行下去。第二次左行碰到限位开关 X000 时，返回起始点，并停留在初始步。

在该例中，PLC 初始通电时，将初始步 S0 激活为活动步，才能进行下面一系列的动作。

五、区间复位指令 ZRST

区间复位指令 ZRST（FNC40）可将［D1·］～［D2·］指定的元件号范围内的同类元件成批复位，目标操作数可取 T、C 和 D（字元件）或 Y、M、S（位元件）。该指令只有 16 位运算方式。

［D1·］和［D2·］指定的应为同类元件，［D1·］的元件号应小于［D2·］的元件号。如［D1·］的元件号大于［D2·］的元件件号，则只有［D1·］指定的元件被复位。如图 4.4 所示的功能是当 X001 为 ON 时，Y000 到 Y027 清"0"。

虽然 ZRST 指令是 16 位处理指令，［D1·］、［D2·］也可以指定 32 位计数器。除了 ZRST 指令外，可以用 RST 指令复位单个元件。用多点写入指令 FMOV 将 K0 写入 KnY、KnM、KnS、C 和 D 中，可以将它们复位。

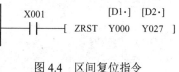

图 4.4　区间复位指令

技能操作

1. 操作目的

（1）独立完成彩灯的 PLC 控制电路接线与安装。

（2）掌握 SFC 单流程的编程设计。

（3）进一步熟悉用 GX-Developer V8 编程软件设计 SFC 的使用方法。

2. 操作器材

（1）可编程控制器 1 台（FX$_{2N}$-48MR）。

（2）彩灯控制板。

（3）连接导线若干。

（4）安装有 GX-Developer V8 编程软件的计算机 1 台。

3. 操作要求

控制要求为：三盏彩灯 HL1、HL2、HL3，按下启动按钮，HL1 点亮；1s 后 HL1 灭、HL2 点亮；1s 后 HL2 灭、HL3 点亮；1s 后 HL3 灭，1s 后 HL1、HL2、HL3 全亮；1s 后 HL1、HL2、HL3 全灭；1s 后 HL1、HL2、HL3 全亮；1s 后 HL1、HL2、HL3 全灭；1s 后 HL1 点亮……如此循环；按停止按钮后系统停止运行。

4. 用户程序

（1）I/O 地址分配如表 4.2 所示。

（2）画 PLC 的外部接线图，如图 4.5 所示。

表 4.2　I/O 地址分配表

输入端	启动按钮 SB1	X000
	停止按钮 SB2	X001
输出端	彩灯 HL1	Y001
	彩灯 HL2	Y002
	彩灯 HL3	Y003

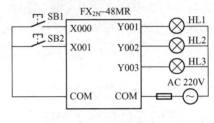

图 4.5　PLC 外部接线图

（3）程序设计。根据上述控制要求，可将整个工作过程分为 9 个状态，每个状态的功能分别为 S0（初始复位及停止复位）、S20（HL1 点亮）、S21（HL2 点亮）、S22（HL3 点亮）、S23（全灭）、S24（HL1、HL2、HL3 全亮）、S25（全灭）、S26（HL1、HL2、HL3 全亮）、S27（全灭）；状态的转移条件分别为初始脉冲 M8002、启动按钮（X000）及 T0～T7 的延时闭合触点控制。其状态转移图和梯形图如图 4.6 所示。

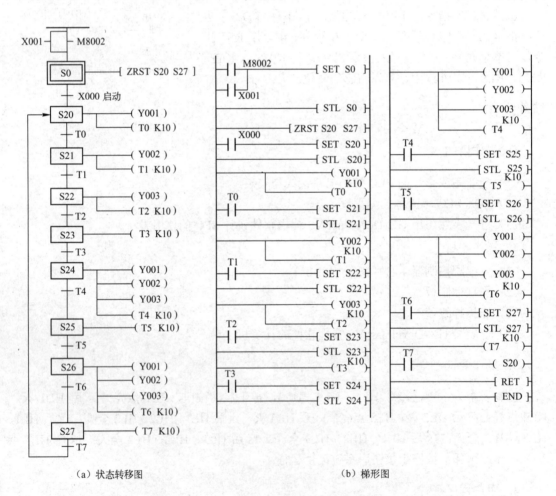

（a）状态转移图　　　　　　　　　　　　（b）梯形图

图 4.6　彩灯闪烁控制的 PLC 状态转移图和梯形图

5．程序调试

用编程软件将梯形图输入 PLC,然后将 PLC 置于 RUN 状态,运行程序,按下启动按钮 SB1,观察彩灯闪烁情况是否与控制要求一致,如果动作情况和控制要求一致,表明程序正确,保存程序;如果发现彩灯闪烁情况和控制要求不相符,应仔细分析,找出原因,重新修改,直到彩灯闪烁情况和控制要求一致为止。

6．注意事项

(1) PLC 的 I/O 接拆线应在断电情况下进行,即先接线,后上电;先断电,后拆线。

(2) 调试单元和实验板上的插线不能插错或短路。

(3) 调试中如 PLC 的 CPU 状态指示灯报警,应分析原因,排除故障后再继续运行程序。

(4) 遵守电工操作规程。

7．思考题

(1) 在图 4.6 中可能使用同一个定时器吗?

(2) 在图 4.6 中为什么要使用区间复位指令 ZRST?

知识拓展　LED 数码管的 PLC 控制

控制要求:开关闭合后,LED 数码管显示的规律是 A→B→C→D→E→F→G→H→A→B→C···时间间隔是 1s,每隔 1s 数码管显示一段,任何时候开关断开后,LED 数码管显示过程继续进行,最后停在初始步,所有灯都灭。

(1) I/O 地址分配如表 4.3 所示。

表 4.3　I/O 地址分配表

输　入　端	开关 K	X000
输出端	A	Y000
	B	Y001
	C	Y002
	D	Y003
	E	Y004
	F	Y005
	G	Y006
	H	Y007

(2) 画出 PLC 的外部接线图和状态转移图,如图 4.7 所示。

要求:用编程软件 GX-Developer V8 编辑数码管点亮的 PLC 控制的梯形图,并通电调试运行。

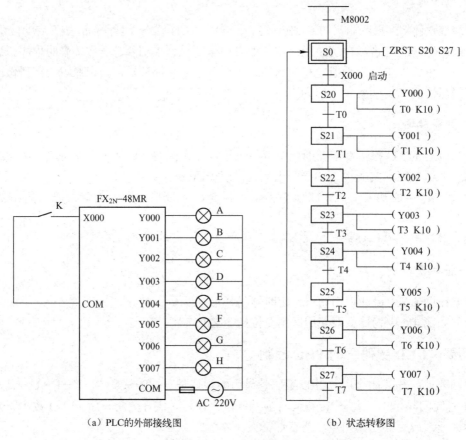

(a) PLC的外部接线图　　　　(b) 状态转移图

图 4.7　数码管点亮的 PLC 外部接线及状态转移图

任务 2　电动机正、反转能耗制动的 PLC 控制

任务描述

在现代数控机床中，电动机正、反转能耗制动的 PLC 控制是最常用的控制方式之一，通过时间继电器 T 的延时，达到控制电动机正、反转能耗制动的目的。本任务主要介绍电动机正、反转能耗制动顺序控制系统的选择性流程的编程设计与调试运行。

任务目标

（1）掌握 PLC 控制的电动机正、反转能耗制动 I/O 分配和接线。

（2）进一步熟悉定时器 T 和步进指令应用。

（3）学会 SFC 选择性流程的编程和设计方法。

知识储备

1. 选择性分支的编程方式

如图 4.8 所示，这是一个电动机正、反转的控制程序。由 M8002 激活初始步 S0，如果先按下正转启动按钮 X000，步 S20 被激活为活动步，Y000 线圈得电，电动机正转；如果先按下反转启动按钮 X001，步 S21 被激活为活动步，Y001 线圈得电，电动机反转。按下停机按钮 X002，电动机停机。

选择序列设计方法与单序列的设计方法基本上一样。如果在某一步的后面有 N 条选择序列的分支，则该步的 STL 触点开始的电路块中应有 N 条分别指向各转换条件和转换目标的并联电路。例如图 4.8 中，步 S0 之后的转换条件为 X000 和 X001，可以分别对应进展到步 S20 和步 S21。

2．选择性合并的编程方式

在选择分支结束时，N 条分支通过相应的转移条件，最后都会汇集到某一共同状态（公共步）上去。不管哪条分支的转移条件满足都可使状态转移到公共步。同时系统程序将原来的活动步变为不活动步。每条分支的转移条件可以相同也可不同，如图 4.8 所示，不论是步 S20 还是步 S21 转移到步 S0 的转移条件都是 X002。

状态图对应的梯形图结束时，一定要使用 RET 指令，才能使 LD 点回到左侧的主母线上，否则系统将不能正常工作。

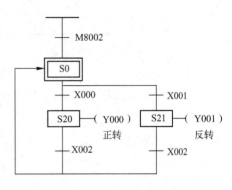

图 4.8　电动机正、反转顺序控制图

技能操作

1．操作目的

（1）独立完成电动机正、反转能耗制动的 PLC 控制电路接线与安装。
（2）掌握 SFC 选择性触发的编程设计。
（3）进一步熟悉用 GX-Developer V8 编程软件设计 SFC 方法。

2．操作器材

（1）可编程控制器 1 台（FX$_{2N}$-48MR）。
（2）电动机正、反转能耗制动实验板。
（3）连接导线若干。
（4）安装有 GX -Developer V8 编程软件的计算机 1 台。

3．操作要求

按下正转启动按钮后，电动机开始正转，按下制动按钮，电动机 3s 后停转；当按下反转启动按钮后，电动机反转，按下制动按钮，电动机 3s 后停转。

4．用户程序

（1）I/O 地址分配如表 4.4 所示。

表 4.4　I/O 地址分配表

输入端	正转启动按钮 SB1	X000
	反转启动按钮 SB2	X001
	制动按钮 SB3	X002
	热继电器触点 FR	X003
输出端	电动机正转接触器 KM1	Y000
	电动机反转接触器 KM2	Y001
	制动接触器 KM3	Y002

（2）画 PLC 的外部接线图，如图 4.9 所示。

（3）PLC 程序设计。用 PLC 进行正、反转能耗制动控制时，按下正转启动按钮，电动机正转，按下制动按钮，3 秒钟后制动接触器断开。若按下反转启动按钮，电动机反转，按下制动按钮，3 秒钟后制动接触器断开。若热继电器动作，正、反转接触器及制动接触器全部断开。从安全的角度考虑，S22 起到延时的作用。状态转移图如图 4.10 所示，梯形图如图 4.11所示。

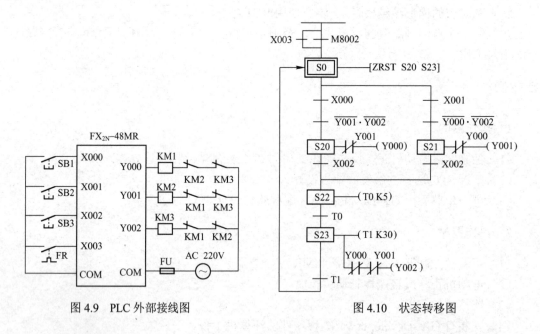

图 4.9　PLC 外部接线图　　　　　图 4.10　状态转移图

5. 程序调试

用编程软件将梯形图输入 PLC 后，将 PLC 置于 RUN 状态，运行程序，分别按下正、反启动按钮，观察电动机运行情况是否与控制要求一致，如果动作情况和控制要求一致，表明程序正确，保存程序；如果发现电动机运行情况和控制要求不相符，应仔细分析，找出原因，重新修改，直到电动机运行情况和控制要求一致为止。

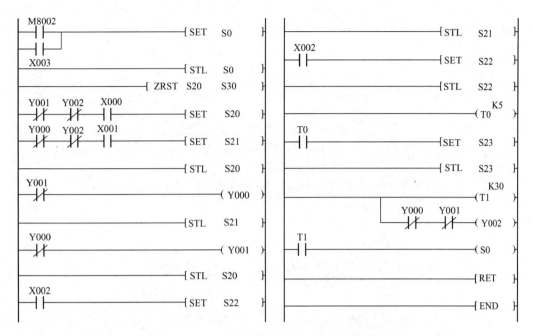

图 4.11　正、反转能耗制动 PLC 控制的梯形图

6. 注意事项

（1）PLC 的 I/O 接拆线应在断电情况下进行，即先接线，后上电；先断电，后拆线。

（2）调试单元和实验板上的插线不能插错或短路。

（3）调试中如 PLC 的 CPU 状态指示灯报警，应分析原因，排除故障后再继续运行程序。

（4）遵守电工操作规程。

7. 思考题

（1）设置 S22 状态继电器目的是什么？

（2）制动接触器线圈 Y002 控制行中，为什么要设置 Y000、Y001 常闭触点？

（3）选择性分支的状态转移图有何特点？

知识拓展　大、小球分拣操作系统的 PLC 控制

控制要求：机械手在左限位及上限位位置并且不吸球为初始条件，满足初始条件的前提下，按下启动按钮后机械臂下降，根据球（当碰铁压着的是大球时，未碰到限位开关 SQ2，则 SQ2 不动作；如果碰铁压着的是小球，则 SQ2 动作，以此判断是大球还是小球）大小不同按以下不同流程工作：如果是大球→把球吸住→上升→至上限位（SQ3 动作）→右行→至大球的右限位（SQ5 动作）→下行→至下限位（SQ2 动作）→释放大球→上升→至上限位（SQ3 动作）→左行→至左限位（SQ1 动作回到原点）；如果是小球→把球吸住→上升→至上限位（SQ3 动作）→右行→至小球的右限位（SQ4 动作）→下行→至下限位（SQ2 动作）→释放→上升→至上限位（SQ3 动作）→左行→至左限位（SQ1 动作回到原点）。机械

装置左、右移分别由 Y004、Y003 控制，上升、下降分别由 Y002、Y000 控制，将球吸住由 Y001 控制。抓球和释放球的时间均为 1s。如图 4.12 所示是大、小球分拣操作系统示意图。

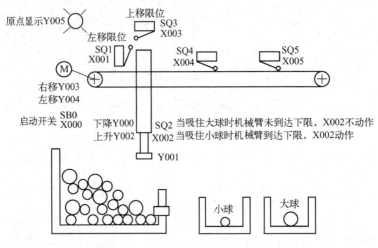

图 4.12　大、小球分拣操作系统示意图

（1）I/O 地址分配如表 4.5 所示。

表 4.5　I/O 地址分配表

输入端	检测小球的有无 SW	X000
	左限位开关 SQ1	X001
	下限位开关 SQ2	X002
	上限位开关 SQ3	X003
	放小球的限位开关 SQ4	X004
	放大球的限位开关 SQ5	X005
	启动按钮 SB2	X006
	停止按钮 SB3	X007
输出端	机械臂下降	Y000
	电磁吸盘	Y001
	机械臂上升	Y002
	机械臂右移	Y003
	机械臂左移	Y004
	原点指示灯	Y005

（2）画出 PLC 的外部接线图和状态转移图，如图 4.13 所示。

要求： 用编程软件 GX-Developer V8 编辑大、小球分拣操作系统的 PLC 控制的梯形图，并通电调试运行。

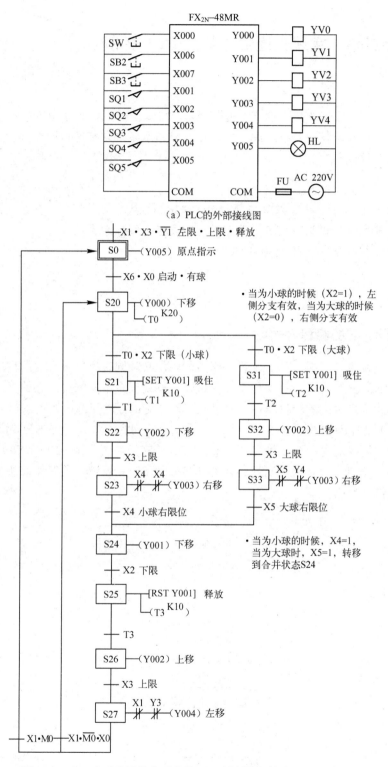

图 4.13 大、小球分拣操作系统的 PLC 控制外部接线及状态转移图

任务 3　步进指令实现交通信号灯的 PLC 控制

任务描述

　　在现代城市中，十字路口都设有交通信号灯，根据南北、东西方向行车流量合理地设置通行时间，以确保行车畅通和行人安全，本任务介绍十字路口交通信号灯 PLC 顺序控制编程设计、运行和调试。

任务目标

　　（1）掌握 PLC 控制的十字路口交通灯 I/O 分配和接线。
　　（2）进一步熟悉步进指令应用，学会并行性流程的编程方法。
　　（3）掌握特殊辅助继电器 M8013 的作用。

知识储备

　　M8013 是 1s 时钟脉冲发生器，其常开触点每 1s 闭合一次。

一、并行分支的编程方式

　　并行序列是由两个及以上的分支程序组成的，但必须同时执行各分支的程序。并行序列和选择序列类似，也要先进行驱动处理，再进行转移处理。不同的是，它的多条分支同步执行，不存在满足哪条分支的转移条件，就只取该条分支执行的问题。如图 4.14 所示，这是一个剪板机控制的状态转移图。步 S22 之后有一个并行序列的分支，当步 S22 为活动步，限位开关 X002 动作，将发生步 S22 到步 S23 和步 S25 的转换。因此用 S22 和 X002 的常开触点组成串联电路，来使两个后续步对应的元件（S23 和 S25）置位，同时将前级步对应的元件 S22 复位（见图 4.15）。

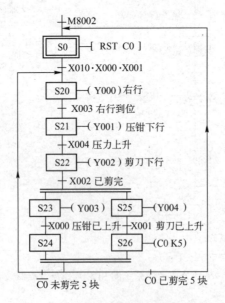

图 4.14　剪板机控制的状态功能转移图

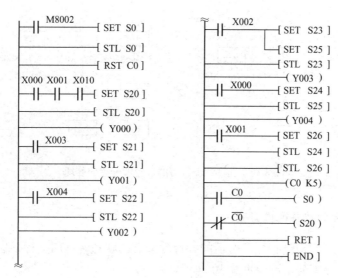

图 4.15　剪板机控制的梯形图

步 S24 和步 S26 是等待步，它们用来同时结束两个并行序列。压钳和剪刀均上行到位后，限位开关 X000 和 X001 均动作，步 S24 和步 S26 都变为活动步。如果未剪完 5 块料，C0 的常闭触点闭合，转换条件 $\overline{C0}$ 满足，就会发生步 S24 和步 S26 到步 S20 的转换，步 S24 和步 S26 变为不活动步，而步 S20 变为活动步。

在并行序列的合并处，用前级步 S24 和步 S26 的常开触点和转换条件 C0 的常闭触点组成串联电路，对后续步对应的元件 S20 置位，并对两个前级步对应的步 S24 和步 S26 复位。

如果步 S24 和步 S26 都变为活动步，且剪完了 5 块料，C0 的常开触点闭合，转换条件 C0 满足，将会返回初始步，步 S24 和步 S26 变为不活动步，而步 S0 变为活动步，所以用前级步对应的 S24 和 S26 的常开触点和转换条件 C0 的常开触点组成串联电路，对后续步对应的元件 S0 置位，并对两个前级步对应的步 S24 和步 S26 复位。

二、并行汇合的编程方式

并行汇合的编程，也是要求先将汇合前的状态进行驱动处理，再按顺序向汇合状态进行转移处理。并行汇合最多只能实现 8 条分支的汇合。

三、分支、汇合的组合

在一些复杂的顺序控制中，往往会有选择性和并行性的分支、汇合组合在一起的情况。分支、汇合组合有以下几种情况。

1. 选择性汇合后的选择性分支

如图 4.16 所示，在对选择性汇合后的选择性分支的状态转移图进行编程时，要在选择性汇合后和下一个选择性分支前增设一步 S100，这一步是虚拟步，只起转换作用，并不是顺序控制中的某个状态，也不会有具体的输出。

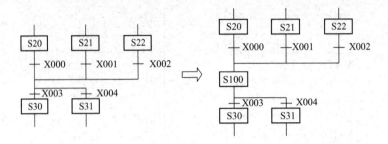

图 4.16　选择性汇合后的选择性分支的处理

2．选择性汇合后的并行性分支

如图 4.17 所示，在对选择性汇合后的并行性分支的状态转移图进行编程时，同样在选择性汇合后与并行性分支前增设一步 S110 即可。

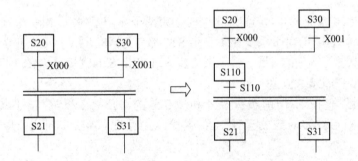

图 4.17　选择性汇合后的并行性分支的处理

3．并行性汇合后的选择性分支

如图 4.18 所示，在对并行性汇合后的选择性分支的状态转移图进行编程时，在并行性汇合与选择性分支之间增设一步 S120 即可。

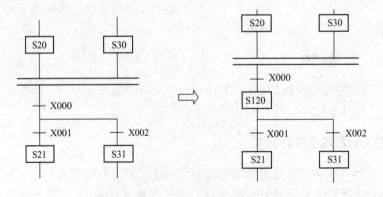

图 4.18　并行性汇合后的选择性分支的处理

4. 并行性汇合后的并行性分支

如图 4.19 所示，在对并行性汇合后的并行性分支的状态转移图进行编程时，在并行性汇合后的下一个并行性分支前增设一步 S130 即可。

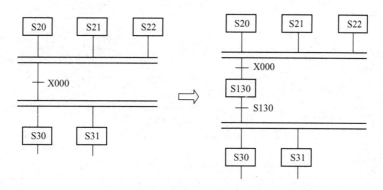

图 4.19　并行性汇合后的并行性分支的处理

技能操作

1．操作目的

（1）独立完成十字路口交通信号灯的 PLC 控制电路接线与安装。
（2）掌握 SFC 并行序列的编程设计。
（3）进一步熟悉用 GX-Developer V8 编程软件设计 SFC 的使用方法。

2．操作器材

可编程控制器 1 台（FX$_{2N}$-48MR）。
十字路口交通信号灯控制板。
连接导线若干。
安装有 GX-Developer V8 编程软件的计算机 1 台。

3．操作要求

控制要求如图 4.20（a）所示，按下启动按钮时，南北向红灯亮 15 秒，接着南北向绿灯亮 10 秒，闪 3 秒，再接着南北向黄灯亮 2 秒。在南北向红灯亮时，东西向绿灯亮 10 秒，闪 3 秒，东西向黄灯亮 2 秒，其后东西向的红灯亮 15 秒。要求循环运行，直到按下停止按钮，所有灯熄灭。

4．用户程序

（1）I/O 地址分配如表 4.6 所示。
（2）画 PLC 的外部接线图，如图 4.21 所示。

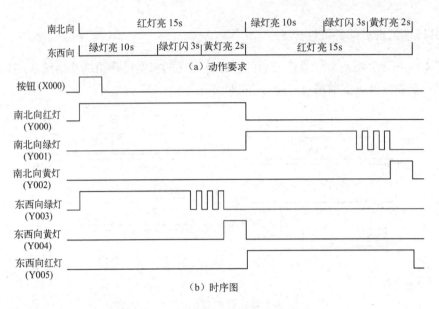

图 4.20　十字路口交通信号灯的控制

表 4.6　I/O 地址分配表

输入端	启动按钮 SB1	X000
	停止按钮 SB2	X001
输出端	南北向红灯	Y000
	南北向绿灯	Y001
	南北向黄灯	Y002
	东西向绿灯	Y003
	东西向黄灯	Y004
	东西向红灯	Y005

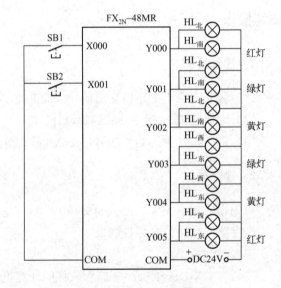

图 4.21　PLC 外部接线图

（3）程序设计。其状态图如图 4.22 所示，当 PLC 由 STOP 转到 RUN 状态时，首先由 M8002 激活 S0，将 S20 至 S33 进行成批复位。按下启动按钮 X000 后，并行分支同步被执行。当 S20 被激活为活动步时，南北向红灯（Y000）亮，15 秒后 S21 被激活为活动步，南北向绿灯（Y001）亮，10 秒后 S22 被激活为活动步，南北向绿灯闪 3 秒，3 秒后黄灯（Y002）亮 2 秒。在 S20 被激活的同时 S30 也被激活为活动步，东西向绿灯（Y003）亮，10 秒后 S31 被激活为活动步，东西向绿灯闪 3 秒，3 秒后东西向黄灯（Y004）亮，2 秒后 S33 被激活为活动步，东西向红灯亮，15 秒后 S0 再次被激活为活动步，程序自动进入下一次循环。当按下停止按钮 X001，S20 至 S33 被成批复位，所有灯熄灭，相应的梯形图如图 4.23 所示。

5. 程序调试

用编程软件将梯形图输入 PLC，然后将 PLC 置于 RUN 状态，运行程序，按下启动按钮 SB，观察交通信号灯点亮情况是否与控制要求一致，如果动作情况和控制要求一致，表明程序正确，保存程序；如果发现交通信号灯点亮情况和控制要求不相符，应仔细分析，找出原因，重新修改，直到交通信号灯点亮情况和控制要求一致为止。

6. 注意事项

（1）PLC 的 I/O 接拆线应在断电情况下进行，即先接线，后上电；先断电，后拆线。

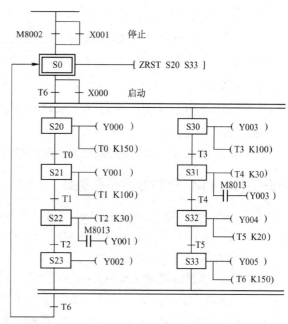

图 4.22 十字路口交通信号灯的控制的状态转移图

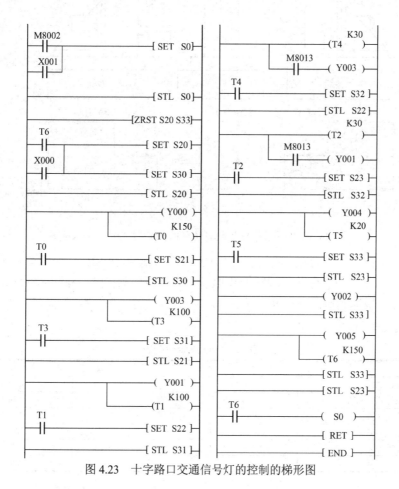

图 4.23 十字路口交通信号灯的控制的梯形图

（2）调试单元和实验板上的插线不能插错或短路。

（3）调试中如 PLC 的 CPU 状态指示灯报警，应分析原因，排除故障后再继续运行程序。

（4）遵守电工操作规程。

7. 思考题

（1）如何采用单序列方式设计十字路口交通信号灯控制的顺序功能图？绘制梯形图应该如何修改？

（2）在图 4.22 中，如何将 M8013 改为由定时器和计数器组成的振荡电路？

知识拓展　PLC 控制专用钻孔机床

专用钻孔机床控制系统（由 PLC 控制）工作示意图如图 4.24 所示，其控制要求如下：

（1）左、右动力头由主轴电动机 M1、M2 分别驱动。

（2）动力头的进给由电磁阀控制气缸驱动。

（3）工步位置由限位开关 SQ1~SQ6 控制。

（4）设 SB1 为启动按钮，限位开关 SQ0 闭合表示夹紧到位，限位开关 SQ7 闭合表示放松到位。

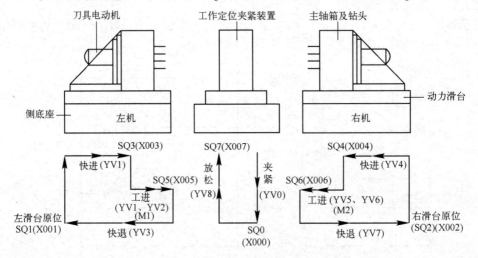

图 4.24　专用钻孔机床控制系统（由 PLC 控制）工作示意图

可循环的工作过程：当左、右滑台在原位时按下启动按钮 SB1→工件夹紧→左、右滑台同时快进→左、右滑台工进并启动动力头电动机→挡板停留(延时 3s) →动力头电动机停且左、右滑台分别快退到原处→松开工件。

I/O 地址分配如表 4.7 所示。

表 4.7　I/O 地址分配表

输 入 端		输 出 端	
启动按钮 SB1	X010	夹紧电磁阀 YV0	Y000
夹紧限位开关 SQ0	X000	电磁阀 YV1	Y001
限位开关 SQ1	X001	电磁阀 YV2	Y002
限位开关 SQ2	X002	电磁阀 YV3	Y003
限位开关 SQ3	X003	电磁阀 YV4	Y004
限位开关 SQ4	X004	电磁阀 YV5	Y005

输　入　端		输　出　端	
限位开关 SQ5	X005	电磁阀 YV6	Y006
限位开关 SQ6	X006	电磁阀 YV7	Y007
放松限位开关 SQ7	X007	电磁阀 YV8	Y010
		左动力头主轴电动机 M1	Y011
		右动力头主轴电动机 M2	Y012

（2）画出 PLC 的外部接线图和状态转移图，如图 4.25 所示。

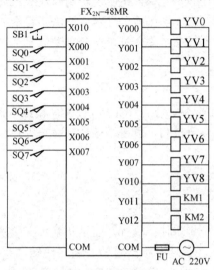

（a）外部接线图

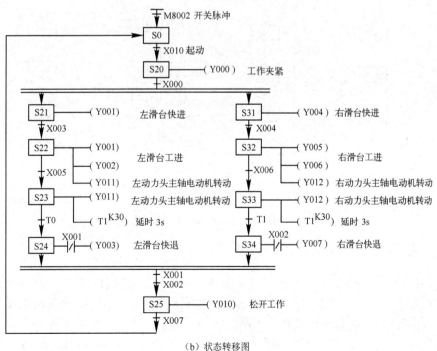

（b）状态转移图

图 4.25　PLC 的外部接线图和状态转移图

要求：用编程软件 GX-Developer V8 编辑专用镗床系统的 PLC 控制的梯形图，并通电调试运行。

任务4　工业全自动洗衣机的 PLC 控制

任务描述

随着旅游服务行业的迅速发展，PLC 控制的工业全自动洗衣机已经在大、中型宾馆广泛使用，它与采用电气控制系统和单片机系统实现控制的洗衣机相比，工作效率和稳定性大幅提高，故障率大幅降低。全自动洗衣机通过进水→洗涤→排水→脱水三次大循环后，蜂鸣器响起报警，洗衣过程结束。本任务主要介绍工业全自动洗衣机顺序控制系统的跳转与循环流程的编程设计与调试运行。

任务目标

（1）掌握 PLC 控制的工业全自动洗衣机 I/O 分配、接线与调试。

（2）进一步熟悉计数器和步进指令应用，学会跳转与循环流程的编程方法。

知识储备

一、跳转

跳转是指不是按照顺序一步步往下执行，而是从某步直接跳转到目的步的方式。跳转时要用箭头连线连接到目的步。跳转有顺向跳转、逆向跳转、程序间跳转及复位跳转等，如图 4.26 所示。跳转属于选择序列的一种特殊情况。跳转要用 OUT 指令，而不能用 SET 指令。

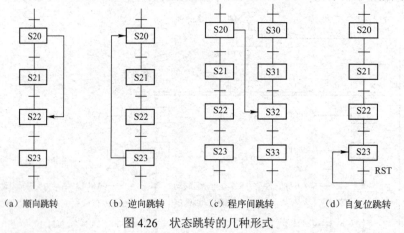

（a）顺向跳转　　（b）逆向跳转　　（c）程序间跳转　　（d）自复位跳转

图 4.26　状态跳转的几种形式

二、循环

循环是指在程序的某些步之间多次重复执行，也是状态转移图常见的结构。但循环时往往会要求有具体的循环次数，常用计数器进行控制。如图 4.27 所示，循环在 S23 与 S21 之间进行，由计数器 C0 控制循环次数。当循环次数不满 5 次时，转移条件"X003·$\overline{C0}$"被满足，程序自然在 S23 与 S21 间循环；当循环次数达到 5 次时，转移条件"X003·C0"被满足，活动步转移到 S24，要将 C0 复位。

技能操作

1．操作目的

（1）独立完成工业全自动洗衣机的 PLC 控制电路接线与安装。

（2）掌握 SFC 选择序列的编程设计。

（3）进一步熟悉用 GX-Developer V8 编程软件设计 SFC 的使用方法。

2．操作器材

可编程控制器 1 台（FX_{2N}-48MR）。

工业全自动洗衣机实验板。

电工常用工具 1 套。

连接导线若干。

安装有 GX-Developer V8 编程软件的计算机 1 台。

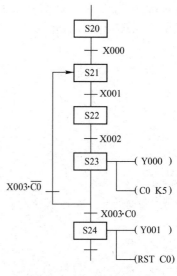

图 4.27 状 0 态循环形式

3．操作要求

设计一个用步进指令 STL 实现的全自动洗衣机的控制系统，其控制要求如下：按下启动按钮后，洗衣机开始进水，当达到高水位时，洗衣机进入洗涤状态，滚筒先正转 10 秒，暂停 2 秒，再反转 10 秒，暂停 2 秒，接着再正转，如此循环 3 次，洗涤结束；开始排水，当下降到低水位时开始脱水（排水不停），10 秒钟后脱水完成，如此为一个大循环。经过 3 次大循环后，洗衣机洗衣结束，蜂鸣器发出报警声，响 8 秒后，全过程结束，洗衣机自动停机。

4．用户程序

（1）I/O 地址分配如表 4.8 所示。

表 4.8　全自动洗衣机的 I/O 分配

输入端	启动按钮 SB1	X000
	停止按钮 SB2	X001
	高水位传感器 SL1	X002
	低水位传感器 SL2	X003
输出端	进水电磁阀 YV1	Y000
	电动机正转接触器 KM1	Y001
	电动机反转接触器 KM2	Y002
	排水电磁阀 YV2	Y003
	脱水电磁阀 YV3	Y004
	蜂鸣器	Y005

（2）画 PLC 的外部接线图，如图 4.28 所示。

（3）PLC 程序设计。全自动洗衣机用 PLC 进行正、反转控制时使用了定时器 T0 和 T1 保证电气互锁，它们分别作用在电动机由正转过渡到反转，或由反转过渡到正转过程中，保证正、反转切换时输出接触器 KM1 和 KM2 的输出变换有一定的时间差，防止接触器 KM1 和 KM2 切换引起电弧短路，以确保安全，其状态转移图如图 4.29 所示，梯形图如图 4.30 所示。

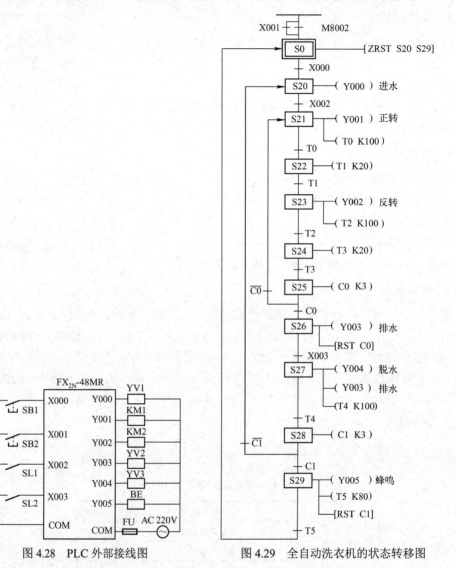

图 4.28　PLC 外部接线图　　　　图 4.29　全自动洗衣机的状态转移图

5. 程序调试

用编程软件将梯形图输入 PLC 后，将 PLC 置于 RUN 状态，运行程序，按下启动按钮 SB1，观察洗衣机运行情况是否与控制要求一致，如果动作情况和控制要求一致，表明程序正确，保存程序。如果发现运行情况和控制要求不相符，应仔细分析，找出原因，重新修改，直到洗衣机运行情况和控制要求一致为止。

6. 注意事项

（1）PLC 的 I/O 接拆线应在断电情况下进行，即先接线，后上电；先断电，后拆线。

（2）调试单元和实验板上的插线不能插错或短路。

（3）调试中如 PLC 的 CPU 状态指示灯报警，应分析原因，排除故障后再继续运行程序。

（4）遵守电工操作规程。

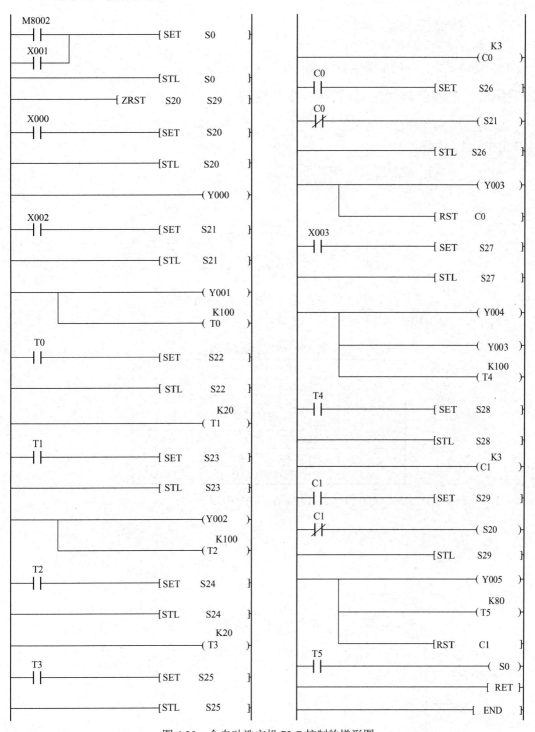

图 4.30　全自动洗衣机 PLC 控制的梯形图

7. 思考题

（1）如何修改正、反转洗涤时间？

（2）如何修改暂停时间？

（3）请画出本任务的报警电路梯形图。

知识拓展　工作台自动往返运行的 PLC 控制

控制要求：某工作台自动往返运行，要求实现 8 次循环后工作台停在原位（在 SQ1 处）。系统工作示意图如图 4.31 所示。

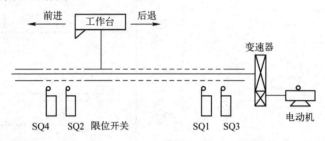

图 4.31　自动往返运行系统工作示意图

（1）I/O 地址分配如表 4.9 所示。

表 4.9　I/O 地址分配表

	工作台启动按钮 SB1	X001
	后退限位开关 SQ1	X002
输入端	前进限位开关 SQ2	X003
	后退限位保护开关 SQ3	X004
	前进限位保护开关 SQ4	X005
输出端	工作台前进接触器 KM1	Y001
	工作台后退接触器 KM2	Y002

（2）画 PLC 的外部接线图和状态转移图，如图 4.32 所示。

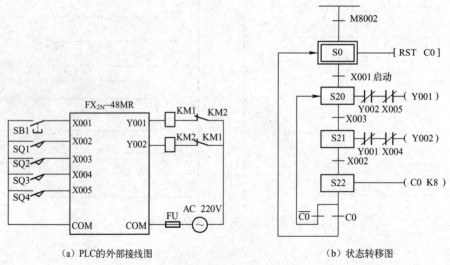

（a）PLC的外部接线图　　　　　（b）状态转移图

图 4.32　工作台自动往返运行的 PLC 控制外部接线及状态转移图

要求：用编程软件 GX-Developer V8 编辑工作台自动往返运行的 PLC 控制的梯形图，并通电调试运行。

项目 4 能力训练

一、填空题

4.1 步进顺控指令有两条，一条是_____指令，一条是_____指令。

4.2 状态转移图是一种用于描述_____的编程语言。

4.3 状态转移图中的"步"是指_____的状态，步又分为_____和_____。

4.4 FX$_{2N}$ 系列 PLC 状态继电器的编号从_____到_____，共_____点。

4.5 转移分为_____和_____。

4.6 初始步由 PLC 启动运行使特殊辅助继电器_____接通，从而使状态继电器 S0 置_____。

二、判断题（正确的打 √，错误的打 ×）

4.7 同一定时器可在程序中出现多次，以节省定时器个数。（　　）

4.8 通用状态继电器有 S20～S499 共 480 点。（　　）

4.9 断电保持状态继电器 S500～S899 共 400 点，要用指令 RST 复位。（　　）

4.10 步进控制中，随着状态动作的转移，原来的状态自动复位。（　　）

4.11 状态转移图可以没有初始步。（　　）

4.12 步与步之间不能直接连接，必须用转移条件将两步隔开。（　　）

三、选择题

4.13 STL 步进顺序功能图中 S10～S19 的功能是（　　）。

    A. 初始化　　　　　B. 回零点　　　　　C. 基本动作　　　　　D. 通用型

4.14 功能图中 S0～S9 的功能是（　　）。

    A. 初始化　　　　　B. 回零点　　　　　C. 基本动作　　　　　D. 通用型

4.15 与 STL 触点相连的触点应使用（　　）指令。

    A. LD 或 LDI　　　B. MC 或 MCR　　　C. CJ　　　　　　　D. CALL

4.16 没有并行分支的情况下，SFC 程序执行时，通常有（　　）个活动步。

    A. 1　　　　　　　B. 2　　　　　　　　C. 3　　　　　　　　D. 4

4.17 STL 触点驱动的电路块中不能使用（　　）指令。

    A. LD 或 LDI　　　B. MC 或 MCR　　　C. CJP 或 EJP　　　　D. AND 或 OR

4.18 下面哪条指令可以实现指定的元件号范围内的同类元件成批复位（　　）。

    A. ZRST　　　　　B. MOV　　　　　　C. RST　　　　　　　D. NOP

四、问答题

4.19 状态转移图有哪些要素？

4.20 状态转移图有哪几种结构？

4.21 在使用 STL 指令编程时，需要注意哪些问题？

4.22 并行序列的结构和选择序列的结构有什么区别？

五、设计题

4.23 粉末冶金制品压制机如图 4.33 所示。装好粉末后，按下启动按钮 X000，冲头下行；将粉末压紧后，压力继电器 X001 接通；保压延时 5s 后，冲头上行至 X002 接通；然后模具下行至 X003 接通。取走成品后，工人按下按钮 X005，模具上行至 X004 接通，系统返回初始状态。请画出状态转移图并设计出梯形图。

4.24　指出图 4.34 中的错误并改正。

4.25　设计出图 4.35 所示状态转移图的梯形图程序。

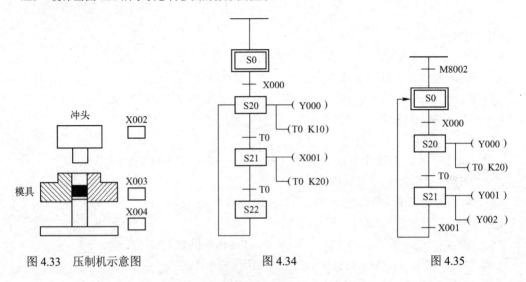

图 4.33　压制机示意图　　　　　　　图 4.34　　　　　　　　　　图 4.35

4.26　一台电动机先正转 5 秒，停 5 秒，再反转 5 秒，停 5 秒，再正转 5 秒……如此循环 5 次，电动机停止运行。用 PLC 实现对电动机的控制。要求用步进指令编程，画出状态转移图、梯形图并写出指令语句。

4.27　设计出图 4.36 所示状态转移图的梯形图程序。

4.28　设计出图 4.37 所示状态转移图的梯形图程序。

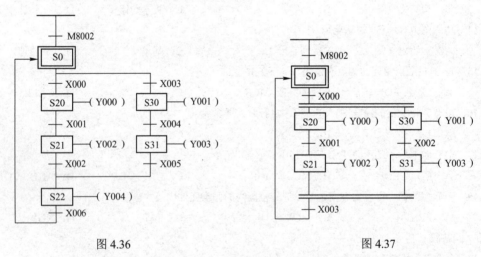

图 4.36　　　　　　　　　　　　　　　图 4.37

4.29　如图 4.38 所示是两种液体混合的装置。初始状态时，容器是空的，电磁阀 YVA、YVB、YVC 为 OFF，液面传感器 SL1、SL2、SL3 为 OFF，搅拌电动机 M 为 OFF。当按下启动按钮时，打开 YVA 先注入 A 液体，液面上升到 SL2 时，YVA 关闭；YVB 打开注入 B 液体，液面上升到 SL3 时，YVB 关闭；搅拌机 M 开始搅拌，100 秒后，M 停止；YVC 打开，搅拌好的混合液体流出，当液面下降到 SL1 时，再过 10 秒，容器被放空，关闭 YVC；再打开 YVA，进入下一周期的工作。当按下停机按钮后，必须等本周期动作结束后，才停止工作。用 PLC 实现对两种液体混合的控制。要求用步进指令编程，画出状态转移图、梯形图并写出指令语句。

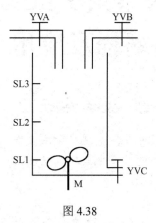

图 4.38

项目 4 考核评价表

考核项目	评价标准	评价方式	考核方式	分数权重	按任务评价			
					一	二	三	四
接线安装	1. 根据控制任务确定 2. 画出 PLC 控制 I/O 接线图 3. 布线合理、接线美观 4. 布线规范，无线头松动、压皮、露铜及损伤绝缘层	教师评价	操作	0.3				
编程下载	1. 正确输入梯形图或指令表 2. 会转换梯形图 3. 正确保存文件 4. 会传送程序		操作	0.3				
通电试车	按照要求和步骤正确检查、调试电路		操作	0.2				
安全生产及工作态度	自觉遵守安全文明生产规程，认真主动参与学习	小组互评	口试	0.1				
团队合作	具有与团队成员合作的精神		口试	0.1				
综合评价（此栏由指导教师填写）								

项目 5　FX$_{2N}$ 系列 PLC 的功能指令的编程及应用

党的二十大：**"两步走"战略安排**

——从二〇二〇年到二〇三五年基本实现社会主义现代化；从二〇三五年到本世纪中叶把我国建成富强民主文明和谐美丽的社会主义现代化强国。

项目描述

PLC 为了实现比较复杂的控制功能，除前面介绍的基本操作指令外，还有功能指令。功能指令也叫应用指令，实质上就是一些功能不同的子程序，合理、正确地使用功能指令，对优化程序结构、提高应用系统的功能、简化一些复杂问题的处理有着重要的作用。本项目介绍可编程序控制器常用的一些功能指令的编程方法，使学生熟练使用功能指令进行编程设计。

知识目标

（1）掌握功能指令的基本格式，掌握常用功能指令的梯形图、功能及使用。

（2）学会传送与比较、四则运算与逻辑运算、循环移位与普通移位、数据处理、数据交换、程序流程控制、交替输出、数字译码输出等常用功能指令在 PLC 控制程序中的应用。

技能目标

（1）能够熟练使用 GX-Developer V8 编程软件实现功能指令的编程。

（2）能够根据控制要求灵活应用功能指令实现 PLC 控制系统的编程。

（3）能合理分配 I/O 地址，绘制 PLC 控制接线图及接线、调试。

（4）能够根据功能指令特点设计 PLC 控制系统的编程并上机调试运行。

任务 1　使用功能指令实现交通信号灯的 PLC 控制

任务描述

在城市十字路口的东、西、南、北方向装有红、绿、黄三色交通信号灯，为了交通安全，红、绿、黄灯必须按照一定的时序轮流发亮。本任务用功能指令实现交通灯的 PLC 控制设计与调试，并学习比较和触点比较指令、传送指令、交替输出指令编程应用，进一步熟悉区间成批复位指令。

任务目标

（1）掌握 CMP、ZCP、MOV、SMOV、CLM、BMOV、FMOV、XCH
功能指令的应用。

（2）掌握 PLC 控制的十字路口交通信号灯 I/O 分配。

（3）学习 PLC 控制十字路口交通灯的程序编制，并能正确完成下载、运行、调试及监控。

知识储备

FX_{2N} 系列 PLC 功能指令有十几大类，两百多条。与基本逻辑指令执行一次只能完成一个特定动作不同，执行一条功能指令相当于执行了一个子程序，可以完成一系列的操作。FX_{2N} 系列 PLC 的功能指令由编号 FNC00～FNC246 指定，其表达形式与基本逻辑指令不同。功能指令采用梯形图和指令助记符相结合的功能框形式，用于表达该指令要做什么。

一、功能指令格式

图 5.1 表示 FX_{2N} 系列 PLC 功能指令的梯形图表达形式和执行结果，X000 是功能指令的执行条件，其后就是平均值 MEAN 功能指令，该梯形图的功能是：当 X000 满足条件（即为 ON）时，执行 MEAN 指令。

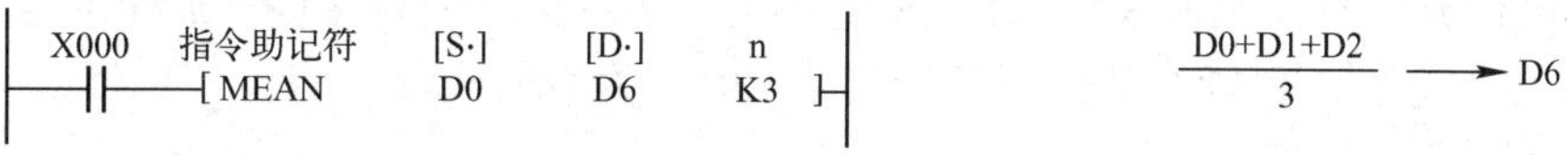

（a）功能指令梯形图 　　（b）功能指令操作结果

图 5.1　功能指令使用说明

使用功能指令应注意指令的要素。平均值指令的使用要素见表 5.1。

表 5.1　平均值指令

指令名称	指令编号	助记符	操作数		
			S（可变址）	D（可变址）	n
平均值	FNC45（16/32）	MEAN(P)	KnX，KnY，KnM，KnS，T，C，D	KnY，KnM，KnS，T，C，D，V，Z	K，H n=1～64

功能指令的使用要素说明如下：

（1）指令编号。每条功能指令都有一个编号，上表中 FNC45 就是平均值指令的编号。

（2）指令名称。说明功能指令的功能。

（3）助记符。功能指令的助记符一般都是该指令的英文缩写词。如加法指令 ADDITION 简写为 ADD，采用这种形式容易了解指令的应用。

（4）数据长度。功能指令依处理数据的长度分为 16 位指令和 32 位指令，在表 5.1 中用（16/32）说明。32 位指令采用助记符前加 D 表示，助记符前无 D 的指令为 16 位指令。

（5）执行形式。功能指令有脉冲执行型和连续执行型。脉冲执行型功能指令采用助记符后加 P 表示，助记符后无 P 的指令为连续执行型。

（6）操作数。功能指令的操作数分为源操作数 S、目的操作数 D 和辅助操作数 m、n。源操作数、目的操作数和辅助操作数多于 1 个时分别用 S1，S2…，D1，D2…，以及 m1、m2…，n1，n2…表示。

二、数据表示方法

FX$_{2N}$ 系列 PLC 中数据包括字元件/双字元件、位元件/位元件组件和变址寄存器。

1. 字元件/双字元件

（1）字元件。字元件是 FX$_{2N}$ 系列 PLC 数据类元件的基本结构。一个字元件由 16 位的存储单元构成，其最高位（第 15 位）为符号位，第 0～14 位为数值位。如图 5.2 所示为 16 位数据寄存器 D0。

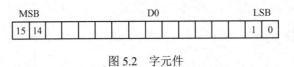

图 5.2　字元件

（2）双字元件。可以使用两个字元件组成双字元件，组成 32 位数据操作数。双字元件由相邻的两个寄存器组成，如图 5.3 中由 D11 和 D10 组成。低位元件 D10 存储 32 位数据的低 16 位，高位元件 D11 存储 32 位数据的高 16 位。双字元件对数据的存放原则是"低对低，高对高"。双字元件中第 31 位为符号位，第 0～30 位为数值位。

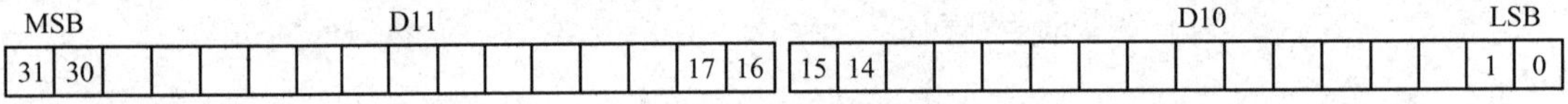

MSB	D11		D10	LSB
31 30		17 16	15 14	1 0

图 5.3　双字元件

2. 位元件/位元件组件

只处理 ON/OFF 信息的软元件称为位元件，如 X，Y，M，S 等均为位元件。而处理数值的软元件称为字元件，如 T，C，D 等。位元件通过组合使用也可以处理数值，FX$_{2N}$ 系列 PLC 中专门设置了将位元件组合成"位元件组件"的方法，将多个位元件按 4 位一组的原则来组合，即用 4 位 BCD 码来表示 1 位十进制数，这样就能在程序中使用十进制数据了。组合方法的助记符如下：

Kn+最低位的位元件号

KnX、KnY、KnM 即是位元件组合，其中"K"表示后面跟的是十进制数，"n"表示 4 位一组的组数，16 位数据用 K1～K4，32 位数据用 K1～K8。

3. 变址寄存器 V、Z

FX$_{2N}$ 系列 PLC 有 V0～V7 和 Z0～Z7 共 16 个变址寄存器，都是 16 位的寄存器。变址寄存器 V/Z 实际上是一种特殊用途的数据寄存器，其作用相当于计算机中的变址寄存器，用于改变元件的编号（变址）。例如，设 V0=5，则执行 D20V0 时，被执行的数据寄存器的地址编号为 D25（D20+5）。变址寄存器可以像其他数据寄存器一样进行读写，需要进行 32 位操作时，可将 V、Z 串联使用（Z 为低位，V 为高位）。

三、传送、比较类、数据交换和交替输出指令及应用

比较类指令包括 CMP（比较）和 ZCP（区间比较）及触点型比较指令，传送指令包括 MOV（传送）、SMOV（BCD 码移位传送）、CLM（取反传送）、BMOV（数据块传送）、FMOV（多点传送）、XCH（数据交换）指令。

1. 比较类指令

（1）比较指令。比较指令包含比较指令和区间比较指令，见表5.2。

37 比较指令

表 **5.2** 比较和区间比较指令

指 令 名 称	指 令 编 号	助 记 符	操 作 数		
			S1（可变址）	S2（可变址）	D
比较	FNC10	CMP	K, H, KnX, KnY, KnM, KnS, T, C, D, V, Z		Y, M, S
区间比较	FNC11	ZCP	S1（可变址）	S2（可变址）	S（可变址）	D
			K, H, KnX, KnY, KnM, KnS, T, C, D, V, Z		Y, M, S

比较指令 CMP 将源操作数 S1 和源操作数 S2 的数据进行比较，比较结果送到目标操作数 D 中。如图 5.4 所示，当 X002 为 ON 时，把常数 200 与 C20 的当前值进行比较，比较的结果送入 M0～M2 中。X002 为 OFF 时不执行，M0～M2 的状态也保持不变。

区间比较指令 ZCP 将源操作数 S 与 S1 和 S2 的内容进行比较，将比较结果送到目标操作数 D 中。如图 5.5 所示，当 X000 为 ON 时，把 C30 当前值与 K100 和 K120 相比较，将结果送 M3、M4、M5 中。X000 为 OFF，则 ZCP 不执行，M3、M4、M5 不变。

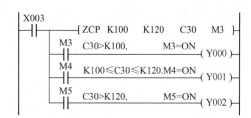

图 5.4 比较指令的使用　　　　　　　图 5.5 区间比较指令的使用

使用比较指令 CMP/ZCP 时应注意：

① 使用 ZCP 时，S2 的数值不能小于 S1；否则把 S2 当成 S1 计算。

② 所有的源数据都被看成二进制值处理。

（2）触点型比较指令。触点型比较指令（FNC224～FNC246）共有 18 条，是使用 LD、AND、OR 触点符号进行触点比较的指令。主要包括 LD 触点比较指令、AND 触点比较指令和 OR 触点比较指令，见表 5.3。

38 触点比较
指令

表 5.3　触点比较指令表

指 令 名 称	指 令 编 号	助 记 符	操 作 数		触点导通条件
			S1（可变址）	S2（可变址）	
触点比较取指令	FNC224	LD=			S1=S2
	FNC225	LD>			S1>S2
	FNC226	LD<			S1<S2
	FNC228	LD<>			S1≠S2
	FNC229	LD≤			S1≤S2
	FNC230	LD≥			S1≥S2
触点比较与指令	FNC232	AND=	K，H，KnX，KnY，KnM，KnS，T，C，D，V，Z		S1=S2
	FNC233	AND>			S1>S2
	FNC234	AND<			S1<S2
	FNC236	AND<>			S1≠S2
	FNC237	AND≤			S1≤S2
	FNC238	AND≥			S1≥S2
触点比较或指令	FNC240	OR=			S1=S2
	FNC241	OR >			S1>S2
	FNC242	OR <			S1<S2
	FNC244	OR <>			S1≠S2
	FNC245	OR≤			S1≤S2
	FNC246	OR≥			S1≥S2

触点比较指令的用法如图 5.6 所示，在梯形图中，标号为 0 的程序步是"LD="指令的使用，当计数器 C10 的当前值为 100 时驱动 Y000；标号为 6 的程序步是"AND="指令的使用，当 X000 为 ON 且计数器 C10 的当前值为 200 时，驱动 Y010；标号为 13 的程序步是"OR="指令的使用，当 X001 处于 ON 或计数器 C10 的当前值为 200 时，驱动 Y020。其他触点比较指令不在此一一说明。

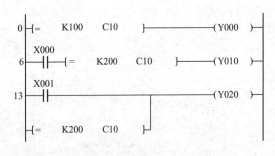

图 5.6　触点比较指令用法

2. 传送指令

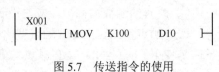

39　传送指令

传送指令包括 MOV（传送）、SMOV（BCD 码移位传送）、CML（取反传送）、BMOV（数据块传送）、FMOV（多点传送）以及 XCH（数据交换）指令。

（1）传送指令。传送指令见表 5.4。传送指令功能是将源数据传送到指定位置。如图 5.7 所示，当 X001 为 ON 时，则将 S 中的数据 K100 传送到目标操作元件 D（即 D10）中。在指令执行时，常数 K100 会自动转换成二进制数。当 X001 为 OFF 时，则指令不执行，数据保持不变。

X001 ──┤├── [MOV　K100　　D10]

图 5.7　传送指令的使用

表 5.4　传送指令

指令名称	指令编号	助记符	操作数	
			S（可变址）	D（可变址）
传送	FNC12(16/32)	MOV(P)	K，H，KnX，KnY，KnM，KnS，T，C，D，V，Z	KnY，KnM，KnS，T，C，D，V，Z

（2）移位传送。移位传送指令见表 5.5。移位传送指令的功能是将源数据（二进制）自动转换成 4 位 BCD 码，再进行移位传送，传送后的目标操作数元件的 BCD 码自动转换成二进制数。如图 5.8 所示，当 X002 为 ON 时，将 D1 中右起第 4 位（m1=4）开始的 2 位（m2=2）BCD 码移到目标操作数 D2 的右起第 3 位（n=3）和第 2 位。然后 D2 中的 BCD 码会自动转换为二进制数，而 D2 中的第 1 位和第 4 位 BCD 码不变。

表 5.5　移位传送指令

指令名称	指令编号	助记符	操作数				
			S（可变址）	m1	m2	D（可变址）	n
移位传送	FNC13(16)	SMOV(P)	KnX，KnY，KnM，KnS，T，C，D，V，Z	K，H=1~4	K，H=1~4	KnY，KnM，KnS，T，C，D，V，Z	K，H=1~4

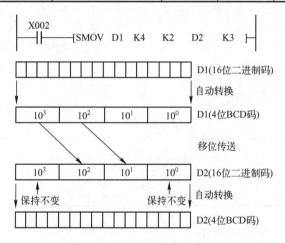

图 5.8　移位传送指令的使用

（3）取反传送指令。取反传送指令见表 5.6。取反传送指令将源操作数逐位取反并传送到指定目标。如图 5.9 所示，当 X003 为 ON 时，执行 CML 指令，将 D0 的低 4 位取反后传送到 Y003~Y000 中。若源数据为常数 K，则该数据会自动转换为二进制数。

表 5.6　取反指令

指令名称	指令编号	助记符	操作数	
			S（可变址）	D（可变址）
取反传送	FNC14(16/32)	CML(P)	K，H，KnX，KnY，KnM，KnS，T，C，D，V，Z	KnY，KnM，KnS，T，C，D，V，Z

```
    X003
  ┤├──── CML   D0    K1Y000 ┤
```

图 5.9　取反传送指令的使用

（4）块传送指令和多点传送指令。块传送指令和多点传送指令见表5.7。

表5.7　块传送指令和多点传送指令

指令名称	指令编号	助记符	操作数		
			S（可变址）	D（可变址）	n
块传送	FNC15(16)	BMOV(P)	KnX，KnY，KnM，KnS，T，C，D	KnY，KnM，KnS，T，C，D	K，H≤512
多点传送	FNC16(16/32)	FMOV(P)	K，H，KnX，KnY，KnM，KnS，T，C，D，V，Z	KnY，KnM，KnS，T，C，D	K，H≤512

块传送指令是将源操作数指定元件开始的 n 个数据组成数据块传送到指定的目标。块传

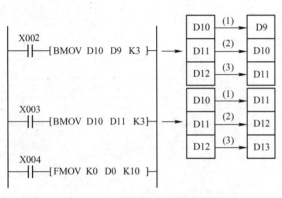

图5.10　块传送和多点传送指令

送指令用法如图5.10所示，传送顺序可以从高元件号开始，也可以从低元件号开始。若用到需要指定位数的位元件，则源操作数和目标操作数的指定位数应相同。多点传送指令是将源操作数中的数据传送到指定目标开始的 n 个元件中，传送后 n 个元件中的数据完全相同。如图5.10所示，当X004为ON时，把K0传送到D0～D9中。

（5）数据交换指令。数据交换指令见表5.8，它是将数据在指定的目标元件之间交换。

表5.8　数据交换指令

指令名称	指令编号	助记符	操作数	
			S（可变址）	D（可变址）
数据交换	FNC17(16/32)	XCH(P)	KnY，KnM，KnS，T，C，D，V，Z	KnY，KnM，KnS，T，C，D，V，Z

如图5.11所示，当X005为ON时，将D1和D2中的数据相互交换。交换指令一般采用脉冲执行方式，否则每一个扫描周期都要交换一次。

例5.1　用触点比较指令编写电动机星—三角形降压启动程序。

按下启动按钮SB1，PLC执行[SET M0]指令，使M0线圈得电。在M0线圈得电期间，定时器T0对系统工作时间进行计时。

PLC执行[> T0 K0]指令和[< T0 K50]指令，判断T0的经过值是否在0~5秒时间段，如果T0的经过值在0~5秒时间段内，则上述两个比较触点接通，PLC执行[MOV~ K3 K2Y000]指令，使Y000和Y001线圈得电，电动机处于星形启动状态。

PLC执行[>= T0 K50]指令，判断T0的经过值是否在大于5秒时间段，如果T0的经过值在大于5秒时间段内，则上述两个比较触点接通，PLC执行[MOV K5 K2Y000]指令，使Y000和Y002线圈得电，电动机处于三角形运行状态。

按下停止按钮SB2，PLC执行[RST M0]指令，使M0线圈失电；PLC执行[ZRST Y000 Y002]指令，使Y000~Y002线圈失电，电动机停止运行。

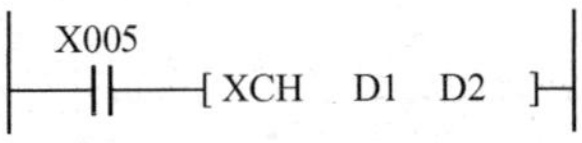

```
        X005
       ─┤├──[ XCH  D1  D2 ]─
```

图 5.11　数据交换指令

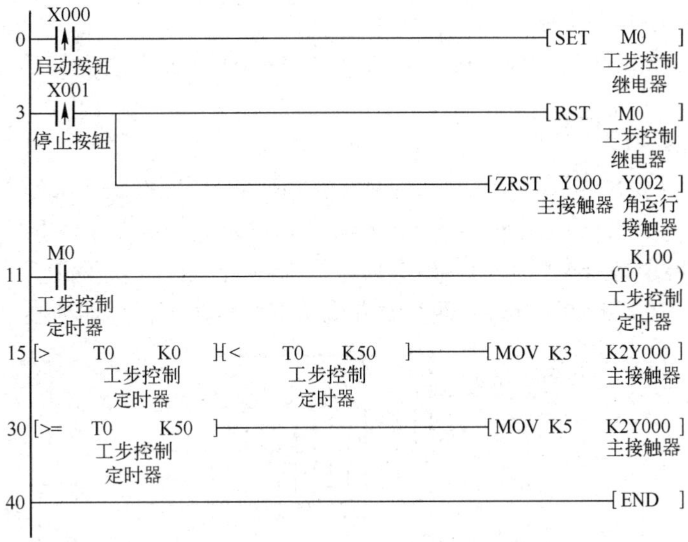

```
     X000
  0 ─┤/├────────────────────────────────────[SET   M0  ]
    启动按钮                                      工步控制
     X001                                        继电器
  3 ─┤/├────────────────────────────────────[RST   M0  ]
    停止按钮                                      工步控制
                                                继电器
         ┌──────────────────────────────[ZRST Y000  Y002 ]
                                          主接触器 角运行
                                                接触器
     M0                                                K100
 11 ─┤├──────────────────────────────────────────(T0     )
    工步控制                                        工步控制
    定时器                                          定时器
 15 [>  T0   K0 ]─┤[<  T0   K50 ]──────────[MOV K3  K2Y000 ]
    工步控制          工步控制                       主接触器
    定时器            定时器
 30 [>=  T0  K50 ]─────────────────────────[MOV K5  K2Y000 ]
    工步控制                                        主接触器
    定时器
 40 ────────────────────────────────────────────[END    ]
```

图 5.12　电动机星—三角形降压启动 PLC 控制梯形图

四、交替输出指令

交替输出指令见表 5.9，ALT 指令一般都要使用脉冲执行方式，否则每个扫描周期都要变换一次。

表 5.9　交替输出指令

指 令 名 称	指 令 编 号	助 记 符	操 作 数
			D（可变址）
交替输出	FNC66(16)	ALT	Y，M，S

交替输出指令用于实现由一个按钮控制负载的启动和停止。如图 5.13 所示，当 X001 由 OFF 到 ON 时，Y002 的状态将改变一次。若用连续的 ALT 指令，则每个扫描周期 Y002 均改变一次状态。

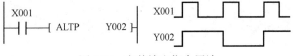

图 5.13　交替输出指令用法

技能操作

1．操作目的

（1）独立完成十字路口交通灯的 PLC 控制电路接线与安装。

（2）学会 PLC 程序传送和比较类功能指令的编程设计。

（3）进一步熟悉通过 GX-Developer V8 编程软件应用功能指令的方法。

2．操作器材

可编程控制器 1 台（FX$_{2N}$-48MR）。

十字路口交通灯实验板。

连接导线若干。

安装有 GX-Developer V8 编程软件的计算机 1 台。

3. 操作要求

用功能指令设计一个交通灯的控制系统，其控制要求如下。

（1）自动运行时，按下启动按钮，信号系统按图 5.14 所示要求开始工作（绿灯闪烁周期为 1s），按下停止按钮，所有信号灯都熄灭。

（2）手动运行时，两个方向的黄灯同时闪烁，周期为 1s。

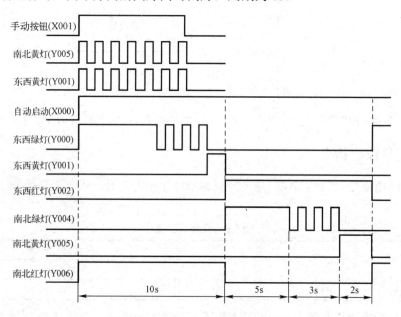

图 5.14　交通灯工作时序图

4. 用户程序

（1）I/O 地址分配如表 5.10 所示。

表 5.10　I/O 地址分配表

输入端	启动/停止按钮 SB1	X000
	手动按钮 SB2	X001
输出端	东西向绿灯	Y000
	东西向黄灯	Y001
	东西向红灯	Y002
	南北向绿灯	Y004
	南北向黄灯	Y005
	南北向红灯	Y006

（2）画出 PLC 的外部接线图。如图 5.15 所示。

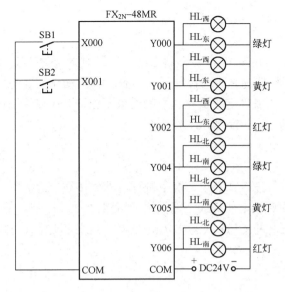

图 5.15 PLC 外部接线图

（3）PLC 程序设计。程序设计中使用了交替输出指令 ALT（P），X000 闭合，M0 置 1，X000 断开，M0 置 0；同时使用了数据传送指令 MOV，其中参数 H 表示十六进制数，MOV 指令把数据传送给 Y000～Y006，驱动交通灯；区间复位功能指令 ZRST 使各输出点复位，结束自动运行。如图 5.16 所示为交通灯梯形图。

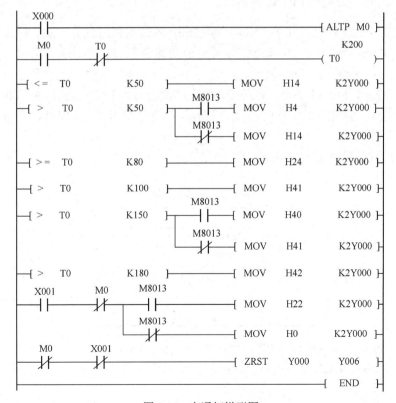

图 5.16 交通灯梯形图

5. 程序调试

用编程软件将梯形图输入 PLC 后，将 PLC 置于 RUN 状态，运行程序，按下启动按钮 SB1。观察交通灯的动作情况是否与控制要求一致，如果动作情况与控制要求一致，表明程序正确，保存程序；如果发现运行情况和控制要求不相符，应仔细分析，找出原因，重新修改，直到交通灯动作情况和控制要求一致为止。

6. 注意事项

（1）PLC 的 I/O 接拆线应在断电情况下进行，即先接线，后上电；先断电，后拆线。
（2）调试单元和实验板上的插线不能插错或短路。
（3）调试中如 PLC 的 CPU 状态指示灯报警，应分析原因，排除故障后再继续运行程序。
（4）遵守电工操作规程。

7. 思考题

（1）在如图 5.16 所示梯形图中，交替输出指令为什么要采用脉冲执行方式？如果改用 ALT，系统控制功能有无变化？为什么？
（2）简述功能指令编程的优、缺点。

知识拓展　定时控制器的 PLC 控制

控制要求：X000 为启停开关；X001 为 15min 快速调整与试验开关，每 15min 为一时间单位，24h 共 96 个时间单位；X002 为设定的快速调整与试验开关，时间设定值为钟点数的 4 倍。定时控制器进行如下控制：①早上 6：30，电铃（Y000）每秒响一次，响六次后自动停止。②9：00～17：00，启动住宅报警系统（Y001）。③晚上 6：00 开园内照明灯（Y002 接通）。④晚上 10：00 关园内照明灯（Y002 断开）。使用时，在 0：00 时启动定时器。

（1）I/O 地址分配如表 5.11 所示。

表 5.11　I/O 地址分配表

输入端	启停开关 K1	X000
	调整与试验开关 K2	X001
	调整与试验开关 K3	X002
输出端	电铃 HA1	Y000
	报警器 HA2	Y001
	园内照明灯 HL	Y002

（2）画出 PLC 的外部接线图和梯形图，如图 5.17 所示。
要求：用编程软件 GX-Developer V8 编辑定时器控制系统的 PLC 控制的梯形图，并通电调试运行。

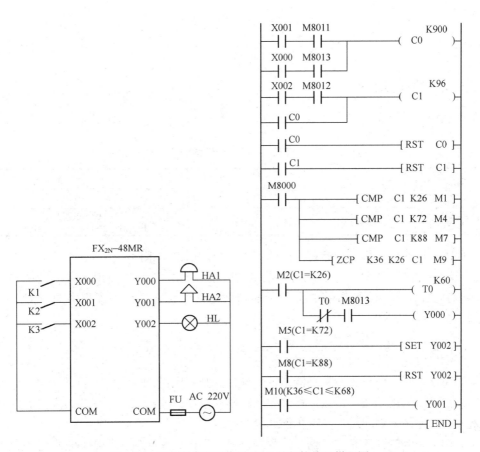

图 5.17 定时器控制系统的 PLC 外部接线及梯形图

任务 2 多工作方式的小车行程的 PLC 控制

任务描述

为了满足生产的需要，很多工业设备要求设置多种工作方式，例如手动方式和自动工作方式等，并将它们融合到一个 PLC 控制程序中。本任务是使小车按加料→右行→卸料→左行→原位停止步骤工作，实现多种工作方式。使学生学习程序流程类和数据变换指令编程应用。

任务目标

（1）学会使用 CJ、CALL、SRET、IRET、EI、DI、FEND、WDT、BCD、BIN 指令的一般方法。

（2）掌握各种用途开关类电器在 PLC 输入控制中的使用方法。

（3）掌握 PLC 控制的小车行程 I/O 分配。

（4）学习 PLC 控制的小车行程程序编制，并能正确完成下载、运行、调试及监控。

知识储备

一、条件跳转指令

条件跳转指令见表 5.12。

表 5.12 条件跳转指令

指令名称	指令编号	助记符	操作数
			D
条件跳转	FNC00(16)	CJ(P)	P0～P127，P63 即是 END 所在步，不用标记

条件跳转指令用于跳过顺序程序中的某一部分，以控制程序的流程。指针 P 用于指示分支和跳步程序，在梯形图中，指针放在左侧母线的左边。指令的使用方式如图 5.18 所示。X000 为 ON 时，程序跳到指针 P12 指示的指令处开始执行，跳过了程序的一部分，减少了扫描周期。如果 X000 为 OFF，跳转不会执行，则程序按原顺序执行。使用跳转指令时应注意：

（1）CJP 指令为脉冲执行方式。

（2）在一个程序中一个标号只能出现一次，否则将出错。

（3）在跳转执行期间，即使被跳过程序的驱动条件改变，其线圈（或结果）仍保持跳转前的状态，因为跳转期间根本没有执行这段程序。

（4）如果在跳转开始时定时器和计数器已在工作，则在跳转执行期间它们将停止工作，到跳转条件不满足后又继续工作。但对于正在工作的定时器 T192～T199 和高速计数器 C235～C255，不管有无跳转仍连续工作。

（5）若积算定时器和计数器的复位指令（RST）在跳转区外，即使它们的线圈被跳转，对它们的复位仍然有效。

二、子程序调用与返回指令

子程序调用与返回指令见表 5.13。

表 5.13 子程序调用与返回指令

指令名称	指令编号	助记符	操作数
			D
子程序调用	FNC01(16)	CALL(P)	指针 P0～P62，P64～P127
子程序返回	FNC02	SRET	无

子程序调用与返回指令使用如图 5.19 所示，如果 X000 为 ON，则转到标号 P10 处去执行子程序。当执行 SRET 指令时，返回到 CALL 指令的下一步执行。

使用子程序调用与返回指令时应注意：

（1）转移标号不能重复，也不可与跳转指令的标号重复。

（2）子程序可以嵌套调用，最多可 5 级嵌套。

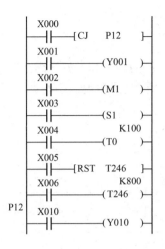

图 5.18 条件跳转指令使用

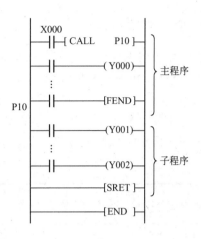

图 5.19 子程序调用与返回指令的使用

三、中断指令

与中断有关的三条功能指令见表 5.14。

表 5.14　中断指令

指 令 名 称	指 令 编 号	助 记 符	操 作 数
			D
中断返回	FNC03	IRET	无
中断允许	FNC04	EI	无
中断禁止	FNC05	DI	无

　　PLC 通常处于禁止中断状态，由 EI 和 DI 指令组成允许中断范围。在执行到该区间时，如有中断源产生中断，CPU 将暂停主程序执行转而执行中断服务程序。当遇到 IRET 时返回断点继续执行主程序。如图 5.20 所示，允许中断范围中若中断源 X000 有一个下降沿，则转入标号为 I000 的中断服务程序，但 X000 可否引起中断还受 M8053 控制，当 X020 为 ON 时，则 M8053 控制 X000 无法中断。使用中断指令时应注意：

　　（1）中断的优先级：如果多个中断依次发生，则以发生先后为序，即发生越早级别越高，如果多个中断源同时发出信号，则中断指针号越小优先级越高。

　　（2）当 M8050～M8058 为 ON 时，禁止执行相应 I0□□～I8□□的中断，M8059 为 ON 时则禁止所有计数器中断。

　　（3）不需要中断禁止时，可只用 EI 指令，不必用 DI 指令。

　　（4）执行一个中断服务程序时，如果在中断服务程序中有 EI 和 DI，可实现二级中断嵌套，否则禁止其他中断。

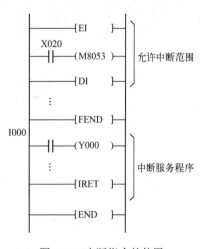

图 5.20　中断指令的使用

四、主程序结束指令

主程序结束指令见表5.15。主程序结束指令表示主程序的结束和子程序的开始，当程序执行到FEND时，PLC进行输入/输出处理，监视定时器刷新，完成后返回初始步。使用FEND指令时应注意：

（1）子程序和中断服务程序应放在FEND之后。

（2）子程序和中断服务程序必须写在FEND和END之间。

表 5.15　主程序结束指令

指 令 名 称	指 令 编 号	助 记 符	操 作 数
			D
主程序结束	FNC06	FEND	无

五、监控定时器指令

监控定时器指令见表5.16，其功能是对PLC的监视定时器进行刷新。FX_{2N}系列PLC的监视定时器默认值为200ms（可用D8000来设定），正常情况下PLC扫描周期小于此定时时间。如果由于外界干扰或程序本身的原因使扫描周期大于监视定时器的设定值，使PLC的CPU出错灯亮并停止工作，可通过在适当位置加WDT指令复位监视定时器，以使程序能继续执行到END。如图5.21所示，利用一个WDT指令将一个240ms的程序一分为二，使它们都小于200ms，则不会再出现报警停机。使用WDT指令时应注意：

（1）如果在后续的FOR-NEXT循环中，执行时间可能超过监控定时器的定时时间，可将WDT插入循环程序中。

（2）当与条件跳转指令CJ对应的指针标号在CJ指令之前时（即程序往回跳）有可能连续反复跳步，使它们之间的程序反复执行，使执行时间超过监控时间，可在CJ指令与对应标号之间插入WDT指令。

表 5.16　监控定时器指令

指 令 名 称	指 令 编 号	助 记 符	操 作 数
			D
监控定时器	FNC07	WDT（P）	无

图 5.21　监控定时器指令的使用

六、程序循环指令

循环指令共有两条，见表5.17。在程序运行时，位于FOR～NEXT间的程序反复执行 n

次（由操作数决定）后再继续执行后续程序。循环的次数 $n=1\sim32767$。如果 $n=-32767\sim0$，则以 $n=1$ 处理。如图 5.22 所示为一个二重嵌套循环，外层执行 5 次。外层 A 每执行 1 次则内层 B 将执行 8 次。

表 5.17 循环指令

指 令 名 称	指 令 编 号	助 记 符	操 作 数
			S
循环开始	FNC08(16)	FOR	K, H, KnX, KnY, KnM, KnS, T, C, D, V, Z
循环结束	FNC09	NEXT	无

使用循环指令时应注意：

（1）FOR 和 NEXT 必须成对使用。

（2）FX$_{2N}$ 系列 PLC 可循环嵌套 5 层。

（3）在循环中可利用 CJ 指令在循环没结束时跳出循环体。

（4）FOR 应放在 NEXT 之前，NEXT 应在 FEND 和 END 之前，否则均会出错。

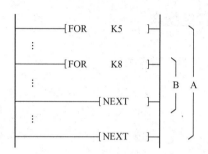

七、数据转换指令

图 5.22　程序循环指令的使用

BCD 码数据转换指令和 BIN 转换指令见表 5.18。BCD 码转换指令可将源元件中的二进制数转换成 BCD 码送到目标元件中，如图 5.23 所示。如果指令进行 16 位操作时，执行结果超出 0～9999 范围将会出错；当指令进行 32 位操作时，执行结果超过 0～99999999 范围也将出错。PLC 中内部的运算为二进制运算，可用 BCD 指令将二进制数转换为 BCD 码输出到七段数码管显示器。

表 5.18　BCD 和 BIN 数据转换指令

指 令 名 称	指 令 编 号	助 记 符	操 作 数	
			S（可变址）	D（可变址）
BCD 转换	FNC18(16/32)	BCD(P)	KnX, KnY, KnM, KnS, T, C, D, V, Z	KnY, KnM, KnS, T, C, D, V, Z
BIN 转换	FNC19(16/32)	BIN(P)	KnX, KnY, KnM, KnS, T, C, D, V, Z	KnY, KnM, KnS, T, C, D, V, Z

BIN 转换指令可将源元件中的 BCD 数据转换成二进制数据送到目标元件中，如图 5.23 所示。常数 K 不能作为本指令的操作元件，因为在任何处理之前它们都会被转换成二进制数。

例 5.2　数据转换指令的应用。

如图 5.24 所示是三位 BCD 码数字开关与不连续的输入端连接实现数据的组合。由图中程序可知，经 X020～X027 输入的 2 位 BCD 码自动以二进制形式存入 D2 中的

```
 X006
 ├─┤├──┤ BCD  D11   K2Y000 ├
 X007
 ├─┤├──┤ BIN  K2X000  D10 ├
```

图 5.23　数据转换指令的使用

低八位；而经 X000～X003 输入的 1 位 BCD 码自动以二进制形式存入 D1 低四位；通过移位

传送指令将 D1 中最低位的 BCD 码传送到 D2 中的第 3 位,并自动以二进制形式存入 D2,实现了数据组合。

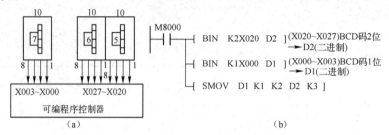

图 5.24 数据组合

技能操作

1．操作目的

（1）独立完成小车控制系统的 PLC 控制电路接线与安装。

（2）学会 PLC 程序流程类功能指令的编程设计。

（3）进一步熟悉以 GX-Developer V8 编程软件应用功能指令的方法。

2．操作器材

可编程控制器 1 台（FX$_{2N}$-48MR）。

小车行程实验接线板。

连接导线若干。

安装有 GX-Developer V8 编程软件的计算机 1 台。

3．操作要求

控制要求：图 5.25 为控制面板示意图。小车按加料→右行→卸料→左行→原（左）位停止运行,并可选择手动方式和自动方式两种工作模式。在手动工作方式下,PLC 可通过 4 只手动开关分别对加料电磁铁、右行接触器、卸料电磁铁、左行接触器进行控制。自动工作方式下,在小车处于左位时,按下启动按钮,小车即按加料 8s→右行→卸料 5s→左行→原（左）位停止的步骤以单周期方式自动运行。再次按下启动按钮,小车再运行一个周期。

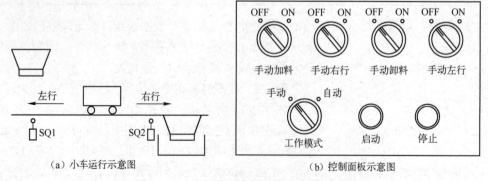

图 5.25 小车运行示意图及控制面板示意图

小车在自动运行过程中的任何时刻，如遇紧急情况，按下停止按钮，系统即刻停止工作。小车必须通过手动调整至左位后，方可再次进入自动运行状态。

4. 用户程序

（1）I/O 地址分配如表 5.19 所示。

表 5.19　I/O 地址分配表

输入端	左限位开关 SQ1	X000
	右限位开关 SQ2	X001
	工作模式转换开关 SA1	X002/手动、X003/自动
	启动按钮 SB1	X004
	停止按钮 SB2	X005
	手动装料 SA2	X006
	手动右行 SA3	X007
	手动卸料 SA4	X010
	手动左行 SA5	X011
输出端	装料电磁铁 YV1	Y000
	右行接触器 KM1	Y001
	卸料电磁铁 YV2	Y002
	左行接触器 KM2	Y003

（2）画出 PLC 的外部接线图，如图 5.26 所示。

（3）程序设计。如图 5.27 所示，程序由主程序、手动控制子程序和自动控制子程序 3 部分组成，其中主程序只有两条子程序调用指令。当 X002 为"ON"时，PLC 将反复调用标号为 P8 的手动控制子程序段。在该程序段中的小车右行控制指令行，除 X007（主令开关 SA3）外，还串入了左行输出继电器 Y003 的常闭触点，以保证驱动电动机两个不同运动方向的互锁。X001（由右限位开关 SQ2 驱动）常闭触点的串入，可保证小车运行到位后立即停车。当 X003 为"ON"时，PLC 将反复调用标号为 P10 的自动控制子程序段。程序按典型的启–保–停电路设计，每个指令行中均串入 X005（停止按钮 SB2 驱动）的常闭触点，系统能随时停止工作。由于启动按钮与左位行程开关串联，所以小车必须先通过手动调整至左位后，方可进入自动运行状态。

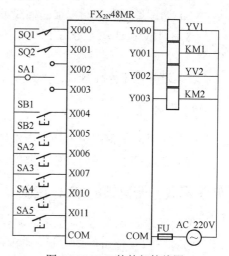

图 5.26　PLC 的外部接线图

5. 程序调试

用 FX$_{2N}$ 编程软件将梯形图输入 PLC 后，将 PLC 置于 RUN 状态，运行程序，按下启动按钮 SB1，观察小车运行情况是否与控制要求一致，如果运行情况和控制要求一致，表明程序正确，保存程序；如果发现运行情况和控制要求不相符，应仔细分析，找出原因，重新修改，直到小车运行情况和控制要求一致为止。

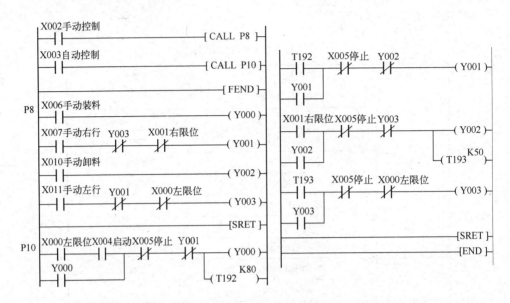

图 5.27　小车行程梯形图

6. 注意事项

（1）PLC 的 I/O 接拆线应在断电情况下进行，即先接线，后上电；先断电，后拆线。

（2）调试单元和实验板上的插线不能插错或短路。

（3）调试中如 PLC 的 CPU 状态指示灯报警，应分析原因，排除故障后再继续运行程序。

（4）遵守电工操作规程。

7. 思考题

（1）在手动子程序中为什么要串入左行输出继电器 Y003 的常闭触点？

（2）在自动子程序中为什么要串入停止按钮 X005 的常闭触点？

知识拓展　密码锁的 PLC 控制

控制要求：如图 5.28 所示，4 位 BCD 拨码盘每一位对应 4 根引线，例如，拨数字 5 时，则对应的 4 位引线的二进制编码为"0101"；预设密码与拨码输入相同，按下开门按钮则门打开。若预设密码与拨码输入不相同，按下开门按钮则门打不开。本密码锁预设密码为 9838。

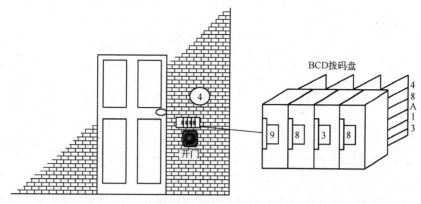

图 5.28 密码门禁系统

（1）I/O 地址分配如表 5.20 所示。

表 5.20 I/O 地址分配表

	四位拨线开关 K1～K4	X000～X003
	四位拨线开关 K5～K8	X004～X007
输入端	四位拨线开关 K9～K12	X010～X013
	四位拨线开关 K13～K16	X014～X017
	开锁按钮 SB	X020
输出端	电磁锁	Y0

（2）画出 PLC 的外部接线，如图 5.29 所示。

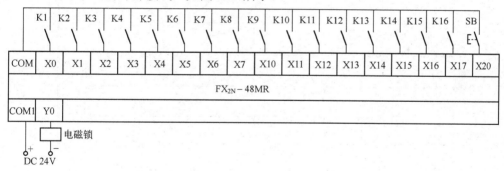

图 5.29 PLC 的外部接线

（3）画出梯形图，如图 5.30、图 5.31 所示。

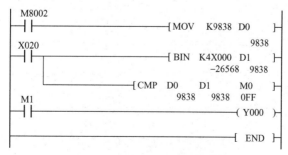

图 5.30 预设密码为 9838 的梯形图

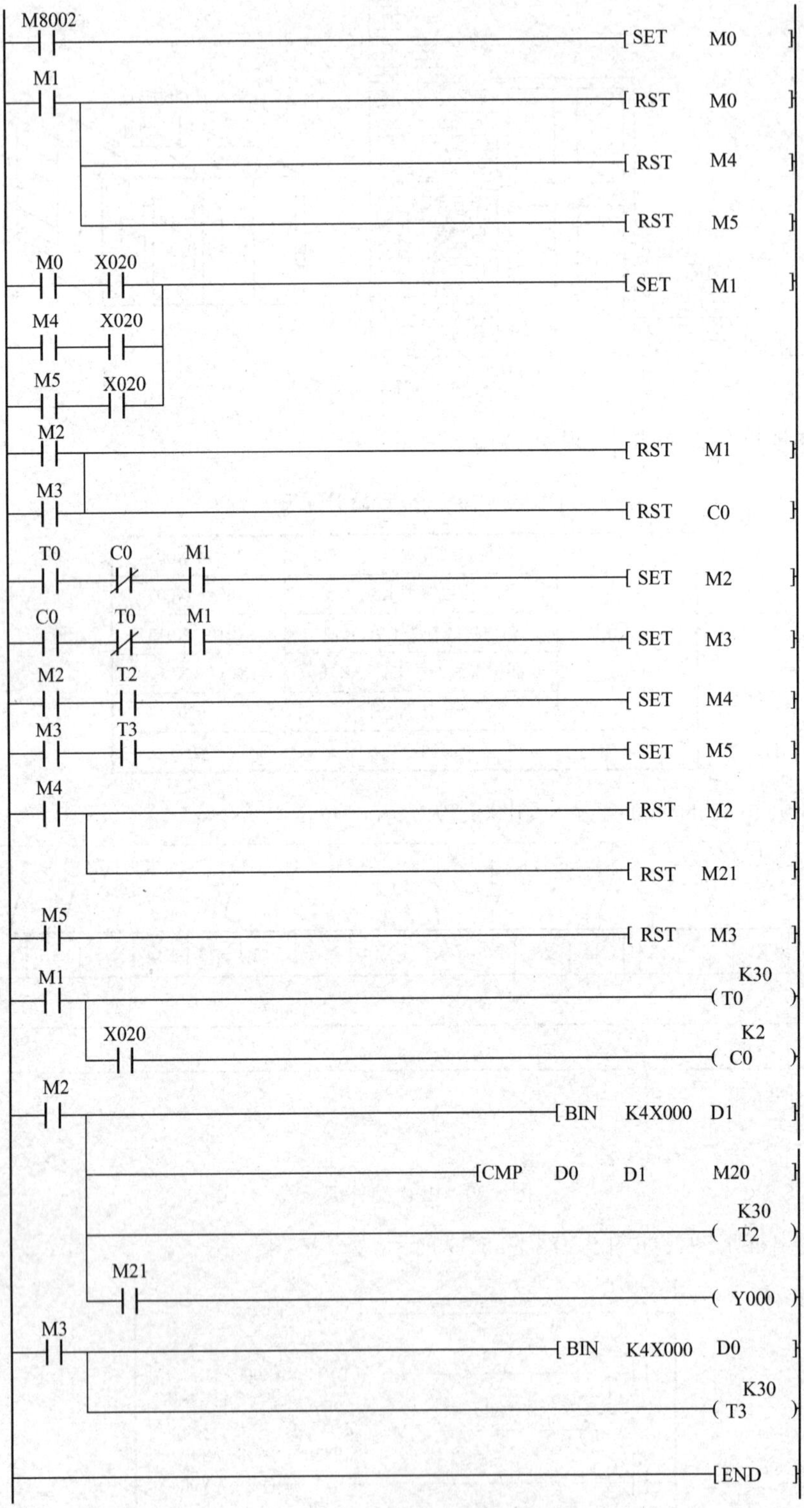

```
M8002
─┤├─────────────────────────────────────────────[ SET    M0 ]

M1
─┤├──┬──────────────────────────────────────────[ RST    M0 ]
     │
     ├───────────────────────────────────────────[ RST    M4 ]
     │
     └───────────────────────────────────────────[ RST    M5 ]

M0   X020
─┤├──┤├──┬───────────────────────────────────────[ SET    M1 ]
M4   X020│
─┤├──┤├──┤
M5   X020│
─┤├──┤├──┘
M2
─┤├──┬───────────────────────────────────────────[ RST    M1 ]
M3   │
─┤├──┴───────────────────────────────────────────[ RST    C0 ]

T0   C0   M1
─┤├──┤/├──┤├─────────────────────────────────────[ SET    M2 ]

C0   T0   M1
─┤├──┤/├──┤├─────────────────────────────────────[ SET    M3 ]

M2   T2
─┤├──┤├──────────────────────────────────────────[ SET    M4 ]

M3   T3
─┤├──┤├──────────────────────────────────────────[ SET    M5 ]

M4
─┤├──┬───────────────────────────────────────────[ RST    M2 ]
     │
     └───────────────────────────────────────────[ RST    M21 ]

M5
─┤├──────────────────────────────────────────────[ RST    M3 ]

M1                                                     K30
─┤├──┬──────────────────────────────────────────────( T0 )
     │X020                                             K2
     └─┤├────────────────────────────────────────────( C0 )

M2
─┤├──┬───────────────────────────────[ BIN   K4X000  D1 ]
     │
     ├───────────────────────────[CMP   D0    D1    M20 ]
     │                                                K30
     ├───────────────────────────────────────────────( T2 )
     │M21
     └─┤├─────────────────────────────────────────────( Y000 )

M3
─┤├──┬───────────────────────────────[ BIN   K4X000  D0 ]
     │                                                K30
     └───────────────────────────────────────────────( T3 )

─────────────────────────────────────────────────────[END ]
```

图 5.31　带密码设定的密码锁控制梯形图

要求：用编程软件 GX-Developer V8 编辑密码锁的 PLC 控制电路的梯形图，并通电调试运行。

任务 3　LED 七段数码管的 PLC 控制

任务描述

LED 七段数码管在工业控制中有着广泛的应用，例如用来显示温度、数量、重量、日期、时间，还可以用来显示比赛的比分和用于抢答器等，具有显示醒目、直观的优点。本任务主要用 PLC 功能指令 SEGD 来控制七段数码管循环显示数字 0~9。

任务目标

（1）学会 ADD、SUB、MUL、DIV、INC、DEC、WAND、WOR、WXOR、NEG、SEGD、SEGDP、DECO、ENCO 等功能指令的应用。

（2）掌握 PLC 控制的 LED 七段数码管 I/O 分配。

（3）学习 PLC 控制的 LED 七段数码管程序编制，并能正确完成下载、运行、调试及监控。

知识储备

40　算术运算指令

一、算术运算指令

算术运算指令包括二进制加法指令、减法指令、乘法指令和除法指令，见表 5.21。

表 5.21　算术运算指令

指令名称	指令编号	助记符	操作数		
			S1（可变址）	S2（可变址）	D（可变址）
加法	FNC20(16/32)	ADD(P)	K、H、KnX、KnY、KnM、KnS、T、C、D、V、Z		KnY、KnM、KnS、T、C、D、V、Z
减法	FNC21(16/32)	SUB(P)	K、H、KnX、KnY、KnM、KnS、T、C、D、V、Z		KnY、KnM、KnS、T、C、D、V、Z
乘法	FNC22(16/32)	MUL(P)	K、H、KnX、KnY、KnM、KnS、T、C、D、V、Z		KnY、KnM、KnS、T、C、D、其中 V、Z（限 16 位计算时可指定）
除法	FNC23(16/32)	DIV(P)	K、H、KnX、KnY、KnM、KnS、T、C、D、V、Z		KnY、KnM、KnST、C、D 其中 V、Z（限 16 位计算时可指定）

算术运算指令可将两个源操作数 S1、S2 进行四则运算，并将结果放到目标元件 D 中。算术运算指令的使用如图 5.32 所示。指令的执行过程：

（1）X000 为 ON 时，执行（D1）+（D2）→（D4）。

（2）X001 为 ON 时，执行（D0）-56→（D1）。

（3）X002 为 ON 时，执行（D1）×（D6）→（D9、D8），乘积的低位字送到 D8，高位字送到 D9。

（4）X003 为 ON 时，执行除法运算（D7）/（D12），

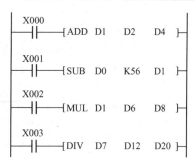

图 5.32　运算指令的使用

商送到（D20），余数送到（D21）。

使用算术运算指令时应该注意：

① 数据为有符号二进制数，最高位为符号位（0为正，1为负）。

② 加法指令有三个标志：零标志（M8020）、借位标志（M8021）和进位标志（M8022）。当运算结果超过32767（16位运算）或2147483647（32位运算）则进位标志置1；当运算结果小于-32767（16位运算）或-2147483647（32位运算），借位标志就会置1。

③ 32位乘法运算中，如用位元件作为目标，则只能得到乘积的低32位，高32位将丢失，这种情况下应先将数据移入字元件再运算；除法运算中若将位元件指定为[D·]，则无法得到余数；除数为0时会发生运算错误。

④ 积、商和余数的最高位为符号位。

例5.3 某控制程序中要进行以下算式的运算：38X/200+6，式中"X"代表输入端口K2X0送入的二进制数，运算结果通过输出口K2Y0输出；X020为启停开关。用传送指令和算术运算指令设计该梯形图程序。

（1）I/O地址分配如表5.22所示。

表5.22 I/O分配表

输　　入		功 能 说 明	输　　出		功 能 说 明
	X000			Y000	
	X001			Y001	
	X002			Y001	
	X003			Y003	
K2X0	X004	二进制数输入	K2Y0	Y004	二进制数输出
	X005			Y005	
	X006			Y006	
	X007			Y007	
	X020	启动按钮			

（2）画出PLC的外部接线图，如图5.33所示。

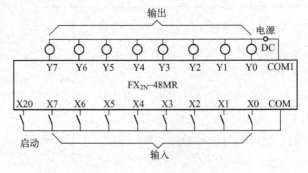

图5.33 外部接线图

（3）画出对应的梯形图。根据控制要求分析："X"的二进制数通过 X000 至 X007 输入，输入的值通过 MOV 指令传送到 D0 中，把 K38 传送到 D1 中，把 K200 传送到 D2 中，把 K6 传送到 D3 中，然后以 MUL 指令计算 D0×D1 的值并放在 D4 中，以 DIV 指令计算 D4÷D2 的值并放在 D5 中，以 ADD 指令计算 D5+D3 的值并通过 Y000 至 Y007 输出。梯形图如图 5.34 所示。

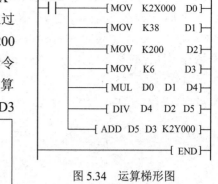

图 5.34 运算梯形图

41 加 1 和减 1 指令

二、加 1 和减 1 指令

加 1 指令和减 1 指令见表 5.23。

表 5.23 加 1 和减 1 指令

指 令 名 称	指 令 编 号	助 记 符	操 作 数
			D（可变址）
加 1	FNC24 (16/32)	INC(P)	KnY, KnM, KnS, T, C, D, V, Z
减 1	FNC25(16/32)	DEC(P)	KnY, KnM, KnS, T, C, D, V, Z

加 1 指令和减 1 指令的功能是：当条件满足，则将指定元件的内容加 1 或减 1。用法如图 5.35 所示，当 X001 为 ON 时，D2+1；X002 为 ON 时，D2-1。其中，在 INC 运算时，如数据为 16 位，则由 +32767 再加 1 变为 -32768，但标志不置位；同样，32 位运算由 +2147483647 再加 1 变为 -2147483648 时，标志也不置位；在 DEC 运算时，16 位运算 -32768 减 1 变为 +32767 时标志不置位；32 位运算由 -2147483648 减 1 变为 -2147483647，标志也不置位。

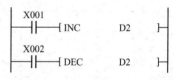

图 5.35 加 1 和减 1 指令的使用

例 5.4 假设有一汽车停车场，最大容量只能停车 50 辆，为了表示停车场是否有空位，没有空位指示灯 HL1（接 Y004、Y005）亮，有空位指示灯 HL2（接 Y003）亮，车进入停车场检测开关 K1 接通（接 X000），车离开停车场检测开关 K2 接通（接 X001），试用 PLC 的比较指令来实现控制。

（1）I/O 地址分配如表 5.24 所示。

表 5.24 停车场控制的 I/O 分配表

输入端	检测开关 K1	X000
	检测开关 K2	X001
输出端	没有空位指示灯 HL1	Y004，Y005
	有空位指示灯 HL2	Y003

（2）画出 PLC 的外部接线图，如图 5.36 所示。

（3）画出对应的梯形图。根据控制要求分析：当有汽车进入停车场时，检测开关 K1（接 PLC 的 X000）检测到有汽车进来，X000 为 ON，使 D0 中的数据加 1；当有汽车离开停车场时，检测开关 K2（接 PLC 的 X001）检测到有汽车离开，X001 为 ON，使 D0 中的数据减 1。每个扫描周期比较指令都执行一次，比较 50 和 D0 中的数据：50>D0 时，M0 为 ON，Y003 通电，有空位指示灯 HL2 亮；50=D0 时，M1 为 ON，Y004 通电，没有空位指示灯 HL1 亮；50<D0 时，M2 为 ON，Y005 通电，没有空位指示灯 HL1 亮。梯形图如图 5.37 所示。

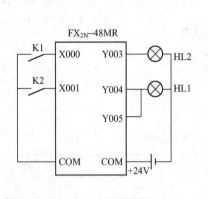

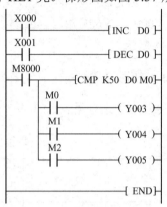

图 5.36 外部接线图　　　　　图 5.37 停车场控制系统梯形图

三、逻辑与、或、异或和求补指令

相关指令见表 5.25。

表 5.25 逻辑运算和求补指令

指令名称	指令编号	助记符	操作数		
			S1（可变址）	S2（可变址）	D（可变址）
逻辑与	FNC26(16/32)	WAND(P)	K，H，KnX，KnY，KnM，KnS，T，C，D，V，Z		KnY，KnM，KnS，T，C，D，V，Z
逻辑或	FNC27(16/32)	WOR (P)	K，H，KnX，KnY，KnM，KnS，T，C，D，V，Z		KnY，KnM，KnS，T，C，D，V，Z
逻辑异或	FNC28(16/32)	WXOR(P)	K，H，KnX，KnY，KnM，KnS，T，C，D，V，Z		KnY，KnM，KnS，T，C，D，V，Z
求补	FNC29(16/32)	NEG(P)	无		KnY，KnM，KnS，T，C，D，V，Z

逻辑运算的功能是将指定的两个数进行二进制按位"与""或"和"异或"运算，然后将相"与""或"和"异或"的结果送入指定的目标组件 D 中。求补指令是将 D 指定的元件内容的各位先取反再加 1，将其结果再存入原来的元件中。用法如图 5.38 所示。

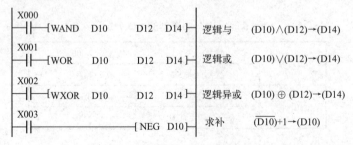

图 5.38 逻辑运算指令的使用

四、七段译码指令

42　七段译码指令

七段译码指令将 S 指定元件的低 4 位所确定的十六进制数（0～F）经译码后存于 D 指定的元件中，以驱动七段数码管显示器，D 的高 8 位保持不变。如果要显示 0，则应在 D0 中放入数据 3FH。译码指令如表 5.26 所示，译码表如表 5.27 所示。

表 5.26　七段译码指令

指令名称	指令编号	助记符	操作数	
			S（可变址）	D（可变址）
七段译码	FNC73(16)	SEGD(P)	K, H, KnX, KnY, KnM, KnS, T, C, D, V, Z	KnY, KnM, KnS, T, C, D, V, Z

七段译码指令使用如图 5.39 所示，当 X000 断开时，不执行 SEGD 指令的操作；当 X000 闭合时，每扫描一次就将 D0 中 16 位二进制数的低四位所表示的十六进制数译码成可以驱动与输出端 Y000～Y007 相连七段数码管的控制信号，其中 Y007 始终为 0。

图 5.39　七段译码指令使用

表 5.27　指令译码表

16进制数	位组合格式	7 段组合数	预设定								表示的数字
			B7	B6	B5	B4	B3	B2	B1	B0	
0	0000		0	0	1	1	1	1	1	1	
1	0001		0	0	0	0	0	1	1	0	
2	0010		0	1	0	1	1	0	1	1	
3	0011		0	1	0	0	1	1	1	1	
4	0100		0	1	1	0	0	1	1	0	
5	0101		0	1	1	0	1	1	0	1	
6	0110		0	1	1	1	1	1	0	1	
7	0111		0	0	1	0	0	1	1	1	
8	1000		0	1	1	1	1	1	1	1	
9	1001		0	1	1	0	1	1	1	1	
A	1010		0	1	1	1	0	1	1	1	
B	1011		0	1	1	1	1	1	0	0	
C	1100		0	0	1	1	1	0	0	1	
D	1101		0	1	0	1	1	1	1	0	
E	1110		0	1	1	1	1	0	0	1	
F	1111		0	1	1	1	0	0	0	1	

五、解码与编码指令

解码指令和编码指令见表 5.28。

表 5.28　译码指令和编码指令

指令名称	指令编号	助记符	操作数		
			S(可变址)	D(可变址)	n
解码	FNC41(16)	DECO(P)	K, H, X, Y, M, S, T, C, D, V, Z	Y, M, S, T, C, D	K, H 1≤n≤8
编码	FNC42(16)	ENCO(P)	X, Y, M, S, T, C, D, V, Z	T, C, D, V, Z	

DECO 指令的功能是根据 n 位输入的状态对 2^n 个输出进行译码。ENCO 指令功能是对给定的数据进行编码。具体使用方法如图 5.40 所示。

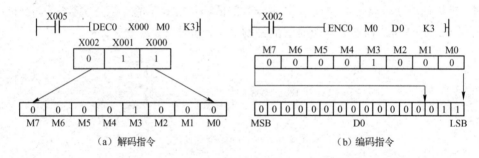

（a）解码指令　　　　　（b）编码指令

图 5.40　解码和编码指令用法

技能操作

1. 操作目的

（1）独立完成七段数码管循环点亮控制系统的 PLC 控制电路接线与安装。

（2）学会 PLC 功能指令 SEGD、INC 的编程设计。

（3）进一步熟悉用 GX-Developer V8 编程软件使用功能指令的方法。

2. 操作器材

可编程控制器 1 台（FX$_{2N}$-48MR）。

七段数码管实验接线板 1 台。

连接导线若干。

安装有 GX-Developer V8 编程软件的计算机 1 台。

3. 操作要求

设计一个用 PLC 功能指令控制七段数码管循环点亮的系统，其控制要求如下：

（1）手动控制时，每按一次按钮七段数码管显示数值加 1，由 0～9 依次点亮，并实现循环。

（2）自动控制时，每隔 1s 七段数码管显示数值加 1，由 0～9 依次点亮，并实现循环。

4．用户程序

（1）I/O 地址分配如表 5.29 所示。

（2）画 PLC 的外部接线图，如图 5.41 所示。

表 5.29 I/O 地址分配表

输入端	手动按钮 SB1	X000
	自动按钮 SB2	X001
输出端	七段数码管 a 段	Y000
	七段数码管 b 段	Y001
	七段数码管 c 段	Y002
	七段数码管 d 段	Y003
	七段数码管 e 段	Y004
	七段数码管 f 段	Y005
	七段数码管 g 段	Y006

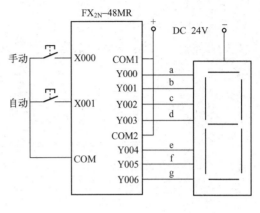

图 5.41 PLC 外部接线图

（3）PLC 程序设计。使用 Y000～Y006 输出控制七段数码管的 a、b、c、d、e、f、g，程序中使用了数据传送指令 MOV、加 1 指令 INC、7 段码译码指令 SEGD、比较指令 CMP 等，如图 5.42 所示是梯形图程序。

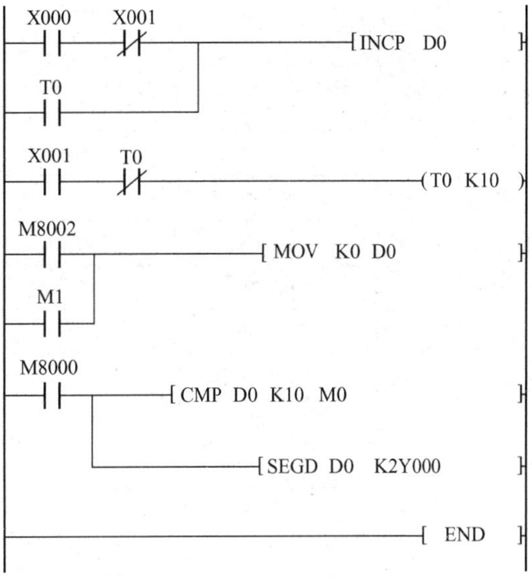

5．程序调试

用 FX$_{2N}$ 编程软件将梯形图输入 PLC 后，将 PLC 置于 RUN 状态，运行程序，按下控制按钮 SB2，观察数码管的动作情况是否与控制要求一致，如果动作情况和控制要求一致，表明程序正确，保存程序；如果发现运行情况和控制要求不相符，应仔细分析，找出原因，重新修改，直到数码管动作情况和控制要求一致为止。

6．注意事项

（1）PLC 的 I/O 接拆线应在断电情况下进行，即先接线，后上电；先断电，后拆线。

图 5.42 PLC 控制七段数码管循环点亮梯形图

（2）调试单元和实验板上的插线不能插错或短路。

（3）调试中如 PLC 的 CPU 状态指示灯报警，应分析原因，排除故障后再继续运行程序。

（4）遵守电工操作规程。

7．思考题

（1）设计一个显示顺序从 9～0 的控制系统，其他要求与本实训相同。

（2）请用编码和七段译码指令设计一个八层电梯的楼层数码管显示系统。

知识拓展　8 站小车呼叫的 PLC 控制系统

控制要求如下：小车所停位置号小于呼叫号时，小车右行至呼叫号处停车；小车所停位置号大于呼叫号时，小车左行至呼叫号处停车；小车所停位置号等于呼叫号时，小车原地不动；小车运行时呼叫无效；具有左行、右行定向指示和原点不动指示；具有小车行走位置的七段数码管显示。8 站小车呼叫系统示意图如图 5.43 所示。

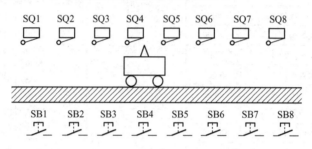

图 5.43　8 站小车呼叫系统示意图

（1）I/O 地址分配如表 5.30 所示。

表 5.30　I/O 地址分配表

输　入　端		输　出　端	
按钮 SB1	X000	小车前进正转 KM1	Y000
按钮 SB2	X001	小车后退反转 KM2	Y001
按钮 SB3	X002	前进指示灯 HL1	Y004
按钮 SB4	X003	后退指示灯 HL2	Y005
按钮 SB5	X004	数码管	Y010
按钮 SB6	X005	数码管	Y011
按钮 SB7	X006	数码管	Y012
按钮 SB8	X007	数码管	Y013
限位开关 SQ1	X010	数码管	Y014
限位开关 SQ2	X011	数码管	Y015
限位开关 SQ3	X012	数码管	Y016
限位开关 SQ4	X013		
限位开关 SQ5	X014		
限位开关 SQ6	X015		
限位开关 SQ7	X016		
限位开关 SQ8	X017		

（2）画 PLC 的外部接线和梯形图，如图 5.44 所示。

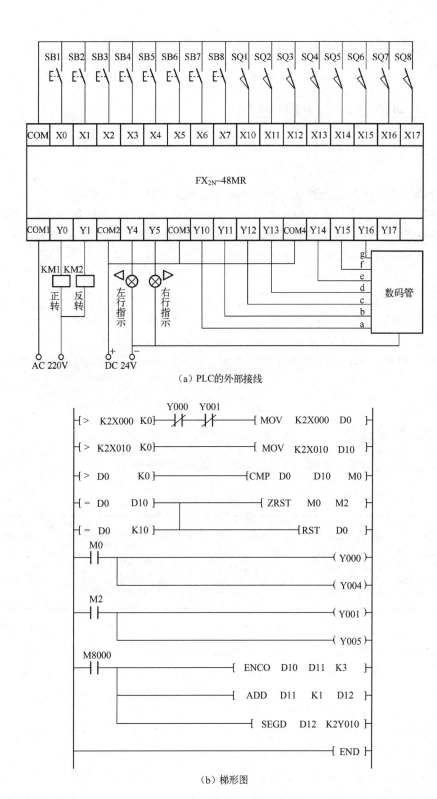

（a）PLC的外部接线

（b）梯形图

图 5.44　8 站小车呼叫的 PLC 控制的接线图和梯形图

要求： 用编程软件 GX-Developer V8 编辑 8 站小车呼叫的 PLC 控制电路的梯形图，并通电调试运行。

任务 4　工业机械手的 PLC 控制

任务描述

机械手在工业生产中应用广泛，如在汽车生产线上利用机械手可以完成工件的搬运、工件的焊接、汽车的组装等；在机械加工生产中，利用机械手可以将零件送入数控机床进行加工；在家用电器生产中利用机械手在线路板上安装电子元件等。本任务利用工厂中常见的气动机械手，学习工业设备控制系统的设计、安装与调试。

任务目标

（1）学会 ROR、ROL、SFTR、SFTL、WSFR、 WSFL 等功能指令的应用。
（2）掌握 PLC 控制的工业机械手 I/O 分配和电磁阀的工作过程。
（3）学习 PLC 控制的工业机械手程序编制，并能正确完成下载、运行、调试及监控。

知识储备

一、循环移位指令

循环移位指令包含循环右移指令和循环左移指令，见表 5.31。

表 5.31　循环移位指令

指令名称	指令编号	助记符	操作数	
			D(可变址)	n
循环右移	FNC30(16/32)	ROR(P)	KnY，KnM，KnS，T，C，D，V，Z	K，H n≤16(32)
循环左移	FNC31(16/32)	ROL(P)	KnY，KnM，KnS，T，C，D，V，Z	K，H n≤16(32)

循环右移指令 ROR 的功能是将指定的目标组件中的二进制数按照指令中规定的移动的位数由高位向低位移动，最后移出的那一位将进入进位标志位 M8022。循环右移指令梯形图格式如图 5.45（a）所示。每执行一次 ROR 指令，"n" 位的状态向量向右移一次，最右端的 "n" 位状态循环移位到最左端 "n" 位处，特殊辅助继电器 M8022 表示最右端的 "n" 位中向右移出的最后一位的状态。

ROL 指令功能是将指定的目标组件中的二进制数按照指令规定的每次移动的位数由低位向高位移动，最后移出的那一位将进入进位标志位 M8022。循环左移指令梯形图格式如图 5.45（b）所示。ROL 指令的执行类似于 ROR，只是移位方向相反。

循环移位指令还有带进位的循环右移指令 FNC32 RCR[D·]n，将指定的目标组件中的二进制数按照指令规定的每次移动的位数由高位向低位移动，最低位移动到进位标志位 M8022，M8022 中的内容则移动到最高位；以及带进位的循环左移指令 FNC33 RCL[D·]n，将指定的目标组件中的二进制数按照指令规定的每次移动的位数由低位向高位移动，最高位移动到进位标志位 M8022，M8022 中的内容则移动到最低位，在此不具体介绍。

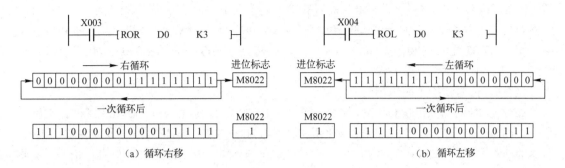

图 5.45 循环移位指令的使用

43 移位指令

二、移位指令

移位指令包括位右移指令和位左移指令，见表 5.32。

表 5.32 移位指令

指令名称	指令编号	助记符	操作数			
			S(可变址)	D(可变址)	n1	n2
位右移	FNC34(16)	SFTR(P)	X，Y，M，S	Y，M，S	K，H，n2≤n1≤1024	
位左移	FNC35(16)	SFTL(P)				

位右移是指源操作数的低位从目的位高位移入，目的位组件向右移 n2 位，源位组件中的数据保持不变。位右移指令执行后，n2 个源位组件中的数被传送到了目的位高 n2 位中，目的位组件中的低 n2 位数从其低位溢出。位左移是指源位组件的高位从目的位低位移入，目的位组件向左移 n2 位，源位组件中的数据保持不变。位左移指令执行后，n2 个源位组件中的数被传送到了目的位低 n2 位中，目的位组件中的高 n2 位数从其高位溢出。两条指令的梯形图如图 5.46 所示。

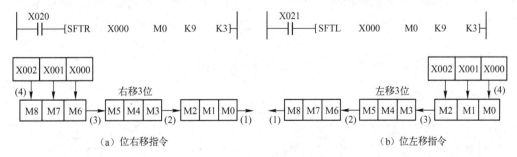

图 5.46 移位指令的使用

在图 5.46（a）中 X020 由 OFF 变为 ON 时，按图 5.46（a）所示顺序移位（3 位 1 组）：M2～M0 中的数溢出，M5～M3→M2～M0，M8～M6→M5～M3，X002～X000→M8～M6；位左移指令按图 5.46（b）中所示的顺序移位。

例 5.5 位左移指令应用举例。

如图 5.47 所示，X000=ON 时，M20 清零，Y000 置 1，即 Y007～Y000=00000001，M20=0。第一次 X006=ON 时，执行 SFTLP 位左移指令，将 Y000～Y007 连同 M20 一起向左移 1 位，左移的结果为 Y007～ Y000=00000010；第二次 X006=ON 时，执行 SFTLP 位左移指令，又将 Y000～Y007 连同 M20 一起向左移了 1 位，结果变为 Y007～Y000=00000100。X006 接通 8 次后，Y000～Y007 全部为零。

例 5.6 位右移指令应用举例。

如图 5.48 所示，X000=ON 时，M20 清零，Y007 置 1，即 Y007～Y000=10000000，M20=0。第一次 X006=ON 时，执行 SFTRP 位右移指令，将 Y000～Y007 连同 M20 一起向右移了 1 位，右移的结果 Y007～Y000= 01000000；第二次 X006=ON 时，执行 SFTRP 位右移指令，又将 Y000～Y007 连同 M20 一起向右移了 1 位，结果变为 Y007～Y000=00100000。X006 接通 8 次后，Y000～Y007 全部为零。

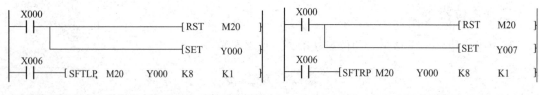

图 5.47　SFTLP 位左移指令的应用举例　　　图 5.48　SFTRP 位右移指令的应用举例

三、字右移和字左移指令

字右移指令和字左移指令见表 5.33。

表 5.33　字右移指令和字左移指令

指 令 名 称	指 令 编 号	助 记 符	操 作 数			
			S（可变址）	D（可变址）	n1	n2
字右移	FNC36(16)	WSFR(P)	KnX, KnY, KnM, KnS, T, C, D	KnY, KnM, KnS, T, C, D	K, H n2≤n1≤512	
字左移	FNC37(16)	WSFL(P)				

字元件右移和字元件左移指令以字为单位，其工作的过程与位移位相似，可将 n1 个字右移或左移 n2 个字位，指令的使用方法和操作过程示意图见图 5.49。

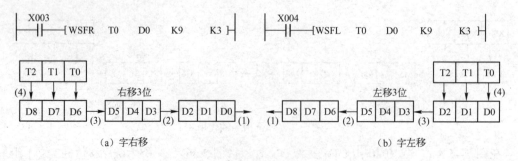

图 5.49　字移位指令用法

技能操作

1．操作目的

（1）独立完成对机械手控制系统的 PLC 控制电路接线与安装。

（2）掌握 PLC 功能指令 SFTL 的编程应用。

（3）进一步熟悉用 GX-Developer V8 编程软件使用功能指令的方法。

2．操作器材

可编程控制器 1 台（FX_{2N}-48MR）。

机械手控制板。

连接导线若干。

安装有 GX-Developer V8 编程软件的计算机 1 台。

3．操作要求

机械手的外形及运动示意图如图 5.50 所示，左上方为原点（初始位置），工作过程按照原点→下降→夹紧工件→上升→右移→下降→松开工件→左移→回原点完成一个工作循环，实现把工件从 A 处移动到 B 处。机械手上升、下降、左右移动时用双线圈二位电磁阀推动气缸完成。机械手在一个工作周期应实现的动作过程包括：

（1）启动后，机械手由原点位置开始向下运动，直到下限位开关闭合为止。

（2）机械手夹紧工件，时间为 1s。

（3）夹紧工件后向上运动，直到上限位开关闭合为止。

（4）再向右运动，直到右限位开关闭合为止。

（5）再向下运动，直到下限位开关闭合为止。

（6）机械手将工件放到工作台 B 上，其放松时间为 1s。

（7）再向上运动，直到上限位开关闭合为止。

（8）再向左运动，直到左限位开关闭合，一个工作周期结束，机械手返回到原位。

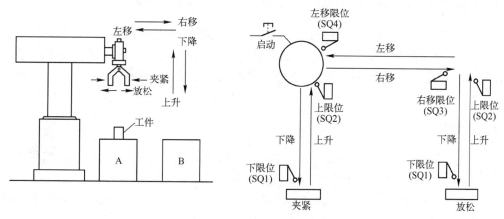

图 5.50　机械手的外形及运动示意图

4. 用户程序

（1）I/O 地址分配如表 5.34 所示。

（2）画出 PLC 的外部接线图，如图 5.51 所示。

表 5.34　I/O 地址分配表

	启动按钮 SB1	X000
	行程开关 SQ1	X001
	行程开关 SQ2	X002
输入端	行程开关 SQ3	X003
	行程开关 SQ4	X004
	停止按钮 SB2	X005
	下降电磁阀 YV1	Y000
	夹紧电磁阀 YV2	Y001
输出端	上升电磁阀 YV3	Y002
	右移电磁阀 YV4	Y003
	左移电磁阀 YV5	Y004
	原位指示灯 HL	Y005

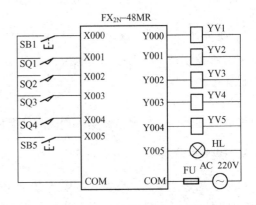

图 5.51　PLC 外部接线图

（3）程序设计。机械手处于原位时，上升限位开关 X002、左限位开关 X004 均处于接通状态，移位寄存器数据输入接通，使 M100 线圈得电，Y005 线圈接通，原位指示灯亮。按下启动按钮 SB1，X000 接通，产生移位信号，M100 的"1"状态移位到 M101，输出继电器 Y000 线圈得电，接通下降电磁阀，执行下降动作，由于上升限位开关 X002 断开，M100 线圈断电，原位指示灯灭。下降到位时，下限位开关 X001 接通，产生移位信号，执行下降→夹紧→上升→右移→下降→松开→上升→左移，到达原位，完成一个工作周期，再次按下按钮时，将重复上述动作。按下停止按钮 SB2 时，X005 接通，移位寄存器全部复位，系统停止工作。如图 5.52 所示是梯形图程序。

5. 程序调试

用 FX$_{2N}$ 编程软件将梯形图输入 PLC 后，将 PLC 置于 RUN 状态，运行程序，按下启动按钮 SB1，观察机械手的动作情况是否与控制要求一致，如果动作情况和控制要求一致，表明程序正确，保存程序；如果发现运行情况和控制要求不相符，应仔细分析，找出原因，重新修改，直到机械手动作情况和控制要求一致为止。

6. 注意事项

（1）PLC 的 I/O 接拆线应在断电情况下进行，即先接线，后上电；先断电，后拆线。

（2）调试单元和实验板上的插线不能插错或短路。

（3）调试中如 PLC 的 CPU 状态指示灯报警，应分析原因，排除故障后再继续运行程序。

（4）遵守电工操作规程。

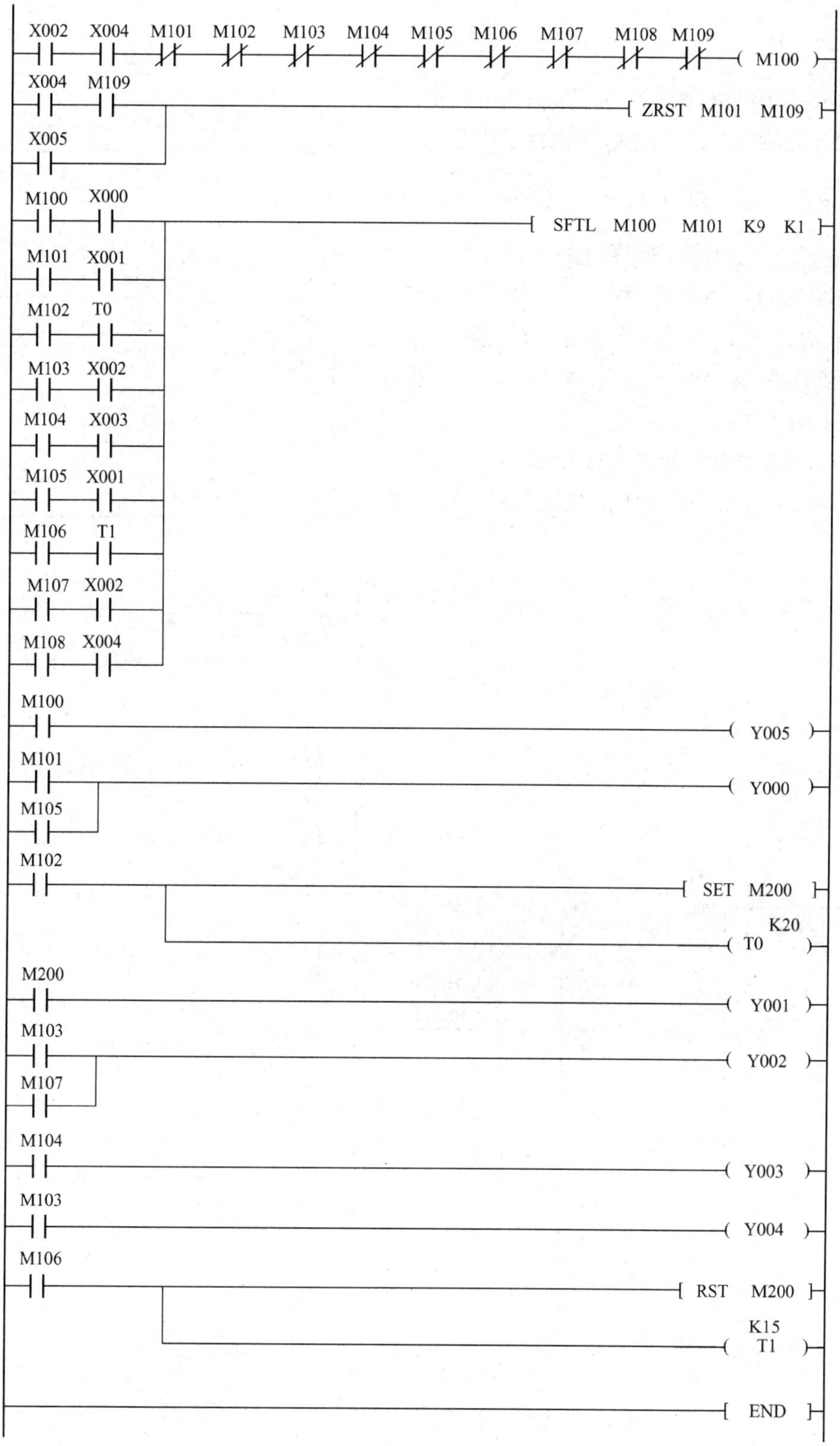

图 5.52　机械手的 PLC 控制梯形图

7. 思考题

（1）如何用 SFC 指令编写机械手程序？

（2）能否用位右移指令编写机械手程序？

知识拓展　流水灯光的 PLC 控制

控制要求：某灯光招牌有 L1～L8 八个灯接于 K2Y000，要求当 X000 为 ON 时，灯先以正序每隔 1s 轮流点亮，当 Y007 亮后，停 2s，然后以反序每隔 1s 轮流点亮，当 Y000 亮后，停 2s，重复上述过程。当 X001 为 ON 时，停止工作。

（1）I/O 地址分配如表 5.35 所示。

（2）画出 PLC 的外部接线图和梯形图，如图 5.53 所示。

表 5.35　I/O 地址分配表

输入端	启动按钮 SB1	X000
	停止按钮 SB2	X001
输出端	灯 HL1	Y000
	灯 HL2	Y001
	灯 HL3	Y002
	灯 HL4	Y003
	灯 HL5	Y004
	灯 HL6	Y005
	灯 HL7	Y006
	灯 HL8	Y007

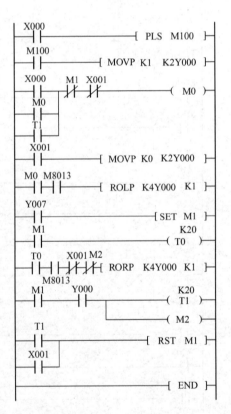

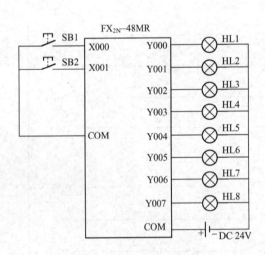

图 5.53　流水灯光的 PLC 控制外部接线图和梯形图

要求：用编程软件 GX-Developer V8 编辑流水灯光的 PLC 控制电路的梯形图，并通电调试运行。

项目 5 能力训练

一、填空题

5.1 执行 CJ 指令的条件____时，将不执行该指令和_____之间的指令。

5.2 操作数 K2X010 表示_____组位元件，即由_____到_____组成的_____位数据。

5.3 FEND 功能指令用在_____，输出刷新发生在_____或_____时刻。

5.4 可编程控制器有____个中断源，其优先级按_____和_____排列。

5.5 编程元件中只有_____和_____的元件号采用八进制数。

5.6 软元件 X001、D20、S20、K4X000、V2、X010、K2Y000 分别由_____、_____、_____、_____、_____、_____位组成。

5.7 在程序功能指令 ┤├─[DSUBP D10 D12 D14] 中，"X000"表示_____、"D"表示_____、"P"表示_____、"D10"表示_____、"D14"表示_____。

5.8 BCD 码变换指令是将源元件中的_____转换成 BCD 码送到_____元件中。

二、判断题（正确的打√，错误的打×）

5.9 FX$_{2N}$ 系列有 P0～P127 共 128 点分支用指针。

5.10 传送指令 MOV 用于把数据传送到指定源目标单元中。

5.11 解码指令 DECO 将目标元件中的某一位置"1"，其他位置"0"。

5.12 BIN 指令可将 BCD 数据转换成八进制数。

5.13 交替输出指令用于实现由一个按钮控制负载的启动和停止。

5.14 使用 ZCP 时，S2 的数值可以小于 S1。

三、选择题

5.15 FX$_{2N}$ 系列 PLC 中 16 位的数值传送指令是（　　）。

　　A. DMOV　　　　　B. MOV　　　　　C. MEAN　　　　　D. RS

5.16 FX$_{2N}$ 系列 PLC 中比较两个数值的大小用什么指令（　　）。

　　A. DMOV　　　　　B. MEAN　　　　　C. CMP　　　　　D. RS

5.17 FX$_{2N}$ 系列 PLC 中求平均值指令是（　　）。

　　A. DADD　　　　　B. DDIV　　　　　C. SFTR　　　　　D. MEAN

5.18 M0～M15 中 M0、M2 数值都为 1 其他都为 0，那么 K4M0 数值等于（　　）。

　　A. 10　　　　　　B. 9　　　　　　C. 11　　　　　　D. 5

四、问答题

5.19 什么是功能指令？它有什么用途？

5.20 功能指令有哪些要素？叙述它们的使用意义。

5.21 MOV 指令能不能向 T、C 的当前值寄存器传送数据？

5.22 CJ 指令和 CALL 指令有什么区别？

5.23 跳转发生后 PLC 是否扫描被跳过的程序段？被跳过的程序中的输出继电器、定时器及计数器的状态将如何变化？

五、设计题

5.24 计算 D5、D7、D9 之和并放入 D20 中，求以上 3 个数的平均值，将其放入 D30。

5.25 当输入条件 X000 满足时，将 C8 的当前值转换成 BCD 码送到输出元件 K4Y000 中，画出梯形图。

5.26 用按钮 SB0 控制 LED 数码管顺序显示数字 0 到 F。在系统刚开始运行时，LED 数码管显示数字"0"；第 1 次闭合按钮 SB0 时，LED 数码管显示数字"1"；第 2 次闭合按钮 SB0 时，LED 数码管显示数字"2"……第 10 次闭合按钮 SB0 时，LED 数码管显示"A"……第 15 次闭合按钮 SB0 时，LED 数码管显示"F"；此后再闭合按钮 SB0，LED 数码管显示数字"F"不变；按钮 SB1 用于复位，闭合 SB1，LED 数码管显示数字"0"。断开 SB1，再闭合 SB0 时，LED 数码管显示"1"……

5.27 某灯光招牌有 24 个灯，分别接 PLC 的输出（Y000～Y007，Y010～Y017，Y020～Y027），要求按下启动按钮 X000 时，灯光以正、反序每 0.1s 轮流点亮；按下停止按钮 X001 时，停止工作。利用功能指令设计程序。

5.28 用 MOV 指令编写 Y001、Y002、Y003 三个喷头花样方式喷水程序，喷水花样自行设计。

5.29 设计一个实时报警闹钟，要求精确到秒（注意 PLC 运行时不受停电的影响）。

5.30 某一台投币洗车机，用于司机清洗车辆，司机每投入 1 元可以使用 10 分钟时间，其中喷水时间为 5 分钟，利用功能指令设计程序。

项目 5 考核评价表

考核项目	评价标准	评价方式	考核方式	分数权重	按任务评价			
					一	二	三	四
接线安装	1. 根据控制任务分配 I/O 2. 画出 PLC 控制 I/O 接线图 3. 布线合理，接线美观 4. 布线规范，无线头松动、压皮、露铜及损伤绝缘层	教师评价	操作	0.3				
编程下载	1. 正确输入梯形图或指令表 2. 会转换梯形图 3. 正确保存文件 4. 会传送程序		操作	0.3				
通电试车	按照要求和步骤正确检查、调试电路		操作	0.2				
安全生产及工作态度	自觉遵守安全文明生产规程，认真主动参与学习	小组互评	口试	0.1				
团队合作	具有与团队成员合作的精神		口试	0.1				
综合评价（此栏由指导教师填写）								

项目6 PLC控制应用系统
设计、接线与调试

党的二十大：五个重大原则

——坚持和加强党的全面领导，坚持中国特色社会主义道路，坚持以人民为中心的发展思想，坚持深化改革开放，坚持发扬斗争精神。

项目描述

PLC控制应用系统的设计是指以PLC作为控制器所构成的电气控制系统。在掌握了PLC的基本工作原理、编程语言、指令系统以及编程方法，并且具有一定电气控制系统知识以后，就能够进行PLC控制应用系统的设计。本项目主要介绍电梯、C650卧式车床及X62W万能铣床的PLC控制应用系统的设计、接线与调试，为后续的毕业设计打下基础。

知识目标

（1）了解PLC控制应用系统的规划内容与设计任务。
（2）掌握PLC控制应用系统的设计方法和步骤。
（3）能够根据设计任务设计较复杂的PLC控制应用系统。
（4）进一步熟悉用GX-Developer V8编程软件编辑、调试和修改梯形图程序的方法。

技能目标

（1）能够根据设计控制要求正确分配I/O点数并画出PLC硬件接线图。
（2）能够根据设计控制要求熟练编写PLC控制应用系统梯形图程序。
（3）会应用PLC改造传统的常用机床设备电气控制系统。
（4）能够对用PLC设计的电气控制系统进行硬件接线与程序调试运行。

任务1 电梯PLC控制应用系统设计、接线与调试

任务描述

传统的电梯自动控制应用系统由继电器—接触器组成，该控制系统具有故障多、可靠性差、工作寿命短、不易检修等缺点。随着PLC的普及和完善，以及PLC本身所具有的高可靠性、易编程、易修改的特点，PLC在电梯的控制系统中获得广泛应用。本任务通过四层楼电梯的PLC控制应用系统设计、接线与调试，使学生掌握PLC控制应用系统设计的方法和步骤。

任务目标

（1）了解 PLC 控制应用系统设计的基本原则和内容。

（2）了解 PLC 控制应用系统节省 I/O 点数的方法。

（3）掌握 PLC 选型、硬件电路和软件系统设计方法步骤。

（4）学会电梯的 PLC 控制应用系统设计、接线与调试运行。

知识储备

一、PLC 控制系统的规划与设计

1. 设计的基本原则与内容

（1）最大限度地满足被控对象的控制要求。充分发挥 PLC 的功能，最大限度地满足被控对象的控制要求，是设计 PLC 控制系统的首要前提，这也是设计中最重要的一条原则。这就要求设计人员在设计前到现场进行调查研究，收集控制现场的资料，收集相关先进的国内、国外资料。同时要注意和现场的工程管理人员、工程技术人员、现场操作人员紧密配合，拟定控制方案，共同解决设计中的重点问题和疑难问题。

（2）保证 PLC 控制系统安全可靠。保证 PLC 控制系统能够长期安全、可靠、稳定运行，是设计控制系统的重要原则。这就要求设计者在系统设计、元器件选择、软件编程上要全面考虑，以确保控制系统安全可靠。例如：应该保证 PLC 程序不仅在正常条件下运行，而且在非正常情况下（如突然掉电再上电、按钮按错等），也能正常工作。

（3）力求简单、经济，使用及维修方便。在满足控制要求的前提下，一方面要注意不断扩大工程的效益，另一方面也要注意不断降低工程的成本。这就要求设计者不仅应该使控制系统简单、经济，而且要使控制系统的使用和维护方便、成本低，不宜盲目追求自动化和高指标。

（4）适应发展的需要。由于技术的不断发展，控制系统的要求也将会不断地提高，设计时要适当考虑到今后控制系统发展和完善的需要。这就要求在选择 PLC、输入/输出模块、I/O 点数和内存容量时，要适当留有余量，以满足今后生产的发展和工艺的改进。

2. 设计步骤

（1）系统规划，即根据工艺流程分析控制要求，明确控制任务，拟定控制系统设计的技术条件。技术条件一般以设计任务书的形式来确定，它是整个设计的依据。工艺流程的特点和要求是开发 PLC 控制系统的主要依据，所以必须详细分析、认真研究，从而明确控制任务和范围。如需要完成的动作（动作时序顺序、动作条件，相关的保护和联锁等）和应具备的操作方式（手动、自动、连续、单周期、单步等）。

（2）确定所需的用户输入设备（按钮、操作开关、限位开关、传感器等）、输出设备（继电器、接触器、信号灯等执行元器件）以及由输出设备驱动的控制对象（电动机、电磁阀等）；估算 PLC 的 I/O 点数，分析控制对象与 PLC 之间的信号关系、信号性质，根据控制要求的复杂程度及控制精度估算 PLC 的用户存储器容量。

（3）选择 PLC。PLC 是控制系统的核心部件，正确选择 PLC 对于保证整个控制系统的各项技术、经济指标起着重要的作用，PLC 的选择包括机型的选择、容量的选择、I/O 模块的选择、电源模块的选择等。选择 PLC 的依据是输入输出形式与点数、控制方式与速度、控制精度与分辨率、用户程序容量。

（4）分配、定义 PLC 的 I/O 点，绘制 I/O 连接图。根据选用的 PLC 所给定的元器件地址范围（如输入、输出、辅助继电器、定时器、计数器），对控制系统使用的每一个输入、输出信号及内部元器件定义专用的信号名和地址，在程序设计中使用哪些内部元器件，执行什么功能都要做到清晰、无误。

（5）PLC 控制程序设计。包括设计梯形图、编写语句表、绘制控制系统流程图。控制程序是控制整个系统工作的软件，是保证系统工作正常、安全、可靠的关键，因此，控制程序的设计必须经过反复测试、修改，直到满足要求为止。

（6）控制柜（台）设计和现场施工。在进行控制程序设计的同时，可进行硬件配备工作，主要包括强电设备的安装、控制柜（台）的设计与制作、可编程序控制器的安装、输入输出的连接等，可以使软件设计与硬件配备工作同时进行，缩短工程周期。

（7）试运行、验收、交付使用，并编制控制系统的技术文件。控制系统的技术文件包括说明书（设计说明书和使用说明书）、电气图及电气元器件明细表等。

二、PLC 选型与硬件系统设计

1. PLC 的选型

根据控制系统的功能、性能、性价比等技术性、经济性指标要求，根据可靠性、可扩展性等指标要求，选择最合适的机型。

正确选择 PLC 的型号，适当留有余量。据此，可以选择合适的 PLC 系列，在该系列中选择合适的型号。简单的控制系统选用普通的 PLC，或者同一系列中的低档型。控制或者可靠性要求高的控制系统选用中档或者高档系列。对于以模拟量控制为主的控制系统，要考虑 I/O 响应时间，根据控制对象的实时性要求，确定 I/O 响应时间或 PLC 扫描时间。PLC 的选择主要考虑以下几方面：

（1）I/O 点数的确定。根据 I/O 设备的类型和数量，确定 PLC 的开关量输入的点数、开关量输出的点数，再保留 15%左右的备用 I/O 点数。

（2）PLC 存储容量的确定。一般小型机种为 4KB 到 8KB，中型机种 64KB，大型机种可达数兆字节。容量还可以使用附加存储器扩展。一般用估算的方法确定 PLC 的存储容量。根据 I/O 总点数可给出如下的经验公式：

$$所需内存字节数=开关量×(输入+输出)×总点数×10 \qquad (6\text{-}1)$$

（3）输入接口电路形式的选择。输入接口电路形式的选择取决于输入设备的输入信号的种类，直流输入的电压等级一般为 24V，交流输入的电压等级一般为 220V，信号的种类可以分为直流、交流和交流/直流通用 3 种。

输入设备包括拨码开关、编码器、传感器和主令开关（含按钮、转换开关、行程开关、限位开关等）。对于开关类输入，可以选择共点式输入（共电源正极或者负极），也可以选择分组输入。

对于传感器（如接近开关、光电开关、霍尔开关、磁性开关）有 2 线或 3 线等种类，应按照产品说明书推荐的电源种类和电压等级、接线方法进行接线。

（4）输出接口电路形式的选择。PLC 的输出方式有继电器输出、晶体管输出和双向晶闸管输出 3 种。选择 PLC 的输出方式应与输出设备电气特性相一致，包括接触器、继电器、电磁阀、信号灯、LED 以及步进电动机、伺服电动机、变频电动机控制器等，并了解其与 PLC 输出端口相连的电气特性。

PLC 的 3 种输出方式对外接的负载类型要求不同。继电器输出型可以接交流/直流负载，晶体管输出型可以接直流负载，双向晶闸管输出可以接交流负载。继电器输出型适合于通断频率较低的负载，晶体管输出和双向晶闸管输出适合于通断频率较高的负载。PLC 所接负载的功率应当小于 PLC 的 I/O 点的输出功率。

（5）PLC 供电方式的选择。PLC 供电方式有直流和交流两种。交流供电的 PLC 可以为用户的输入设备提供容量较小的直流电源。I/O 设备的直流供电应当分别采用独立的直流电源供电，以减少输出设备，避免感性负载对输入的干扰。

（6）PLC 扩展模块的选择。模拟量输入模块主要用于连接传感器或者变送器，并接收其电压信号或者电流信号。在控制系统中，传感器和变送器用于测量位移、角位移、压力、应变、速度、加速度、温度、湿度、流量等物理量。

模拟量输出模块用于控制被控设备，例如，电动调节阀、比例电磁铁、比例压力阀、比例流量阀、液压伺服电动机等，这些设备的输出与模拟量输出模块给定的电压或电流成比例，以实现模拟量控制。

模拟量信号的标准范围为：电流 $4\sim20\text{mA}$、$0\sim20\text{mA}$；电压 $0\sim+5\text{V}$、$0\sim+10\text{V}$、$-5\sim+5\text{V}$、$-10\sim+10\text{V}$ 等。

选择模拟量输入、模拟量输出模块的主要指标为模拟量的范围、分辨率、转换精度、转换速度、数字位数及数字量存储格式。

其他特殊功能模块还有高速计数模块、PID 过程控制模块、运动控制模块、可编程凸轮开关模块、通信模块和网络通信模块等，用于实现特殊的控制功能。

I/O 模块是 PLC 与被控对象之间的接口，模块选择是否合适直接影响控制系统的可靠性。对于超小型及小型 PLC，I/O 模块与主机单元连在一起，选用时同样要考虑上述几个方面。

（7）安装形式的选择。常用的 PLC 的结构分为单元式和模块式两种，还有两种的结合型。小型控制系统可以选择单元式的，其结构紧凑，可以直接安装在控制柜内。大型控制系统一般选择模块式的，可以组成积木式的大规模控制系统，并根据需要选择不同档次的 CPU 独立模块及各种 I/O 模块、功能模块，使调试、扩展、维修均十分方便。

2. PLC 的外围电路设计

根据控制对象的控制任务和要求选择好 PLC 的机型，接下来的工作就是根据控制系统的具体工艺流程画出流程图，具体安排输入、输出的配置并确定 I/O 分配。分配 I/O 点时应注意以下几点：

（1）弱、强电信号设备分别配置，不可在一个回路中。

（2）将 I/O 设备中的开关、按钮、电磁阀等，分别集中配置，同类型的输入点可分在一个组内。

（3）按 PLC 上的配置顺序给 I/O 地址编号，这样会给编程及硬件设计带来方便。完成输入和输出的配置和编号后，还应设计出 PLC 端子和现场信号之间的连接电路图，写出端子号与现场信号及编号之间的对照表。

做完上述工作后，就可以按照 PLC 上的 I/O 端子和外围设备绘制 PLC 的外围电路接线图。

三、PLC 软件设计与程序调试

1. PLC 软件设计

根据系统的控制要求，采用合适的设计方法（见本书相关内容）来设计 PLC 程序。程序要以满足系统控制要求为主线，顺序编写实现各控制功能或各子任务的程序，逐步完善系统指定的功能。除此之外，程序通常还应包括以下内容：

（1）初始化程序。在 PLC 上电后，要做一些初始化的操作，为启动做必要的准备，避免系统发生误动作。初始化程序的主要内容：对某些数据区、计数器等进行清零，对某些数据区所需数据进行恢复，对某些继电器进行置位或复位，对某些初始状态进行显示等。

（2）检测、故障诊断和显示等程序。这些程序相对独立，一般在程序设计基本完成时再添加。

（3）保护和连锁程序。保护和连锁是程序中不可缺少的部分，必须认真加以考虑。它可以避免由于非法操作而引起的控制逻辑混乱。

2. 程序模拟调试

程序模拟调试的基本思想：以方便的形式模拟生产现场的实际状态，为程序的运行创造必要的环境条件。根据生产现场信号的方式不同，模拟调试有硬件模拟法和软件模拟法两种形式。

（1）硬件模拟法：使用一些硬件设备（如用另一台 PLC 或一些输入器件等）模拟生产现场的信号，并将这些信号以硬接线的方式连到 PLC 系统的输入端，其时效性较强。

（2）软件模拟法：在 PLC 中另外编写一套模拟程序，模拟提供现场信号，其优点是简单易行，但时效性不易保证。模拟调试过程中可采用分段调试的方法，并利用编程器和计算机监控功能。

四、节省 I/O 点数的方法

在构成控制系统的工作中，I/O 点数的估计是控制系统设计的重要一环，一般都考虑留有适当的备用容量。但在整个系统的具体设计结束之前应准确计算点数，这对规模较大的控制系统比较困难。因此，当设计或使用时发现 PLC 的输入点或输出点不够，且增加扩展模块或改换 PLC 有困难或不合理时，通常采取一些节省 I/O 点数的方法来解决。

另外，控制 I/O 点数也可以降低控制系统的硬件电路成本。由于控制系统价格的约 50%～60%都是 I/O 模块及辅助设备（如通道电源、连接电缆和安装机架等）的价格，所以减少 I/O 点数是控制成本价格的有效手段。下面介绍几种节省 I/O 点数的方法。

1. 节省输入点的方法

（1）分组输入。一般系统都存在多种工作方式，但系统同时又只选择其中一种工作方式运行，也就是说，各种工作方式的程序不可能同时执行。为此，可将系统输入信号按其对应的工作方式不同分成若干组，PLC 运行时只会用到其中的一组信号，所以各组输入可共用 PLC 的输入点，这样就使所需的输入点减少。

如图 6.1 所示，系统有"自动"和"手动"两种工作方式，其中 S1～S8 为自动工作方式用到的输入信号、Q1～Q8 为手动工作方式用到的输入信号。两组输入信号共用 PLC 的输入点 X000～X007，如 S1 与 Q1 共用输入点 X000。用"工作方式"选择开关 SA 来切换"自动"和"手动"信号的输入电路，并通过 X010 让 PLC 识别是"自动"还是"手动"，从而执行自动程序或手动程序。

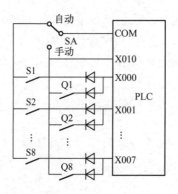

图 6.1　分组输入

图 6.1 中的二极管是为了防止出现寄生回路、产生错误输入信号而设置的。例如，当 SA 扳到"自动"位置，若 S1 闭合，S2 断开，虽然 Q1、Q2 闭合，也应该是 X000 有输入，而 X001 无输入，但如果无二极管隔离，则电流从 X000 流出，经 Q2→Q1→S1→COM 形成寄生回路，从而使得 X001 错误地接通。故必须串入二极管切断寄生回路，避免错误输入信号的产生。

（2）矩阵输入。如图 6.2 所示为 3×3 矩阵输入电路，用 PLC 的三个输出点 Y000、Y001、Y002 和三个输入点 X000、X001、X002 来实现 9 个开关量输入设备的输入。图中，输出 Y000、Y001、Y002 的公共端 COM 与输入继电器的公共端 COM 连在一起。当 Y000、Y001、Y002 轮流导通，则输入端 X000、X001、X002 也轮流得到不同的三组输入设备的状态，即 Y000 接通时读入 Q1、Q2、Q3 的通断状态，Y001 接通时读入 Q4、Q5、Q6 的通断状态，Y002 接通时读入 Q7、Q8、Q9 的通断状态。当 Y000 接通时，如果 Q1 闭合，则电流从 X000 端流出，经过 VD1→Q1→Y000 端→Y000 的触点→输出公共端 COM 流出，最后流回输入 COM 端，从而使输入继电器 X000 接通。在梯形图程序中应该用 Y000 常开触点和 X000 常开触点的串联，来表示 Q1 提供的输入信号。图中二极管起切断寄生回路的作用。

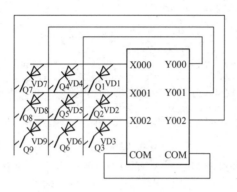

图 6.2　矩阵输入

采用矩阵输入方法除了要按图 6.2 进行硬件连接外，还要编写对应的 PLC 程序。由于矩阵输入的信号是分时被读入 PLC 的，所以读入的输入信号为一系列断续的脉冲信号，在使用中应当特别注意。另外，应保证输入信号的宽度要大于 Y000、Y001、Y002 轮流导通一遍的时间，否则可能会丢失输入信号。

（3）组合输入。对于不会同时接通的输入信号，可采用组合编码的方式输入。如图 6.3（a）所示，输入信号 Q1、Q2、Q3 只占用两个输入点，再通过如图 6.3（b）所示程序的译码，又还原成与 Q1、Q2、Q3 对应的 M0、M1、M2 三个信号。应特别注意要保证各输入开关信号不会同时接通。

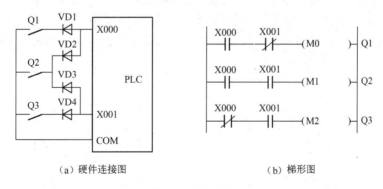

（a）硬件连接图　　　　　　　　　　（b）梯形图

图 6.3　组合输入

（4）输入设备多功能化。在传统的继电器电路中，一个主令电器（开关、按钮等）只产生一种功能的信号。而在 PLC 系统中，可借助于 PLC 强大的逻辑处理功能，来实现一个输入设备在不同条件下，产生的信号作用不同。

如图 6.4 所示的梯形图只用一个按钮通过 X000 输入去控制输出 Y000 的通与断。

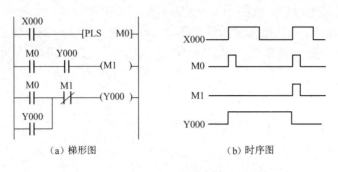

（a）梯形图　　　　　　　　（b）时序图

图 6.4　用一个按钮控制的启动、保持、停止电路

图 6.4 中，当 Y000 断开时，按下按钮（X000 接通），M0 得电，使 Y000 得电并自锁；再按一下按钮，M0 得电，由于此时 Y000 已得电，所以 M1 也得电，其常闭触点使 Y000 断开，即按一下按钮，X000 接通一下，Y000 得电；再按一下按钮，X000 又接通，Y000 失电。改变了传统继电器控制中要用两个按钮（启动按钮和停止按钮）的做法，从而减少了 PLC 的输入点数。同样道理，我们可以用这种思路来实现一个按钮控制启、保、停三个动作。

（5）合并输入。将某些功能相同的开关量输入设备合并输入。如果是几个常闭触点，则串联输入；如果是几个常开触点，则并联输入。几个输入设备就可共用 PLC 的一个输入点。

（6）某些输入设备可不进 PLC。系统中有些输入信号功能简单、涉及面很窄，如某些手动按钮、电动机过载保护的热继电器触点等，有时就没有必要作为 PLC 的输入，将它们放在外部电路中同样可以满足要求，如图 6.5 所示，输入信号设在 PLC 外部。

2．节省输出点的方法

（1）分组输出。当两组输出设备或负载不会同时工作时，可通过外部转换开关或通过受 PLC 控制的电气触点进行切换，所以 PLC 的每个输出点可以控制两个不同时工作的负载。如图 6.6 所示，KM1、KM3、KM5 与 KM2、KM4、KM6 两组不会同时接通，用转换开关 SA 进行切换。

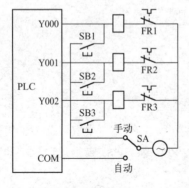

图 6.5　输入置于 PLC 外

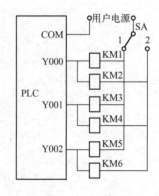

图 6.6　分组输出

（2）矩阵输出。如图 6.7 所示为采用 8 个输出组成 4×4 矩阵,可接 16 个输出设备（负载）。要使某个负载接通工作,只要控制它所在的行与列对应的输出继电器接通即可,例如,要使负载 KM1 得电工作,必须控制 Y010 和 Y014 输出接通。

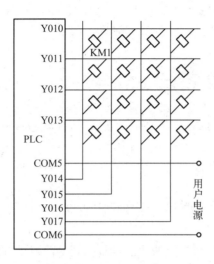

图 6.7　矩阵输出

应该特别注意:当只有某一行对应的输出继电器接通,各列对应的输出继电器才可任意接通,或者当只有某一列对应的输出继电器接通,各行对应的输出继电器才可任意接通,否则将会出现错误接通负载的情况。采用矩阵输出时,必须要将同一时间段接通的负载安排在同一行或同一列中,否则无法控制。

（3）并联输出。两个通断状态完全相同的负载,可并联后共用 PLC 的一个输出点。但要注意 PLC 输出点同时驱动多个负载时,应考虑 PLC 输出点的驱动能力是否足够。

（4）输出设备多功能化。利用 PLC 的逻辑处理功能,一个输出设备可实现多种用途。例如,在继电器系统中,一个指示灯指示一种状态,而在 PLC 系统中,很容易实现用一个输出点控制指示灯的常亮和闪烁,这样一个指示灯就可指示两种状态,既节省了指示灯,又减少了输出点数。

（5）某些输出设备可不进 PLC。系统中某些相对独立、比较简单的控制部分,可直接采用 PLC 外部硬件电路实现控制。

以上一些常用的减少 I/O 点数的措施,仅供读者参考,实际应用中应该根据具体情况,灵活使用。同时应该注意不要过分去减少 PLC 的 I/O 点数,而使外部附加电路变得复杂,从而影响系统的可靠性。

技能操作

1. 操作目的

（1）独立完成电梯控制系统的 PLC 控制电路接线与安装。

（2）学会 4 层电梯控制系统的 PLC 程序指令的编程设计与调试。

2．操作器材

可编程控制器 1 台（FX$_{2N}$-48MR）。

4 层电梯控制装置单元 1 台。

连接导线若干。

安装有 GX-Developer V8 编程软件的计算机 1 台。

3．控制要求

（1）开始时，电梯处于任意一层。当有高层某一信号呼叫时，轿厢响应该呼梯信号，上升到呼叫层停止。

（2）电梯停于某层，当有高层多个信号同时呼叫时，电梯先上升到低的呼叫层，停 3 秒后继续上升到高的呼叫层。

（3）开始时，电梯处于任意一层。当有低层某一信号呼叫时，轿厢响应该呼梯信号，下降到呼叫层停止。

（4）电梯停于某层，当有低层多个信号同时呼叫时，电梯先下降到高的呼叫层，停 3 秒后继续下降到低的呼叫层。

（5）电梯运行到达某楼层时，轿厢停止运行，轿厢门自动打开，延时 3 秒后自动关门。

（6）在电梯运行过程中，轿厢上升（或下降）途中，任何反方向下降（或上升）的呼梯信号均不响应；如果某反向呼梯信号前方再无其他呼梯信号，则电梯响应该呼梯信号。

4．用户程序设计

（1）I/O 地址分配如表 6.1 所示。

表 6.1　I/O 地址分配表

输　入　端		输　出　端	
1 楼位置传感器 SP1	X000	上行指示 HL1	Y000
2 楼位置传感器 SP2	X001	下行指示 HL2	Y001
3 楼位置传感器 SP3	X002	上行驱动电动机 M	Y002
4 楼位置传感器 SP4	X003	下行驱动电动机 M	Y003
1 楼指令按钮 SB1	X004	1 楼指令登记 HL3	Y004
2 楼指令按钮 SB2	X005	2 楼指令登记 HL4	Y005
3 楼指令按钮 SB3	X006	3 楼指令登记 HL5	Y006
4 楼指令按钮 SB4	X007	4 楼指令登记 HL6	Y007
1 楼上行按钮 SB5	X010	1 楼上行呼梯登记 HL7	Y010
2 楼上行按钮 SB6	X011	2 楼上行呼梯登记 HL8	Y011
3 楼上行按钮 SB7	X012	3 楼上行呼梯登记 HL9	Y012
2 楼下行按钮 SB8	X013	2 楼下行呼梯登记 HL10	Y013
3 楼下行按钮 SB9	X014	3 楼下行呼梯登记 HL11	Y014
4 楼下行按钮 SB10	X015	4 楼下行呼梯登记 HL12	Y015
		开门模拟 HL13	Y016
		关门模拟 HL14	Y017

（2）画 PLC 的外部接线图，如图 6.8 所示。

（3）设计梯形图。本系统采用厅门外召唤、轿厢内按钮控制的自动控制方式。如图 6.9 所示是电梯的控制梯形图。

① 电梯自动开门、关门。当电梯运行到位后，辅助继电器 M100 闭合，M110 在输入接

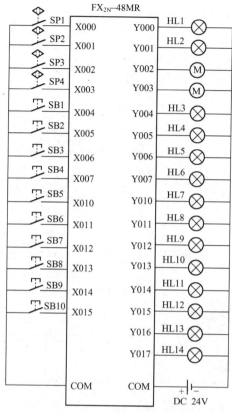

图 6.8 PLC 的外部接线图

通后扫描周期内动作，M110 有输出，M110 闭合，开门模拟 Y016 输出，同时自锁。定时器 T0 开始计时，计时 3s，电梯自动开门到位，Y016 断开，自动开门过程结束。

电梯自动关门由定时器 T1 延时控制。电梯运行到位，Y016 输出有效时，辅助继电器 M200 闭合，关门模拟 Y017 输出，T1 开始通电延时，延时 3s，T1 触点闭合，电梯关门，关门到位后，Y017 断开，关门过程结束。

② 层呼叫指示控制程序。当乘客在厅门外按下呼叫按钮 X010～X015 中的一个，则相应的指示灯亮，说明有人呼叫电梯。呼叫信号一直保持到电梯运行到该层楼，再由相应层楼位置传感器（X000、X001、X002、X003）使其消失。

③ 停层指令与停层指示控制程序。按下轿厢欲停楼层指令按钮 X004、X005、X006、X007 中的一个，相应的停层指令灯亮。到达该层，对应的楼层指示灯亮，停层指示灯灭。

④ 电梯定向、启动、运行控制程序。电梯启动前必须先确定运行方向，电梯运行方向由输出继电器 Y000 和 Y001 指示。

电梯呼叫信号登记顺电梯运行方向应答。电梯运行方向确定由电梯所在层楼位置与电梯停层指令信号以及电梯原有运行方向决定。如：电梯要上 3 楼，轿内指令停 3 层指示灯亮，若电梯不在 3 层，且下行指示灯不亮，则电梯确定向上运行，电梯上行指示灯亮。

5. 程序调试

用 FX$_{2N}$ 编程软件将梯形图程序输入 PLC 后，将 PLC 置于 RUN 状态，运行程序，按下启动按钮 SB1，观察电梯运行情况是否与控制要求一致，如果电梯运行情况和控制要求一致，

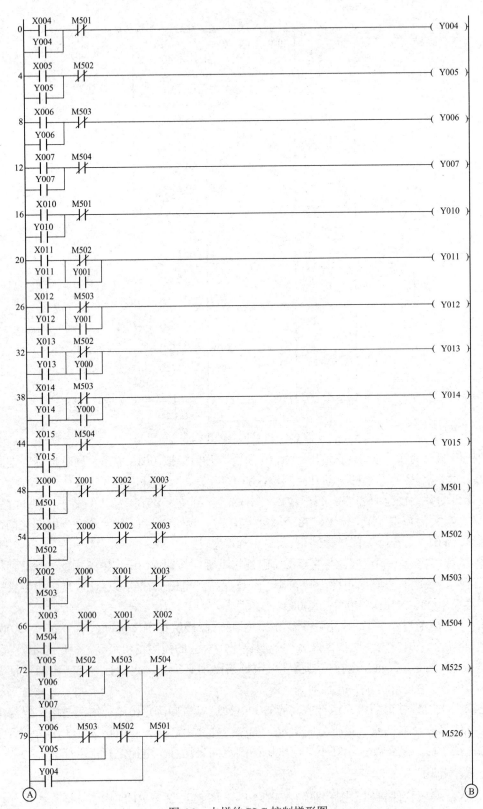

图 6.9　电梯的 PLC 控制梯形图

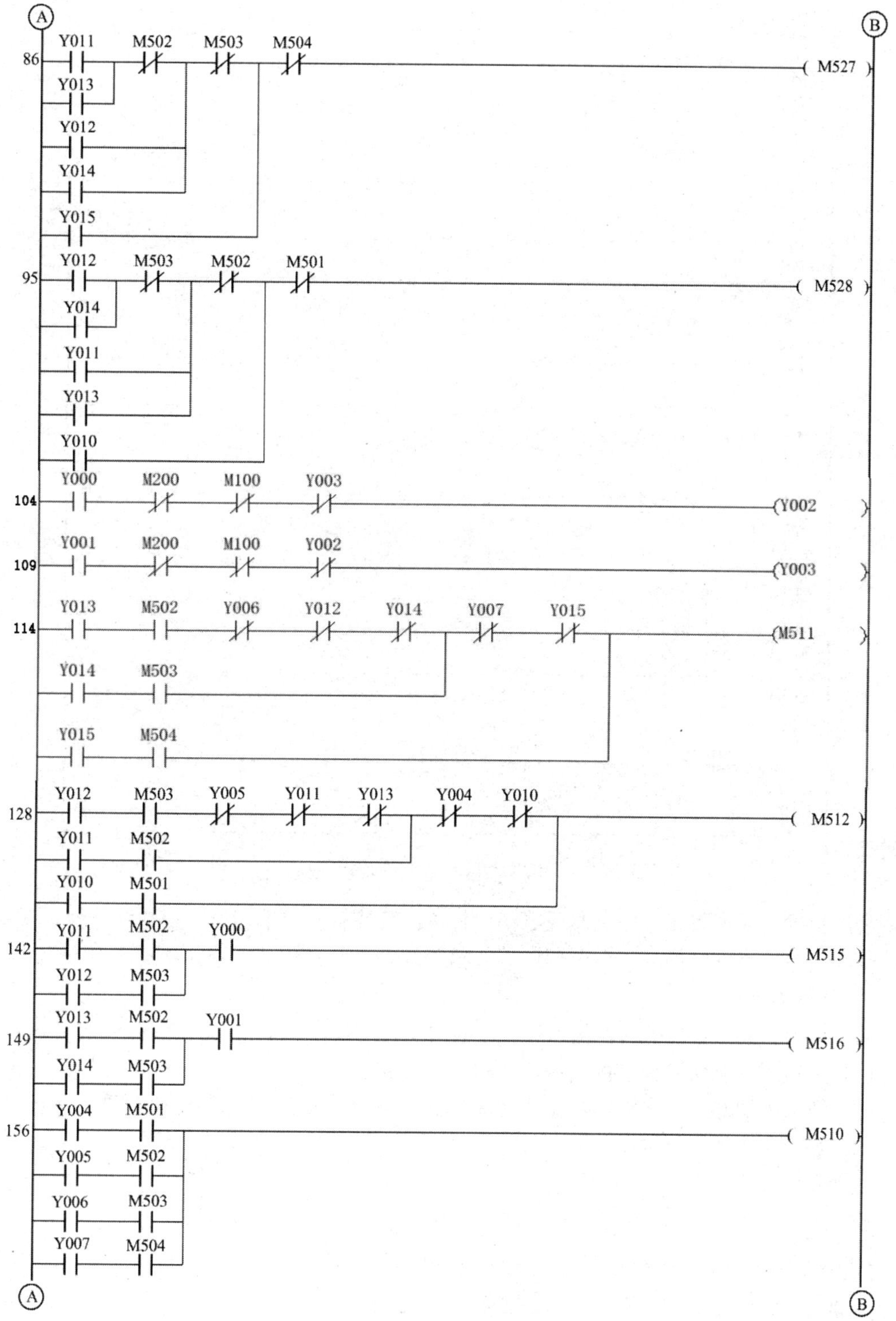

图 6.9　电梯的 PLC 控制梯形图（续）

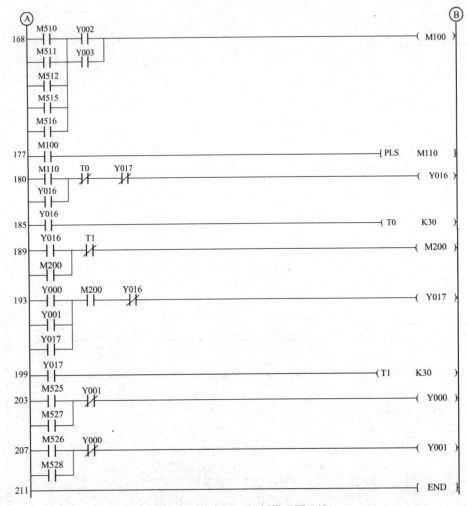

图6.9 电梯的PLC控制梯形图（续）

表明程序正确，保存程序；如果发现电梯运行情况和控制要求不相符，应仔细分析，找出原因，重新修改，直到电梯运行情况和控制要求一致为止。

6. 注意事项

（1）PLC的I/O接拆线应在断电情况下进行（即先接线，后上电；先断电，后拆线）。

（2）调试单元和实验板上的接线不要接错或短路。

（3）调试中如PLC的CPU状态指示灯报警，应分析原因，排除故障后再继续运行程序。

（4）遵守电工操作规程。

7. 思考题

（1）为什么在图6.9中要用断电保持辅助继电器？

（2）试用功能指令编写电梯的PLC控制梯形图。

知识拓展　步进电动机的PLC控制系统的应用

控制要求：步进电动机采用四相双四拍的控制方式，每步旋转15°，每周走24步。

电动机正转时供电时序是：

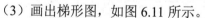

电动机反转时的供电时序是:

$$\text{AB} \longrightarrow \text{BC} \longrightarrow \text{CD} \longrightarrow \text{DA}$$

步进电动机单元设有一些开关,其功能如下:

① 启动/停止开关(SB6)——控制步进电动机启动或停止。

② 正转/反转开关(SB1)——控制步进电动机正转或反转。

③ 速度开关(SB2、SB3、SB4)——控制步进电动机连续运转,其中:

S 的速度为 0(此状态为单步状态)。

N1 的速度为 6.25 转/分(脉冲周期为 400ms)。

N2 的速度为 15.6 转/分(脉冲周期为 160ms)。

N3 的速度为 62.5 转/分(脉冲周期为 40ms)。

④ 单步按钮开关(SB7),当速度开关置于速度Ⅳ挡时,按一下手动按钮,电动机运行一步。

(1)I/O 地址分配如表 6.2 所示。

(2)画出 PLC 的外部接线,如图 6.10 所示。

表 6.2 I/O 地址分配表

输　入　端		输　出　端	
正、反转按钮 SB1	X000	A 相	Y010
速度 3 挡按钮 SB2	X001	B 相	Y011
速度 2 挡按钮 SB3	X002	C 相	Y012
速度 1 挡按钮 SB4	X003	D 相	Y013
手动按钮 SB5	X005		
启动/停止 SB6	X006		
单步按钮 SB7	X007		

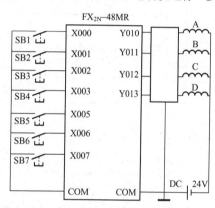

图 6.10 PLC 的外部接线

(3)画出梯形图,如图 6.11 所示。

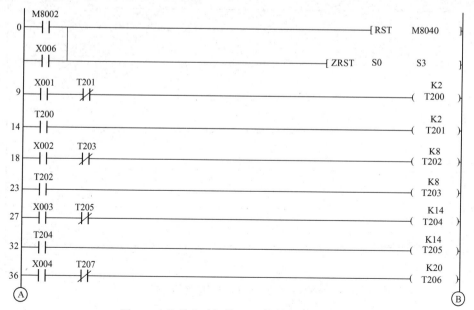

图 6.11 步进电动机的 PLC 控制电路的梯形图

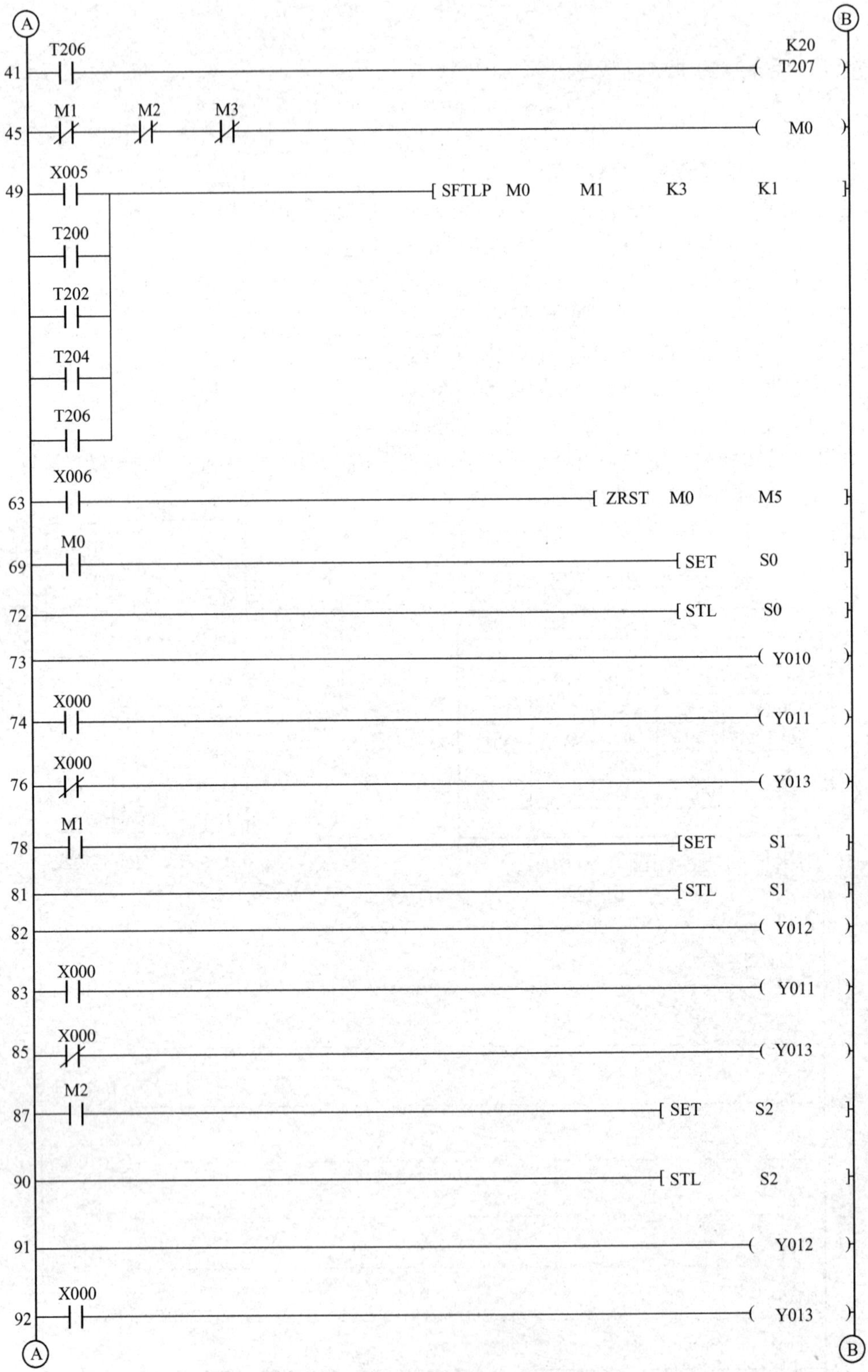

A — B

```
          T206                                                  K20
41       ─┤├─                                              ─( T207 )
          M1      M2      M3
45       ─┤/├──  ─┤/├──  ─┤/├─                             ─( M0 )
          X005
49       ─┤├──┬────────────────────[ SFTLP  M0    M1    K3    K1 ]
          T200 │
            ─┤├─┤
          T202 │
            ─┤├─┤
          T204 │
            ─┤├─┤
          T206 │
            ─┤├─┘
          X006
63       ─┤├──────────────────────────────[ ZRST  M0    M5 ]
          M0
69       ─┤├──────────────────────────────────[ SET  S0 ]
72       ───────────────────────────────────────[ STL  S0 ]
73       ──────────────────────────────────────────( Y010 )
          X000
74       ─┤├────────────────────────────────────────( Y011 )
          X000
76       ─┤/├───────────────────────────────────────( Y013 )
          M1
78       ─┤├──────────────────────────────────[ SET  S1 ]
81       ───────────────────────────────────────[ STL  S1 ]
82       ──────────────────────────────────────────( Y012 )
          X000
83       ─┤├────────────────────────────────────────( Y011 )
          X000
85       ─┤/├───────────────────────────────────────( Y013 )
          M2
87       ─┤├──────────────────────────────────[ SET  S2 ]
90       ───────────────────────────────────────[ STL  S2 ]
91       ──────────────────────────────────────────( Y012 )
          X000
92       ─┤├────────────────────────────────────────( Y013 )
```

A — B

图 6.11　步进电动机的 PLC 控制电路的梯形图（续）

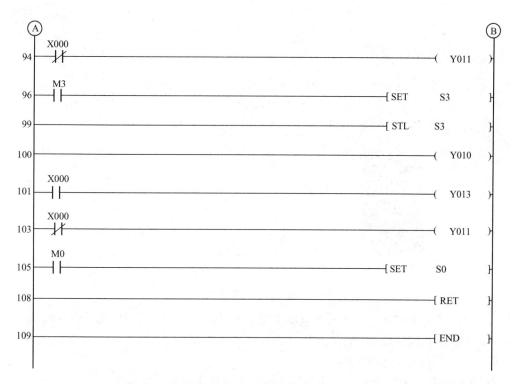

图 6.11　步进电动机的 PLC 控制电路的梯形图（续）

要求：用编程软件 GX-Developer V8 编辑步进电动机的 PLC 控制电路的梯形图，并通电调试运行。

任务 2　离心机的 PLC 多段速控制系统的设计、接线与调试

任务描述

工业离心机可通过离心作用将固体、液体分离。离心机的离心釜是实现固液分离的主要部件，由一台三相异步电动机通过皮带传动带动运转。根据工艺的要求，离心机一般分为几段不同的转速运行以达到分离效果。在开始阶段，物料主要是固液混合物，启动负载较大，转速较低，随后逐步提高转速，当达到一定的转速时，液体在离心力的作用下由离心机外侧流出。本任务通过离心机的 PLC 控制系统的设计、接线与调试，使学生进一步熟悉 PLC 控制应用系统的设计方法和步骤。

任务目标

（1）能够根据离心机多段速控制要求正确分配 PLC 控制的 I/O 点数。

（2）能够正确编写离心机的 PLC 多段速控制系统梯形图程序。

（3）掌握离心机的 PLC 多段速控制系统硬件接线与程序调试运行方法。

知识储备

44 三菱变频器

一、认识三菱变频器

三菱变频器的产品目前有 FR-700 系列和 FR-800 系列两大类。其中 FR-700 系列变频器在市场使用较多，它又分为 FR-A700、FR-D700、FR-E700、FR-F700 和 FR-L700 这 5 个系列，其外形如图 6.12 所示。

（a）FR-E700 变频器外形

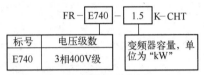

（b）变频器型号定义

图 6.12　三菱 FR-E700 系列变频器

（1）FR-A700 系列高性能矢量变频器适用于各类对负载要求较高的设备，如起重、电梯及印包、印染、材料卷取等其他通用场合。

◆ 功率范围：0.4～500kW。

◆ 具有独特的无传感器矢量控制模式，在不采用编码器的情况下，可以使各式各样的机械设备在超低速区域高精度运转。

◆ 具有转矩控制模式，并且在速度控制模式下可以使用转矩限制功能。

◆ 具有矢量控制功能（带编码器），闭环时可以实现位置控制和快速响应、高精度的速度控制（零速控制、伺服锁定等）及转矩控制。

◆ 内置 PLC 功能（特殊型号 FR-A 740-0.4K-C9）。

◆ 使用长寿命元器件，内置 EMC 滤波器。

◆ 具有强大的网络通信功能，支持 DeviceNet、Profibus-DP、Modbus 等协议。

（2）FR-D700 系列多功能、紧凑型变频器适用于负载不太重、启动性能要求不高的场合。集成 LED 显示器和数字式旋钮使用户可以直接访问重要的参数，从而加快并简化设置过程。

◆ 功率范围：0.1～7.5kW。

◆ 通用磁通矢量控制，1Hz 时 150%转矩输出。

◆ 15 段可变速选择。

◆ 独立 RS-485 通信口。

◆ 内置 PID 控制功能。

◆ 带安全停止功能。

（3）FR-E700 系列经济型变频器采用磁通矢量控制方式，内置 RS-485 通信口，具有 15 段速和 PID 等多种功能。

◆ 功率范围：0.4～15kW。

◆ 先进磁通矢量控制，0.5Hz 时 200%转矩输出。

- ◆ 内置 PID，柔性 PWM。
- ◆ 内置 Modbus-RTU 协议。
- ◆ 停止精度提高。

（4）FR-F700 系列变频器采用最佳他励磁控制方式，具备更好的节能运行表现，适用于风机和泵类负载。

- ◆ 功率范围：0.75 kW～630kW。
- ◆ 简易磁通矢量控制方式，3Hz 时输出转矩达 120%。
- ◆ 内置 PID，工频/变频切换和可以实现多泵循环运行功能。
- ◆ 内置独立的 RS-485 通信口。
- ◆ 内置噪声滤波器（75 kHz 以上）。
- ◆ 带有节能监控功能，节能效果一目了然。

（5）FR-L700 系列专用化多用途矢量变频器是三菱公司研发的专用型变频器，内置专用功能，体现较强的行业特性。该系列变频器广泛应用于印刷包装、线缆材料、纺织印染、橡胶轮胎、物流机械等。

- ◆ 功率范围：0.75kW～55 kW。
- ◆ 先进的磁通矢量控制方式。
- ◆ 加入了收放卷的张力控制功能。
- ◆ 内置独立的 RS-485 通信口，通过 Cc-Link 总线可与三菱 PLC 连接。
- ◆ 内置 PIC 编程功能，节约使用成本。

变频器的铭牌数据一般包括变频器的型号、适用的电源、适用的电动机的最大容量、输出频率、相关额定值和制造编号等，是变频器最重要的参数。

二、三菱 FR-700 系列变频器的接线图

三菱 FR-A700 系列变频器是采用先进的磁通矢量控制方式、基于 PWM 原理和配置智能功率模块（IPM）的高性能矢量变频器，其功率范围为 0.4～500kW。具有简易 PLC 功能（特殊型号 FR-A740-0.4K-C9）、工频/变频切换和 PID 等多种功能。内置 RS-485 通信口，可支持各种常用的通信方式。

三菱 FR-D700 系列变频器是多功能、紧凑型变频器，采用通用磁通矢量控制方式，其功率范围为 0.4～7.5kW，具有 15 段速、PID 和漏—源型转换等功能。三菱 FR-D700 变频器的端子接线图如图 6.13 所示。

一个 PLC 变频控制系统通常由 3 部分组成，即 PLC、变频器本体、变频器与 PLC 的接口电路。PLC 变频控制系统硬件结构中最重要的就是接口电路。根据不同的信号连接，其接口分为开关量连接、模拟量连接和通信连接 3 种方式。

1. 三菱继电器输出型 PLC 与变频器的连接方式

三菱继电器输出型 PLC 如果与三菱的 D740 变频器的开关量输入端子相连接，需要将三菱 PLC 的输出端子与三菱变频器的输入端子相连接，PLC 输出的公共端 COM 与三菱变频器的输入公共端 SD 相连接，如图 6.14 所示，三菱变频器的默认输入逻辑是漏型输入。

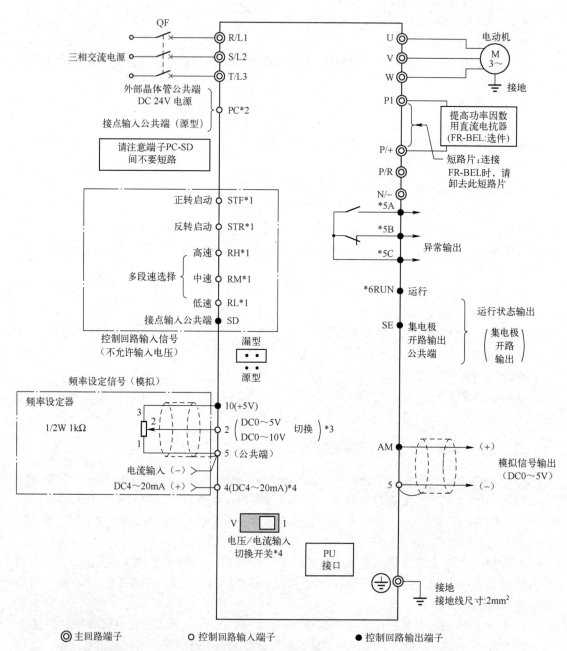

注：*1 可通过输入端子功能分配（Pr.178～Pr.182）变更端子的功能。

*2 端子PC-SD间作为DC 24V电源端子使用时，注意两端子间不要短路。

*3 可通过模拟量输入选择Pr.73进行变更。

*4 可通过模拟量输入规格切换Pr.267进行变更。设为电压输入（0～5V/0～10V）时，将电压/电流输入切换开关置为V，设为电流输入（4～20mA）时，置为I（初始值）。

*5 可通过Pr.192A、B、C端子功能选择变更端子的功能。

*6 可通过Pr.190RUN端子功能选择变更端子的功能。

图6.13 三菱 FR-D700 变频器的端子接线图

2. 三菱晶体管输出型 PLC 与变频器的连接方式

对于三菱晶体管输出型的 PLC，其输出大多数为 NPN 方式，三菱 D740 变频器的默认输入方式为漏型（即 NPN 型）输入，两者电平是兼容的，其接线图如图 6.15 所示。

3. 三菱 PLC 的模拟量模块与变频器的连接方式

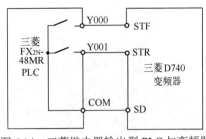

图 6.14 三菱继电器输出型 PLC 与变频器的接线方式

三菱的模拟量输出模块可以输出电压信号和电流信号，将这些模拟量信号接到三菱变频器的模拟量输入端子（如 2、5 端子、4、5 端子）上，就可以调节变频器的速度，如图 6.16 所示。

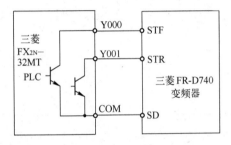

图 6.15 晶体管输出型 PLC 与变频器的开关量接线方式

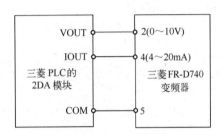

图 6.16 模拟量模块与变频器的连接方式

技能操作

1. 操作目的

（1）独立完成离心机的 PLC 多段速控制电路接线与安装。

（2）学会离心机多段速控制系统的 PLC 程序指令的编程设计与调试。

2. 操作器材

（1）可编程控制器 1 台（FX$_{2N}$–48MR）。

（2）离心机多段速控制系统装置单元一台。

（3）连接导线若干。

（4）安装有 GX-Developer V8 编程软件的计算机 1 台。

3. 控制要求

某化工厂的工业离心机结构如图 6.17 所示。按下启动按钮，电动机以 15Hz 的频率运行，200s 后以 20Hz 运行，以后每隔 200s 增加 5Hz，直到 45Hz，其运行速度如图 6.18 所示。按下停止按钮，电动机停止运行。

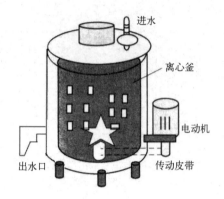

图 6.17 工业离心机的结构示意图

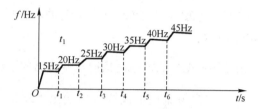

图 6.18 工业离心机运行速度图

4. 用户程序设计

1）I/O 地址分配

如表 6.3 所示。

表 6.3 I/O 地址分配表

输　入　端		输　出　端	
变频器上电按钮 SB1	X000	启动 STF	Y000
变频器失电按钮 SB2	X001	高速选择 RH	Y001
启动按钮 SB3	X002	中速选择 RM	Y002
停止按钮 SB4	X003	低速选择 RL	Y003
故障信号 A、C	X004	接通 KM	Y004
		报警指示 HL	Y005

2）画出 PLC 外部接线图

采用三菱 FX$_{2N}$–48MR 继电器输出型 PLC，变频器采用三菱 FR-D740 变频器。根据 I/O 分配表，画出离心机多段速控制电路，如图 6.19 所示。在图 6.19 中，用按钮 SB1 和 SB2 控制变频器的上电或失电（即 KM 得电或失电），用 SB3 和 SB4 控制变频器的启动和停止。将变频器的故障输出端子 A、C 接到 PLC 的 X004 输入端子上，复位按钮 SB 接变频器的 RES 端子，用来给变频器复位。PLC 的输出 Y001、Y002、Y003 分别接多段速选择端子 RH、RM、RL，通过 PLC 的程序实现 3 个端子的不同组合，从而使变频器选择 7 个不同的速度运行，PLC 的输出 Y000 接变频器的 STF 端子，给变频器启停信号。PLC 的输出 Y004 接接触器线圈，用来给变频器上电。Y005 接指示灯，用来进行变频器报警输出。

3）参数设置

要想让变频器实现多段速功能，必须给变频器设置如下参数。

P79=3（组合操作模式）。

P1=50Hz（上限频率）。

P2=0 Hz（下限频率）。

P7=2s（加速时间）。

P8=2s（减速时间）。

P160=0（扩展功能显示）。

P179=62（将 STR 端子的功能变更为变频器复位 RES 功能）。

各段速度：P4= 15Hz，P5=20Hz， P6=30Hz，P24=40Hz，P25=35Hz， P26=25Hz，P27= 45Hz。

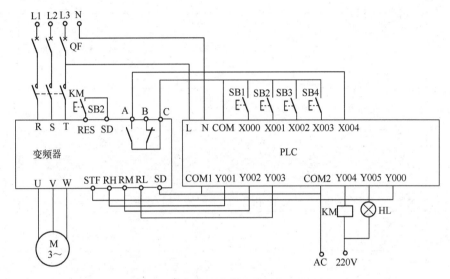

图 6.19　离心机多段速控制的硬件接线图

4）程序设计

离心机 7 段速控制程序如图 6.20 所示。

步 0 控制变频器上电，在 X001 触点两端并联 Y000，是为了保证在变频器运行过程中变频器不能切断电源。该步串联变频器的故障触点 X004，一旦变频器发生故障，该触点断开，变频器切断电源。

步 7 控制变频器启动。该步串联 Y004，是为了先让变频器上电，然后再启动变频器。

步 12 通过 MOV 指令将十进制数 1 送到 K0Y001 中，即 Y001 此时为"1"，接通变频器的 RH 端子，选择 Pr4 设定的频率 15Hz 运行，同时，用定时器 T0 产生一个周期为 200s 的脉冲，保证变频器每 200s 进行一次速度选择。

步 24 控制变频器进行速度选择。PLC 通过 Y001、Y002、Y003 这 3 个输出端子控制变频器 RH、RM、RL 端子的接通，从而实现变频器的 7 段速运行，其关系如表 6.4 所示。3 个端子的不同组合，对应十进制的 1～7 的数据。在如图 6.20 所示的程序中，通过 INCP 加 1 指令让 K1Y001 每隔 200s（T0 的常开触点）加 1，从而实现表 6.4 的对应关系，由于 K1Y001 最大不能大于 7，因此在该步中串联一个比较指令，只有在 K1Y001<7 时，才执行加 1 指令。

步 33 控制变频器停止运行。

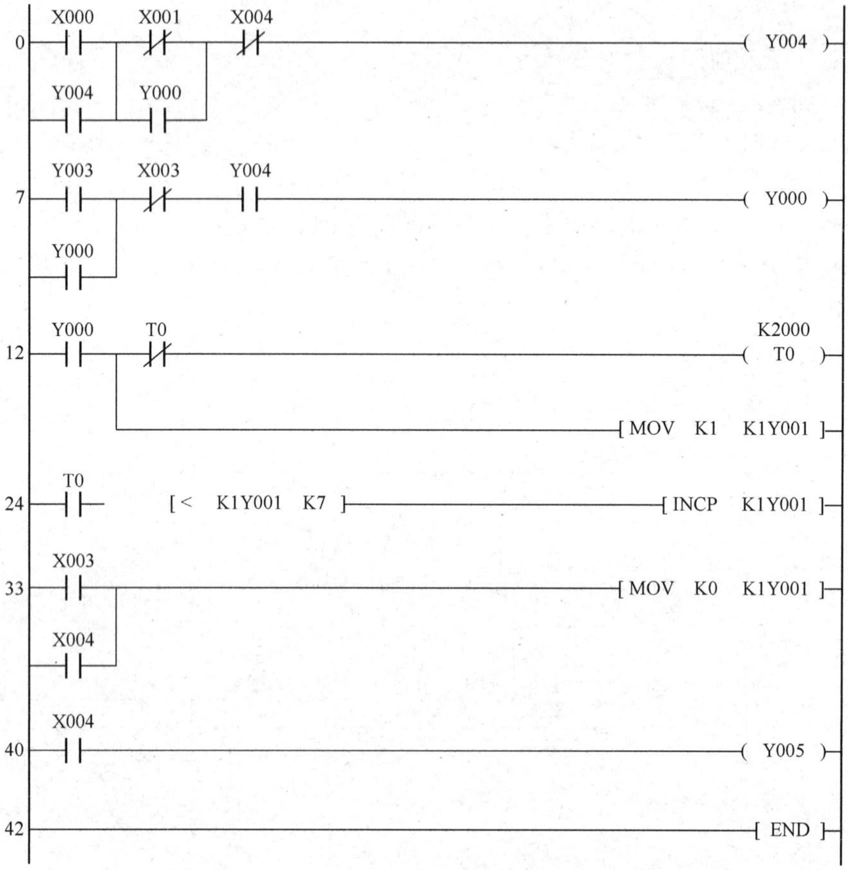

图 6.20　离心机 7 段速控制程序

表 6.4　变频器端子的不同组合与 PLC 传送数据之间的关系

传送数据	端子 RL（Y003）	端子 RM（Y002）	端子 RH（Y001）	对应频率
1	0	0	1	P4
2	0	1	0	P5
3	0	1	1	P26
4	1	0	0	P6
5	1	0	1	P25
6	1	1	0	P24
7	1	1	1	P27

5. 程序调试

（1）按图 6.19 所示接线，并将如图 6.20 所示的程序下载到 PLC 中。

（2）使 PLC 处于"RUN"状态，PLC 上的 RUN 指示灯点亮。此时按下 SB1（X000），Y004 为"1"，接触器 KM 线圈得电，其 3 对主触点闭合，变频器上电。

（3）将变频器进行参数复位，然后将上述参数设置中的参数写入变频器。

（4）变频器运行。当按下按钮 X002 时，输入继电器 X002 得电，X2 常开触点闭合，Y000 得电并自锁，通过 MOVP 指令将数字 1 传送到 K1Y001 中，即 Y001 为"1"，接通变频器的 RH 端子，变频器以 15Hz 的频率运行。通电延时时间继电器 T0 定时 200s 后，其常开触点闭合，执行 INCP 加 1 指令，此时 K1Y001 为 2，即 Y002 为"1"，接通变频器的 RM 端子，变频器以 20Hz 的频率运行，以后每隔 200s，都执行 INCP 指令，输出继电器 Y001、Y002、Y003 都会按照如表 6.4 所示的组合规律接通变频器的 RH、RM、RL 端子，每隔 200s，变频器会依次按照 25Hz、30Hz、35Hz、40Hz、45Hz 的频率运行，最后稳定在 45Hz 上。

（5）变频器停止运行。按下停止按钮 SB4（X003）或变频器发生故障 A、C（X004）时，通过传送指令 MOV 将数字 0 送到 K1Y001，变频器停止运行。

6. 思考题

（1）如果采用顺序功能图编写如图 6.20 所示的离心机控制程序，应该如何实现？

（2）某 PLC 变频控制系统中，选择开关有 7 个挡位，可分别选择 10、15、20、30、35、40、50 的速度运行，采用 PLC 控制变频器的输入端子 RH、RM、RL 进行 7 段速控制，试画出系统的硬件接线图、设置变频器的参数、编写控制程序。

知识拓展　分拣单元 PLC 控制系统设计

分拣单元的结构如图 6.21 所示，由传送带、变频器、三相交流减速电动机、旋转气缸、磁性传感器、电磁阀线、漫射式光电传感器、对射光电传感器、光纤传感器、物料槽、支架等元器件及机械零部件构成。主要完成来料的检测、分类、入库。

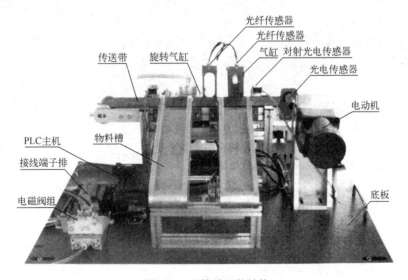

图 6.21　分拣单元的结构

控制要求：完成对白色工件和黑色工件进行分拣。系统启动后，分拣单元接收到复位信号后进行初始状态检查并复位，复位完成后接收到启动信号，传送带入料口位置的漫射式光电传感器检测到有工件时，变频器启动，驱动传动电动机，把工件带入分拣区。

如果工件为白色，则该工件到达 1#滑槽，传送带停止，工件被推到 1#槽中；如果为黑色，旋转气缸旋转，工件被导入 2#槽中。当分拣槽对射传感器检测到有工件进入时，完成本次分拣任务。如果传送带入料口位置的漫射式光电传感器再次检测到有工件时重复上述工作过程。

（1）分拣单元 PLC 控制 I/O 分配如表 6.5 所示。

表 6.5　I/O 地址分配表

输入端	光电传感器（入料口检测）	X000
	光纤传感器 1（白色工件检测）	X001
	光纤传感器 2（黑色工件检测）	X002
	对射光电传感器（入库检测）	X003
	磁性传感器 1（推料伸出到位检测）	X004
	磁性传感器 2（旋转到位检测）	X005
	磁性传感器 3（旋转复位检测）	X006
输出端	二位五通电磁阀 1（推料电磁阀，将白色工件推入 1#槽中）	Y001
	二位五通电磁阀 2（旋转电磁阀，将黑色工件推入 2#槽中）	Y002
	变频器（驱动传送带电动机）	Y003

（2）画出 PLC 的外部接线图，如图 6.22 所示。

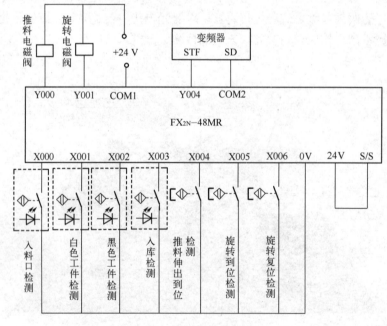

图 6.22　PLC 的外部接线图

（3）画出梯形图，如图 6.23 所示。

要求：用编程软件 GX-Developer V8 编辑分拣单元的 PLC 控制电路的梯形图，并通电调试运行。

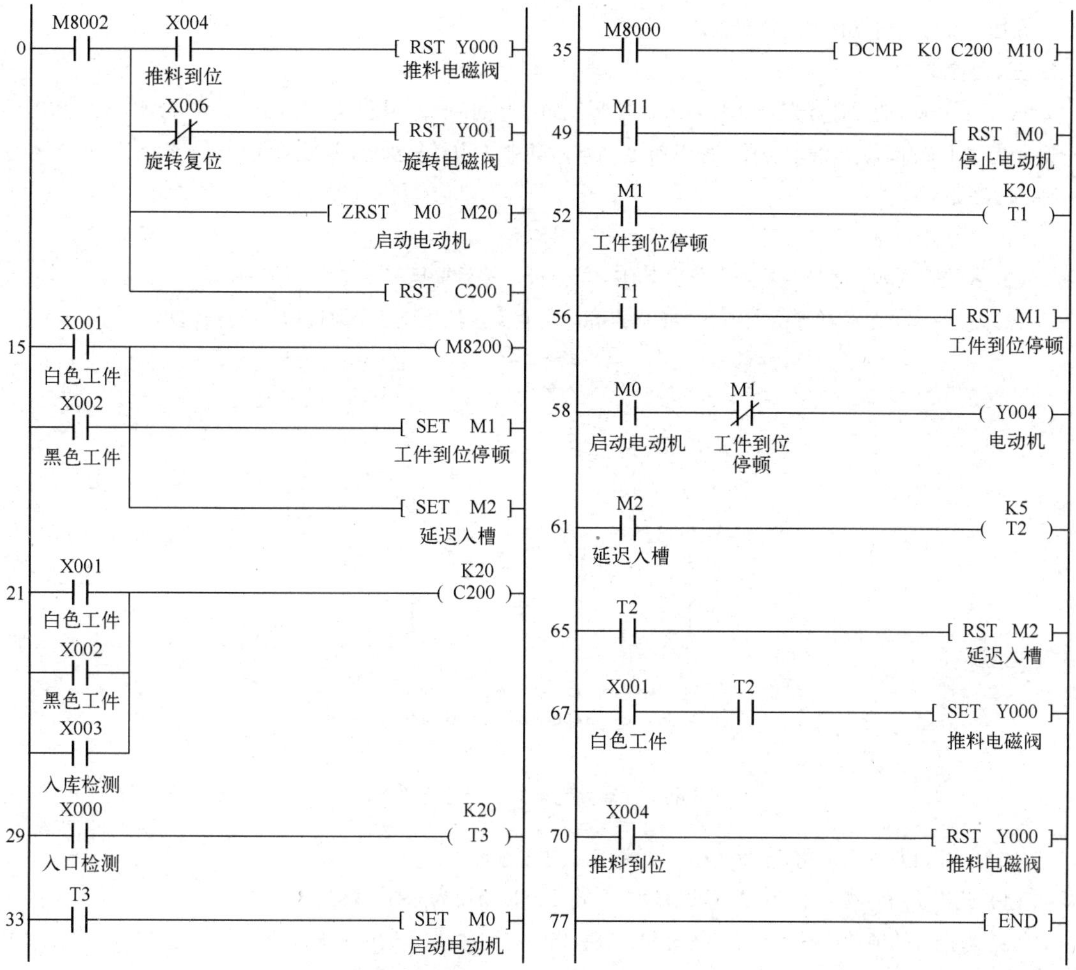

梯形图内容

```
0    M8002  X004              ─[ RST Y000 ]
           推料到位              推料电磁阀
           X006               ─[ RST Y001 ]
           旋转复位              旋转电磁阀
                              ─[ ZRST M0 M20 ]
                                 启动电动机
                              ─[ RST C200 ]

15   X001                    ─( M8200 )
     白色工件
     X002                    ─[ SET M1 ]
     黑色工件                   工件到位停顿
                             ─[ SET M2 ]
                                延迟入槽

21   X001                 K20 ─( C200 )
     白色工件
     X002
     黑色工件
     X003
     入库检测

29   X000                 K20 ─( T3 )
     入口检测

33   T3                       ─[ SET M0 ]
                                 启动电动机
```

```
35   M8000                    ─[ DCMP K0 C200 M10 ]

49   M11                      ─[ RST M0 ]
                                 停止电动机

52   M1                    K20 ─( T1 )
     工件到位停顿

56   T1                       ─[ RST M1 ]
                                 工件到位停顿

58   M0      M1               ─( Y004 )
     启动电动机  工件到位           电动机
             停顿

61   M2                    K5 ─( T2 )
     延迟入槽

65   T2                       ─[ RST M2 ]
                                 延迟入槽

67   X001    T2               ─[ SET Y000 ]
     白色工件                    推料电磁阀

70   X004                     ─[ RST Y000 ]
     推料到位                    推料电磁阀

77                            ─[ END ]
```

图 6.23　分拣单元 PLC 控制的梯形图

项目 6 能力训练

一、填空题

6.1　PLC 控制系统的输入设备包括_____、_____、_____和主令开关。

6.2　PLC 控制系统的输出方式有_____、_____和_____输出 3 种。

6.3　模拟量输入模块主要用于连接_____或者变送器并联收其_____。

6.4　根据生产现场信号的不同，模拟调试有_____和_____两种形式。

6.5　继电器输出适合于通断频率_____的负载，晶体管输出和双向晶闸管输出适合于通断频率_____的负载。

二、问答题

6.6　简述 PLC 应用系统设计的基本原则。

6.7　简述 PLC 应用系统设计的步骤。

6.8　PLC 外围电路设计分配 I/O 点时应注意哪几点？

6.9　节省输入点有哪几种方法？

6.10 节省输出点有哪几种方法？

三、设计题

6.11 电视台的舞台灯光可以采用 PLC 控制，如灯光的闪耀、移位及时序的变化等。如图 6.24 所示为一舞台艺术灯饰自动控制演示装置，它共有 8 道灯，其中 5 道灯呈拱形，3 道灯呈梯形。现要求 0～7 号灯闪亮的时序如下：

（1）7 号灯一亮一灭交替进行。

（2）6、5、4 和 3 号灯由外到内依次点亮，再全灭，然后重复上述过程，循环往复。

（3）2、1 和 0 号阶梯形由上到下，依次点亮，再全灭，然后重复上述过程，循环往复。

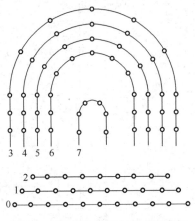

图 6.24 舞台艺术灯的演示装置图

6.12 用 PLC 对自动售货汽水机进行控制，工作要求如下：

（1）此售货机可投入 1 元、2 元（假设有）硬币，投币口为 LS1、LS2。

（2）当投入的硬币总值大于等于 6 元时，汽水指示灯 HL1 亮，此时按下按钮 SB，则出水口出汽水，12s 后自动停止。

（3）不找钱，不结余，下一位投币又重新开始。

试设计程序完成上述要求。

6.13 自动门控制系统的动作如下：人靠近自动门时，感应器 X000 为 ON，Y000 驱动电动机高速开门，碰到开门减速开关 X001 时，变为低速开门。碰到开门极限开关 X002 时电动机停转，开始延时。若在 0.5s 内感应器检测到无人，Y002 启动电动机高速关门。碰到关门减速开关 X004 时，改为低速关门，碰到关门极限开关 X005 时电动机停转。在关门期间若感应器检测到有人，停止关门，T1 延时 0.5s 后自动转换为高速开门。自动门控制装置 PLC 系统设计如下：

（1）自动门控制装置的硬件组成：自动门控制装置由门内光电探测开关 K1、门外光电探测开关 K2、开门到位限位开关 K3、关门到位限位开关 K4、开门执行机构 KM1（使直流电动机正转）、关门执行机构 KM2（使直流电动机反转）等部件组成。光电探测开关检测到人或物体时为 ON，否则为 OFF。

（2）控制要求：

① 当有人由内到外或由外到内通过光电检测开关 K1 或 K2 时，开门执行机构 KM1 动作，电动机正转，到达开门限位开关 K3 位置时，电动机停止运行。

② 自动门在开门位置停留 8s 后，自动进入关门过程，关门执行机构 KM2 被启动，电动机反转，当门移动到关门限位开关 K4 位置时，电动机停止运行。

③ 在关门过程中，当有人员由外到内或由内到外通过光电检测开关 K2 或 K1 时，应立即停止关门，并自动进入开门程序。

④ 在门打开后的 8s 等待时间内，若有人员由外至内或由内至外通过光电检测开关 K2 或 K1 时，必须重新开始等待 8s，再自动进入关门过程，以保证人员安全通过。

⑤ 开门与关门不可同时进行。

6.14 设计自动钻床控制系统的 PLC 程序。控制要求：

（1）按下启动按钮，系统进入启动状态。

（2）当光电传感器检测到有工件时，工作台开始旋转，此时由计数器控制其旋转角度（计数器计满 2 个数）。

（3）工作台旋转到位后，夹紧装置开始夹工件，一直到夹紧限位开关闭合为止。

（4）工件夹紧后，主轴电动机开始向下运动，一直运动到工作位置（由下限位开关控制）。

（5）主轴电动机到位后，开始进行加工，定时 5s。

（6）5s 后，主轴电动机回退，夹紧电动机后退（分别由后限位开关和上限位开关来控制）。

（7）接着工作台继续旋转，由计数器控制其旋转角度（计数器计满 2 个数）。

（8）旋转电动机到位后，开始卸工件，由计数器控制（计数器计满 5 个数）。

（9）卸工件装置回到初始位置。

（10）按下停车按钮，系统立即停车。

试设计程序完成上述要求。

项目 6 考核评价表

考核项目	评价标准	评价方式	考核方式	分数权重	按任务评价		
					一	二	三
接线安装	1. 根据控制任务确定 I/O 分配 2. 画出 PLC 控制 I/O 接线图 3. 布线合理、接线美观 4. 布线规范，无线头松动、压皮、露铜及损伤绝缘层	教师评价	操作	0.3			
编程下载	1. 正确输入梯形图或指令表 2. 会转换梯形图 3. 正确保存文件 4. 会传送程序		操作	0.3			
通电试车	按照要求和步骤正确检查、调试电路		操作	0.2			
安全生产及工作态度	自觉遵守安全文明生产规程，认真主动参与学习	小组互评	口试	0.1			
团队合作	具有与团队成员合作的精神		口试	0.1			
综合评价（此栏由指导教师填写）							

项目 7 模拟量模块和 PLC 通信

项目描述

学习 PLC 特殊功能模块的结构及原理、模拟量的输入/输出处理以及变频器、通信模块等内容，学习 PLC 的通信功能；通过对本项目的学习，学生应对 PLC 的特殊功能模块的基本结构和指令有更深的了解，进一步掌握 PLC 的典型应用和调试方法。

知识目标

（1）掌握 PLC 特殊功能模块的结构及原理。

（2）掌握 FROM 和 TO 指令的用法。

（3）掌握模拟量输入模块 FX_{2N}-2AD、模拟量输出模块 FX_{2N}-2DA 等特殊模块的使用和编程。

（4）掌握 PLC 的并行通信和 N:N 通信。

技能目标

（1）能够对 FX_{2N}-2AD 和 FX_{2N}-2DA 特殊模块进行电路连接和编程。

（2）能够应用 FX_{2N}-485-BD 通信模块对 N:N 通信以及并行通信系统进行简单设计，并进行基本编程。

任务 1 电热水炉温度的 PLC 控制

任务描述

温度控制是 PLC 的典型应用，本任务用功能指令实现 PLC 控制电热水炉温度的设计与调试，学习开关量的控制和 PLC 模拟量的输入模块。进一步熟悉 PLC 的模拟量输入/输出 模块。

任务目标

（1）学会使用 FROM、TO 特殊功能指令。

（2）掌握 PLC 控制的电热水炉温度 I/O 分配。

（3）学习 PLC 控制电热水炉温度的程序编制，并能正确完成下载、运行、调试及监控。

知识储备

一、模拟量模块

在使用 PLC 组成的控制系统中，通常会处理一些特殊信号，如流量、压力、温度等，这需要用到特殊功能模块。FX 系列 PLC 的特殊功能模块有模拟量输入/输出模块、数据通信模块、高速计数模块、位置控制模块及人机界面等。

FX$_{2N}$ 和 FX$_{3U}$ 系列 PLC 常用的模拟量模块有 FX$_{2N}$-2AD、FX$_{2N}$-4AD、FX$_{2N}$-8AD、FX$_{2N}$-4AD-PT、FX2N-4AD-TC、FX$_{2N}$-2DA、FX$_{2N}$-4DA、FX$_{2N}$-3A。

模拟量输入模块（A/D 模块）可将现场仪表输出的标准信号（DC4～20mA、0～5V 或 0～10V 等模拟电流或电压信号）转换成适合 PLC 内部处理的数字信号，PLC 通过 FROM 指令将这些信号读取到 PLC 中，如图 7.1（a）所示。模拟量输出模块（D/A 模块）是将 PLC 处理后的数字信号转化为现场仪表可以接收的标准信号（4～20mA、0～5V 或 0～10V 等模拟信号），以满足生产过程的需求，PLC 一般通过 TO 指令将这些信号写入到模拟量输出模块中，如图 7.1（b）所示。

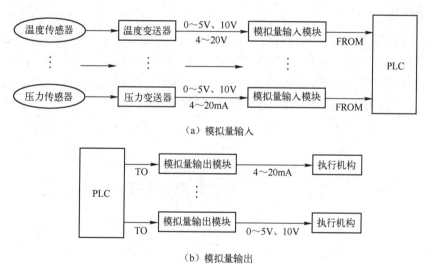

（a）模拟量输入

（b）模拟量输出

图 7.1　模拟量输入/输出示意图

二、模拟量输入模块 FX$_{2N}$-2AD

1．简介

FX$_{2N}$-2AD 型模拟量输入模块用于将两路模拟量输入（电压输入和电流输入）信号转换成 12 位的数字量，并通过 FROM 指令读入到 PLC 的数据寄存器中。FX$_{2N}$-2AD 可连接到 FX$_{2N}$、FX$_{2NC}$ 和 FX$_{3U}$ 系列的 PLC 中。两个模拟输入通道可接收输入为 DC 0～10V、0～5V 或 4～20mA 的信号。

2．性能规格

FX$_{2N}$-2AD 二通道 A/D 转换模块的主要性能参数如表 7.1 所示。

表 7.1　FX$_{2N}$-2AD 模块的主要性能表

项　目	参　数		备　注
	电压输入	电流输入	
输入点数	2 通道		二通道输入方式必须一致
输入要求	DC 0～10V 或 0～5V	DC 4～20mA	输入超过极限可能损坏模块
输入极限	DC -0.5V～15V	DC -2～60mA	
输入阻抗	≤200kΩ	≤250kΩ	
数字输出	12 位		0～4095
分辨率	2.5mV（0～10V），1.25mV（0～5V）	4μA（4～20mA）	
转换精度	±1%		
处理时间	2.5ms/通道		
调整	偏移调节/增益调节		电位器调节
输出隔离	光电耦合		模拟电路与数字电路之间
占用 I/O 点数	8 点		
消耗电流	24V/50mA　5V/20mA		需要 PLC 供给
编程用指令	FROM/TO		

3. 模块连接

如图 7.2 所示，模拟输入通过双绞屏蔽电缆来接收。当电压输入时，将信号接在 VIN 和 COM 端；当电流输入时，信号接在 IIN 和 COM 端，同时将 VIN 和 IIN 之间进行短路处理，如图 7.2 所示。在使用中，FX$_{2N}$-2AD 不能将一个通道作为模拟电压输入，而将另一个作为电流输入，这是因为两个通道使用相同的偏置值和增益值。

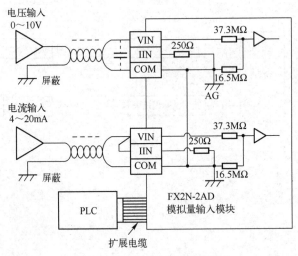

图 7.2　FX$_{2N}$-2AD 模块接线图

4. 缓冲存储器的分配

特殊功能模块内部均有数据缓冲存储器 BFM，它是 FX$_{2N}$-2AD 同 PLC 基本单元进行数据通信的区域，这一缓冲区由 32 个 16 位的寄存器组成，编号为 BFM#0～BFM#31，如表 7.2 所示。

表 7.2　FX$_{2N}$-2AD 缓冲存储器（BFM）的分配

BFM 编号	b15~b8	b7~b4	b3	b2	b1	b0
#0	保留	输入数据的当前值（低 8 位数据）				
#1	保留		输入数据的当前值（高 4 位数据）			
#2~ #16	保留					
#17	保留				模拟到数字转换开始	模拟到数字转换通道
#18 或更大	保留					

BFM#0：由 BFM#17（低 8 位数据）指定通道的输入数据当前值被存储，当前值数据以二进制形式存储。

BFM#1：输入数据当前值（高 4 位数据）被存储，当前值数据以二进制形式存储。

BFM#17：b0——进行模拟到数字转换的通道（CH1，CH2）被指定；b0＝0——CH1；

b0＝1——CH2。

b1——通过 0→1，A/D 转换过程开始。

5. 增益和偏置

FX$_{2N}$-2AD 模块出厂时初始设定值为 0~10V，增益值和偏置值调整到使数字值为 0~4000。当 FX$_{2N}$-2AD 用来作为电流输入或 DC 0~5V 输入时，或根据工程设定的输入特性进行输入时，就有必要进行增益值和偏置值的再调节。增益值和偏置值的调节是对实际的模拟输入值设定一个数字值，这是由 FX$_{2N}$-2AD 的容量调节器来完成的。

6. 应用编程

当 X000 输入为 1 时，将通道 1 进行 A/D 转换，并将转换结果传到寄存器 D100。当 X001 输入为 1 时，将通道 2 进行 A/D 转换，并将转换结果传到寄存器 D101。其梯形图程序如图 7.3 所示。

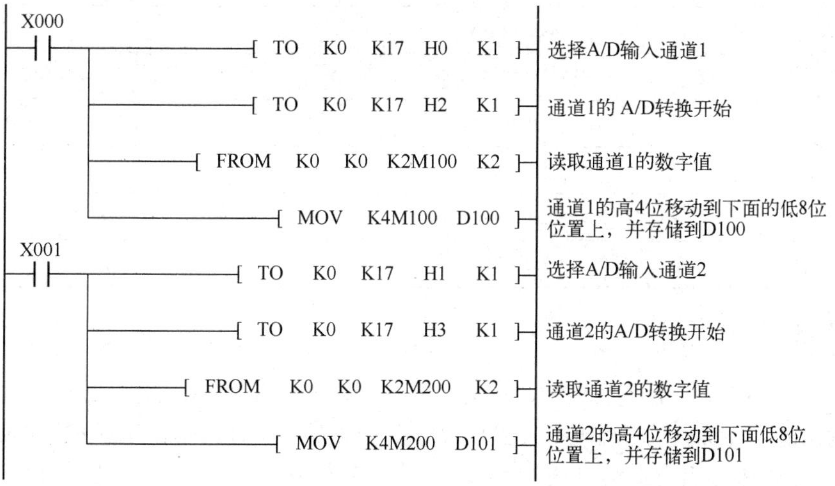

图 7.3　FX$_{2N}$-2AD 模块编程实例

三、模拟量输出模块 FX$_{2N}$-2DA

1. 简介

FX$_{2N}$-2DA 型模拟量输出模块用于将 12 位的数字量转换成两路模拟量输出（电压输出和电流输出）。根据接线方式的不同，模拟量输出可在双电压输出和双电流输出中进行选择，也可以是一个通道为电压输出，另一个通道为电流输出。电压输出时，两个模拟输出通道输出信号为 DC 0～10V、0～5V；电流输出时为 DC4～20mA 的信号。PLC 可使用 FROM/TO 指令与它进行数据传输。

2. 性能规格

FX$_{2N}$-2DA 模块的主要性能参数如表 7.3 所示。

表 7.3　FX$_{2N}$-2DA 模块的主要性能表

项　　目	参数		备注
	电压输出	电流输出	
输出点数	2 通道		二通道输出可以不一致
输出要求	DC0～10V 或 DC0～5V	DC4～20mA	输出超过极限可能损坏模块
输出极限	DC ± 15V	DC ± 30mA	
输出阻抗	2kΩ～1MΩ	≤500Ω	
数字输入	12 位		0～4095
分辨率	2.5mV（DC0～10V），1.25mV（DC0～5V）	4μA	
转换精度	±1%（全范围）		
处理时间	4ms/通道		
调整	偏移调节/增益调节		电位器调节
输出隔离	光电耦合		模拟电路与数字电路之间
占用 I/O 点数	8 点		
消耗电流	24V/50mA；5V/20mA		需要 PLC 供给
编程用指令	FROM/TO		

3. 模块连接

如图 7.4 所示，在使用电压输出时，将负载的一端接在 VOUT 端，另一端接在 COM 端；在使用电流输出时，将负载的一端接在 IOUT 端；另一端接在 COM 端；并在 IOUT 和 VOUT 之间进行短路，当电压输出存在波动或有大量噪声时，在 VOUT 和 COM 之间连接 0.1～0.47μF /DC 25V 的电容。电流负载接在 IOUT 和 COM 之间。

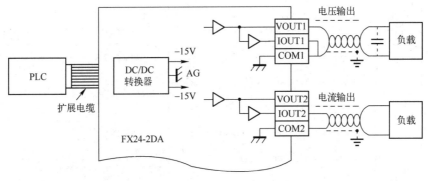

图 7.4 FX$_{2N}$-2DA 模块接线图

4. 缓冲存储器的分配

FX$_{2N}$-2DA 缓冲存储器 BFM 分配表如表 7.4 所示。

表 7.4 FX$_{2N}$-2DA 缓冲存储器（BFM）的分配

BFM 编号	b15～b8	b7～b3	b2	b1	b0
#0～#15	保留				
#16	保留	输出数据的当前值（8 位数据）			
#17	保留	D/A 低 8 位数据保持		通道 1 的 D/A 转换开始	通道 2 的 D/A 转换开始
#18 或更大	保留				

BFM#16：存入由 BFM#17（数字值）指定通道的 D/A 转换数据，D/A 数据以二进制形式存在，并以低 8 位和高 4 位两部分按顺序进行存放和转换。

BFM#17：b0——通过 1→0，通道 2 的 D/A 转换开始；

　　　　　b1——通过 1→0，通道 1 的 D/A 转换开始；

　　　　　b2——通过 1→0，D/A 转换的低 8 位数据保持。

5. 增益和偏置

增益可以设置为任意值，为了充分利用 12 位数字值，建议输入的数字范围为 0～4000。例如，当电流输出为 4～20mA 时，调节 20mA 模拟输出量对应的数字值为 4000。当电压输出时，其偏置值为 0；当电流输出时，4mA 模拟量对应的数字输入值为 0。

6. 应用编程

当 X000 输入为 1 时，将通道 1 进行 D/A 转换，并将转换结果传到寄存器 D100。当 X001 输入为 1 时，将通道 2 进行 D/A 转换，并将转换结果传到寄存器 D101。其梯形图程序如图 7.5 所示。

四、缓冲存储器 BFM 的读写操作指令 FROM 和 TO

1. 读出指令 FROM

FROM 指令用于 PLC 控制器基本模块从模拟量模块读取相应数据。读出指令见表 7.5。

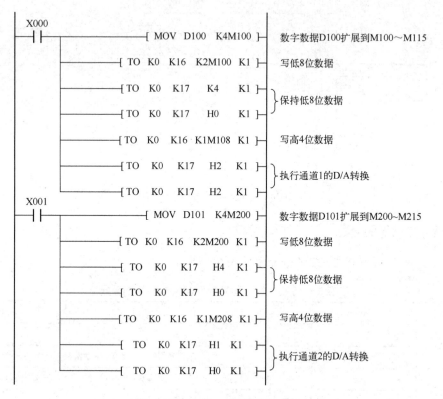

图 7.5　FX$_{2N}$-2DA 模块编程实例

表 7.5　读出指令

指令名称	指令编号	助记符	操作数			
			m1	m2	D（•）	n
读出指令	FNC78	FROM	D、K、H	D、K、H	KnY、KnM、KnS、T、C、D、V、Z	D、K、H

FROM 指令的梯形图如图 7.6 所示。其中，m1 为特殊功能模块的单元号，设定范围为 K0～K7；m2 为缓冲存储器 BFM 的编号，设定范围为 K0～K31；n 为传送点数，设定范围为 K1～K32767。

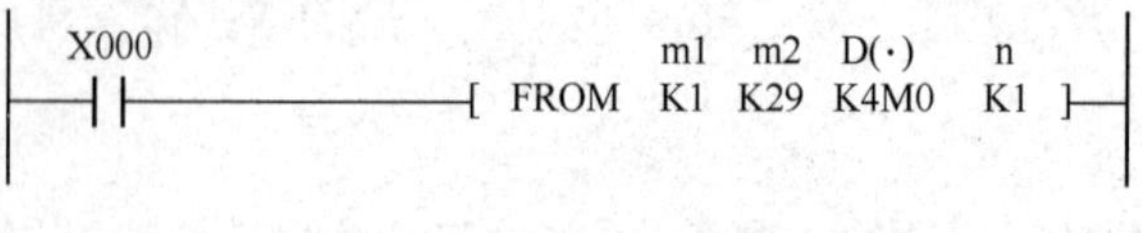

```
   X000                    m1  m2  D(·) n
 ──┤├────────────────[ FROM K1 K29 K4M0 K1 ]──
```

图 7.6　FROM 指令的使用

该指令表示当 X0 为 OFF 时，FROM 指令不执行。当 X0 为 ON 时，将 1 号特殊功能模块内 29 号缓冲存储器（BFM#29）读取一个点的数据，并存储至 PLC 的 K4M0 存储单元。

2. 写入指令 TO

TO 指令用于 PLC 控制器基本模块向模拟量模块写入相应数据。写入指令见表 7.6。

表 7.6　写入指令

指令名称	指令编号	助记符	操作数			
			m1	m2	S（•）	n
写入指令	FNC79	TO	D、K、H	D、K、H	KnY、KnM、KnS、T、C、D、V、Z	D、K、H

TO 指令的梯形图如图 7.7 所示。其中，m1 为特殊功能模块的单元号，设定范围为 K0～K7；m2 为缓冲存储器 BFM 的编号，设定范围为 K0～K31；n 为传送点数，设定范围为 K1～K32767。

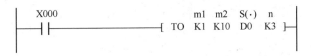

图 7.7　TO 指令的使用

该指令表示当 X0 为 OFF 时，TO 指令不执行。当 X0 为 ON 时，PLC 将 D0、D1、D2 数据写入 1 号特殊功能模块 BFM#10、BFM#11、BFM#12 缓冲存储器中。

技能操作

1．操作目的

（1）独立完成电热水炉温度的 PLC 控制电路接线与安装。

（2）学会应用特殊功能指令的编程设计。

（3）进一步熟悉 GX-Developer V8 编程软件中功能指令的使用方法。

2．操作器材

（1）可编程控制器 1 台（FX$_{2N}$-48MR）。

（2）电热水炉温度控制装置实验板 1 块。

（3）连接导线若干。

（4）安装有 GX-Developer V8 编程软件的计算机 1 台。

3．控制要求

电热水炉温度控制如图 7.8 所示，要求当水位低于低位液位开关时，打开进水电磁阀进水；当水位高于高位液位开关时，关闭进水电磁阀停止进水。加热时，当水温低于 80℃时，打开电源控制开关开始加热；当水温高于 95℃时，停止加热并保温。

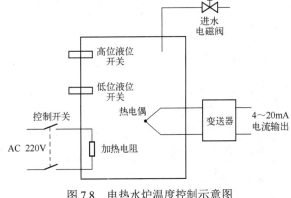

图 7.8　电热水炉温度控制示意图

4．用户程序

（1）I/O 地址分配如表 7.7 所示。

表 7.7　I/O 地址分配表

输入端	高位液位开关 S1	X000
	低位液位开关 S2	X001
输出端	进水电磁阀	Y000
	加热电阻	Y001

（2）画 PLC 的外部接线图。如图 7.9 所示。

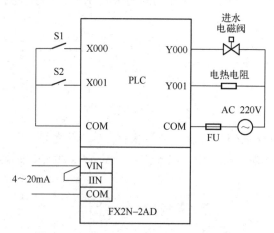

图 7.9　电热水炉温度的 PLC 外部接线图

PLC 程序设计：根据电热水炉控制要求，设计控制梯形图程序，如图 7.10 所示。电热水炉运行，水位低于低位液位开关（X001）时，打开进水电磁阀（Y000）加水，当水加至高位液位开关（X000）时，关闭进水电磁阀（Y000）。此时，PLC 通过对采集的炉内水温的判断，控制电热水炉加热，即当水温低于 80℃时，开启加热电阻（Y001），当水温高于 95℃时，关闭加热电阻（Y001），这时要用到 PLC 应用指令的 ZCP 比较指令。

5. 程序调试

用 FX_{2N} 编程软件将梯形图输入 PLC 后，将 PLC 置于 RUN 状态，运行程序，观察电热水炉温度的情况，如果变化情况和控制要求一致，表明程序正确，保存程序。如果发现变化情况和控制要求不相符，应仔细分析，找出原因，重新修改，直到电热水炉温度的变化情况和控制要求一致为止。

6. 操作注意事项

（1）PLC 的 I/O 接拆线应在断电情况下进行（即先接线，后上电；先断电，后拆线）。
（2）调试单元和实验板上的插线不要插错或短路。
（3）调试中如 PLC 的 CPU 状态指示灯报警，应分析原因，排除故障后再继续运行程序。
（4）遵守电工操作规程。

7. 思考题

（1）FX_{2N}-2DA 模块作为电压输出和电流输出时，接线有什么不同？应注意什么？

（2）FX$_{2N}$-2DA 功能模块有哪些缓冲存储器？其功能是什么？

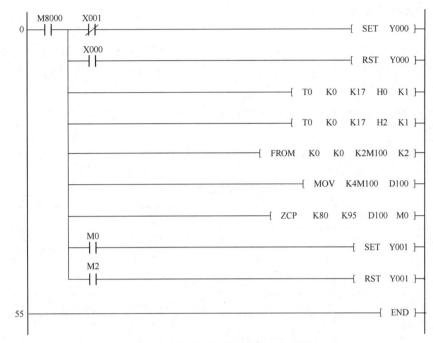

图 7.10　电热水炉控制的梯形图程序

知识拓展　高层恒压供水自动控制系统

高层恒压供水自动控制系统如图 7.11 所示，主要控制对象是 3 台三相交流鼠笼式异步电动机（水泵），目的是通过调节电动机的转速及运行台数，改变供水管网的供水流量，以此保持管网的压力恒定。系统由压力传感器、可编程控制器（PLC）、变频器、供水泵组等组成。其中，供水泵组包括 2 台常规变频泵和 1 台休眠泵。高层供水方式采用 1～5 层直接由自来水管网供给，6～12 层采用变频恒压二次供水。

图 7.11　高层恒压供水自动控制系统

1）电动机启动

供水系统中 2 台主水泵电动机功率为 7.5kW，1 台休眠泵电动机功率为 3kW。自动运行时采取主水泵电动机变频启动和休眠泵电动机直接启动的控制方式。手动控制时 2 台主泵电动机采取软启动控制方式。

2）变频器运行

在供水的任意时刻，变频器均实现对 1 台主水泵电动机的变频控制，当供水管网压力发生变化时，变频器调节输出频率，改变供水泵电动机的转速，实现供水泵的流量变化，抑制用户用水需求的变化而导致的管网压力的波动。

3）PLC 控制

PLC 主要是在自动运行状态下实现对 3 台水泵电动机工作方式的控制，如向变频器提供供水管网的当前压力值、控制电动机的工作台数、常规泵和休眠泵的自动切换，以及对系统出现的故障实施保护控制和报警输出等。

4）压力检测

在供水管网的出口管道上连接电接点压力表，实时监测管网的当前压力值，经 PLC 处理后，送给变频器的模拟反馈信号端，再由变频器实施 PID 调节后改变频率的输出。

5）继电逻辑控制

利用低压电器实现对 3 台电动机的手动控制及变频器和电动机的主电路连接、保护控制及报警等。

（1）I/O 地址分配如表 7.8 所示。

表 7.8　I/O 地址分配表

输入端		输出端	
停止按钮 SB0	X000	手动/自动状态输出 KA	Y000
启动按钮 SB1	X001	1 号供水泵软启动 KA1	Y001
手动/自动转换开关 SB2	X002	消防报警模拟信号 KA2	Y002
水泵电动机过载控制 KA8	X003	污水池高液位 KA3	Y003
1 号供水泵变频工作 KM0	X004	污水池低液位 KA4	Y004
1 号供水泵工频工作 KM1	X005	变频器工作开始 KA5	Y005
2 号供水泵变频工作 KM2	X006	供水泵变频运行灯 HL1	Y006
2 号供水泵工频工作 KM3	X007	供水泵工频运行灯 HL2	Y007
PFM-GND	IN-CH1	变频器模拟量输入 CCI-GND	OUT-CH1

（2）画 PLC 外部接线图。高层恒压供水自动控制系统的 PLC 电气接线图如图 7.12 所示。

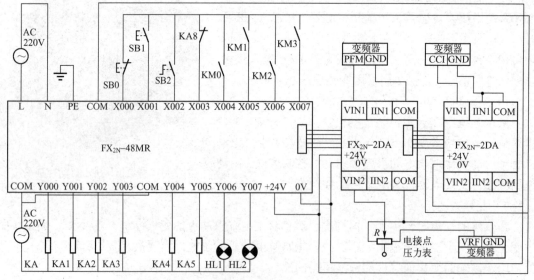

图 7.12　高层恒压供水自动控制系统的 PLC 电气接线图

（3）程序设计。根据控制要求设计的程序如图 7.13 所示。

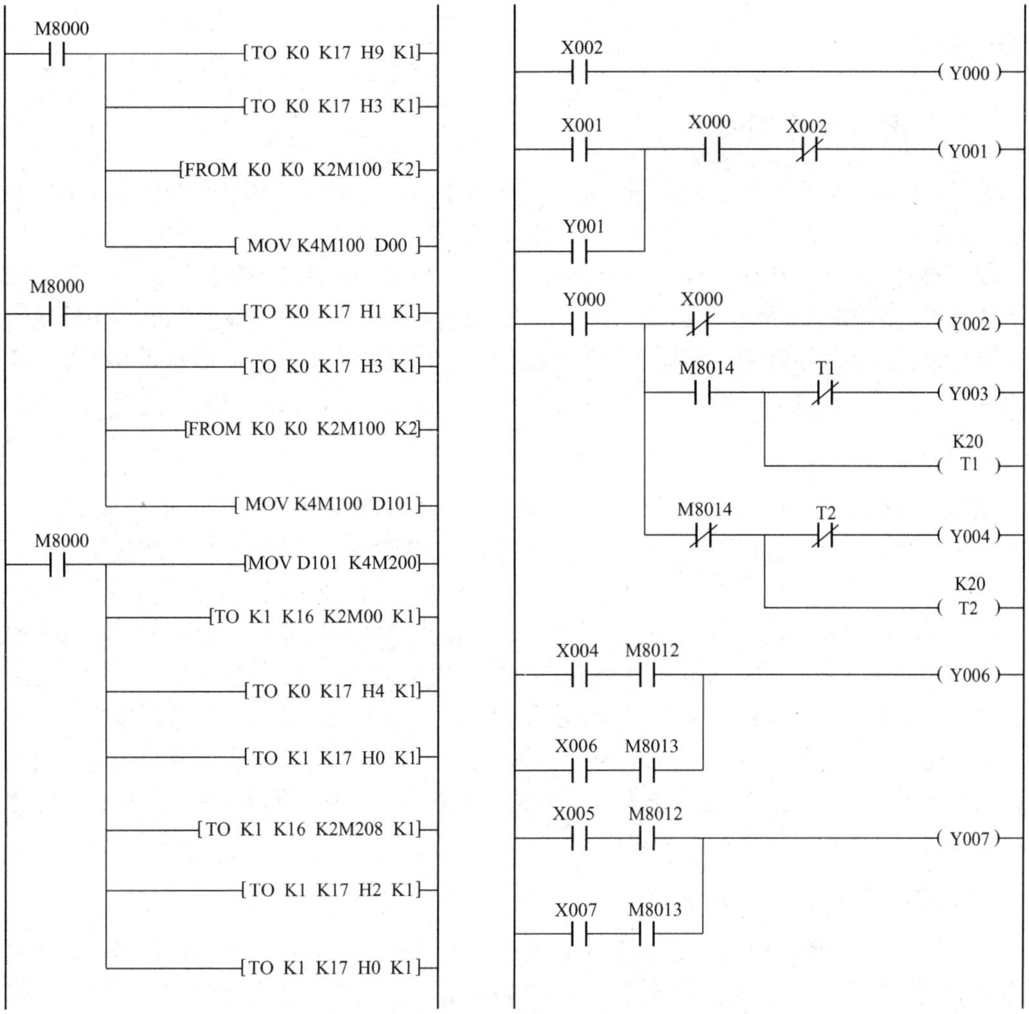

```
M8000                    ┌─[TO K0 K17 H9 K1]─┐      X002                        (Y000)
─┤ ├──┬───────────────────┤                   │     ─┤ ├────────────────────────
      │                    └─[TO K0 K17 H3 K1]─┘      X001      X000      X002
      │                                               ─┤ ├──────┤ ├──────┤/├──────(Y001)
      ├───────────────────[FROM K0 K0 K2M100 K2]       Y001
      │                                               ─┤ ├─
      └───────────────────[MOV K4M100 D00]            Y000      X000
M8000                    ┌─[TO K0 K17 H1 K1]─┐       ─┤ ├──────┤/├────────────────(Y002)
─┤ ├──┬───────────────────┤                   │
      │                    └─[TO K0 K17 H3 K1]─┘      M8014     T1
      │                                               ─┤ ├──────┤/├────────────────(Y003)
      ├───────────────────[FROM K0 K0 K2M100 K2]                                   K20
      │                                                                          ─( T1 )
      └───────────────────[MOV K4M100 D101]           M8014     T2
M8000                     [MOV D101 K4M200]           ─┤/├──────┤/├────────────────(Y004)
─┤ ├──┬───────────────────                                                         K20
      │                   [TO K1 K16 K2M00 K1]                                    ─( T2 )
      │
      ├───────────────────[TO K0 K17 H4 K1]           X004      M8012
      │                                               ─┤ ├──────┤ ├──────┬─────────(Y006)
      ├───────────────────[TO K1 K17 H0 K1]           X006      M8013    │
      │                                               ─┤ ├──────┤ ├──────┘
      ├───────────────────[TO K1 K16 K2M208 K1]        X005      M8012
      │                                               ─┤ ├──────┤ ├──────┬─────────(Y007)
      ├───────────────────[TO K1 K17 H2 K1]           X007      M8013    │
      │                                               ─┤ ├──────┤ ├──────┘
      └───────────────────[TO K1 K17 H0 K1]
```

图 7.13　高层恒压供水自动控制系统程序

任务 2　送风和循环系统的通信控制

任务描述

　　FX 系列 PLC 具有丰富、强大的通信功能，不仅 PLC 与 PLC 之间能进行数据通信，也能实现 PLC 与上位机、触摸屏等的数据通信。本任务用并行连接通信实现送风和循环系统的通信控制。

任务目标

　　（1）熟悉通信的基础知识。

　　（2）掌握 N:N 网络通信和并行连接网络通信中软元件的分配及通信程序的编写。

　　（3）学习两台 PLC 之间的通信的程序编制，并能正确完成下载、运行、调试及监控。

知识储备

一、数据通信基本概念

数据通信就是将数据信息通过适当的传送线路从一台机器传送到另一台机器。这里的机器可以是计算机、PLC 或是有数据通信功能的其他数字设备。

数据通信系统一般由传送设备、传送控制设备和传送协议及通信软件等组成。

数据通信系统的任务是将地理位置不同的计算机、PLC、变频器及触摸屏等各种现场设备，通过通信介质连接起来，按照规定的通信协议，以某种特定的通信方式高效率地完成数据的传送、交换和处理。

1. 数据通信方式

按同时传送的位数来分，可以将通信分为并行通信和串行通信。

（1）并行通信。并行通信是指所传送的数据以字节或字为单位同时发送或接收。

并行通信除了有 8 根或 16 根数据线、1 根公共线外，还需要有通信双方联络用的控制线。并行通信传送数据速度快，但是传输线的根数多，抗干扰能力较差，一般用于近距离数据传输，如 PLC 的基本单元、扩展单元和特殊模块之间的数据传送。

（2）串行通信。串行通信是以二进制的位为单位，一位一位地顺序发送或接收。

串行通信的特点是仅需一根或两根传送线，速度较慢，但适合于多数位、长距离通信。计算机和 PLC 都有通用的串行通信接口，如 RS-232C 或 RS-485 接口。在工业控制中计算机之间的通信方式一般采用串行通信方式。

2. 数据传送方式

在通信线路上点对点的通信，按照数据传送方向与时间的关系，可以将数据通信方式划分为单工、半双工、全双工通信方式，如图 7.14 所示。

（1）单工通信。单工通信是指信息的传送始终保持同一个方向，而不能进行反向传送，如图 7.14（a）所示。其中，A 端只能作为发送端，B 只能作为接收端。

（2）半双工通信。半双工通信是指信息流可以在两个方向上传送，但同一时刻只限于一个方向传送，如图 7.14（b）所示。其中，A 端和 B 端都具有发送和接收功能，但传送线路只有一条，某一时刻只能 A 端发送 B 端接收，或者 B 端发送 A 端接收。

（3）全双工通信。全双工通信能在两个方向上同时发送和接收数据，如图 7.14（c）所示。A 端和 B 端双方都可以一边发送数据，一边接收数据。

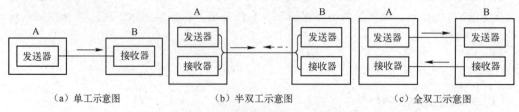

图 7.14 数据通信方式示意图

PLC 使用半双工或全双工异步通信方式。

3．PLC 常用通信接口标准

PLC 通信主要采用串行异步通信，其常用的串行通信接口（标准）有 RS-232、RS-422 和 RS-485 等。

RS-232 接口是目前计算机和 PLC 中最常用的一种串行通信接口，RS-232 接口使用 25 针连接器或 9 针连接器。

RS-485 是 RS-422A 的变形。RS-422A 采用全双工，而 RS-485 则采用半双工。RS-422/RS-485 接口一般采用 9 针的 D 形连接器。普通计算机一般不配备 RS-422 和 RS-485 接口，但工业控制计算机和小型 PLC 上都设有 RS-422 或 RS-485 通信接口。

二、N:N 网络通信

FX 系列 PLC 支持 N:N 网络、并行连接、计算机连接（用专用协议进行数据传输）、无协议通信（用 RS 指令进行数据传输）和可选编程端口五种类型的通信，但都需要扩展通信板或通用适配器。

1．N:N 网络的构成

N:N 网络通信是把最多 8 台 FX 系列 PLC 按照一定的连接方法连接在一起组成一个小型的通信系统，如图 7.15 所示，其中一台 PLC 为主站，其余的 PLC 为从站，每台 PLC 都必须配置 FX_{2N}-485 通信板，系统中的各个 PLC 能够通过相互连接的软元件进行数据共享，达到协同运作的要求。系统中 PLC 的型号可以不同，各种型号的 PLC 可以组合成 3 种模式，即模式 0、模式 1 和模式 2。PLC 中的一些特殊寄存器可以帮助完成系统的通信参数设定，如站点号的设定、从站数目的设定、模式选择以及通信超时的设定。设定完成之后，用户就可以根据自己的需要在主、从站的 PLC 中编写要进行数据共享的程序。

2．与 N:N 网络通信有关的辅助继电器和数据寄存器

在每台 PLC 的辅助继电器和数据寄存器中分别有一片系统指定的共享数据区，网络中的每一台 PLC 都有自己的共享辅助继电器和数据寄存器。N:N 网络所使用的从站数量不同、工作模式不同，共享的软元件的点数和范围也不同，这可以通过刷新范围来决定。共享软元件在各 PLC 之间执行数据通信，并且可以在所有的 PLC 中监视这些软元件。

使用 N:N 网络时，FX 系列的部分辅助继电器和数据寄存器被用来作为通信专用标志。辅助继电器和数据寄存器的使用如表 7.9 和表 7.10 所示。

表 7.9　通信标志辅助继电器

类型	软元件	名称	功能	响应类型
只读	M8038	参数设定	用于 N:N 网络的设置	主、从站
只读	M8179	通道设定	使用通道 2 时置 ON	主、从站
只读	M8183	数据传送 PLC 主站出错	主站通信错误时置 ON	主站
只读	M8184～M8190	数据传送 PLC 从站（1～7 号站）出错	从站通信错误时置 ON	主、从站
只读	M8198	数据传送 PLC 执行中	执行数据传送时置 ON	主、从站

表 7.10　数据寄存器

类型	软元件	名称	功能	响应类型
只读	D8173	站号	用于存储本站的站号	主、从站
只读	D8174	从站总数	用于存储从站站点个数	主、从站
只读	D8175	刷新范围	用于存储刷新范围	主、从站
只写	D8176	主、从站点号设定	设定使用的站，主站为 0，从站为 1～7	主、从站
只写	D8177	从站总数设定	设定从站总数	主站
只写	D8178	刷新范围设定	设定进行通信的软元件的模式，初始值为 0	主站
读/写	D8179	重试次数	用于在主站中设置重试次数，初始值为 3	主站
读/写	D8180	监视时间	设置通信超时时间（50～2550ms），以 10ms 为单位进行设定，设定范围为 5～255，从站不用设定	主站

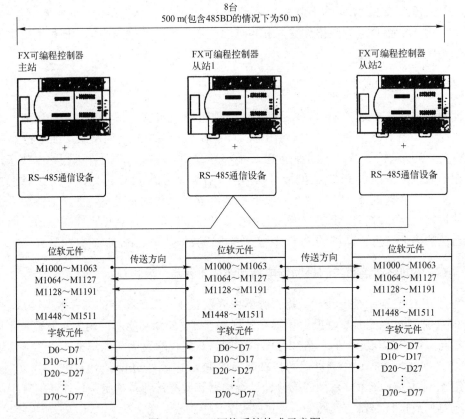

图 7.15　N:N 网络系统构成示意图

3．N:N 网络的设置

N:N 网络的设置只有在程序运行或 PLC 启动时才有效。

（1）设置工作站号（D8176）。D8176 的取值范围为 0～7，主站应设置为 0，从站设置为 1～7。

（2）设置从站个数（D8177）。该设置只适用于主站，D8177 的设定范围为 1～7，默认值为 7。

（3）设置刷新范围（D8178）。刷新范围是指主站与从站共享的辅助继电器和数据寄存器的范围。刷新范围由主站的 D8178 来设置，可以设定为 0、1、2（默认值为 0），对应的刷新模式如表 7.11 所示。

表 7.11　N:N 网络的刷新模式

通信元件	刷新范围		
	模式 0	模式 1	模式 2
	（FX$_{0N}$、FX$_{1S}$、FX$_{1N}$、FX$_{2N}$、FX$_{2NC}$）	（FX$_{1N}$、FX$_{2N}$、FX$_{2NC}$）	（FX$_{1N}$、FX$_{2N}$、FX$_{2NC}$）
位元件	0 点	32 点	64 点
字元件	4 点	4 点	8 点

刷新范围只能在主站中设置，但是设置的刷新模式适用于 N:N 网络中所有的工作站。FX$_{0N}$、FX$_{1S}$ 系列 PLC 应设置为模式 0，否则在通信时会产生通信错误。

表 7.12 中辅助继电器和数据寄存器是供各站的 PLC 共享的。根据在相应站号设定中设定的站号，以及在刷新范围设定中设定的模式不同，使用的软元件编号及点数也有所不同。编程时，请勿擅自更改其他站点中使用的软元件的信息，否则不能正常运行。

（4）设定重试次数（D8179）。D8179 的取值范围为 0～10（默认值为 3），该设置仅用于主站。当通信出错时，主站就会根据设置的次数自动重试通信。

（5）设置通信超时时间（D8180）。D8180 的取值范围为 5～255（默认值为 5），该值乘以 10ms 就是通信超时时间。该设置仅用于主站。

表 7.12　N:N 网络共享的辅助继电器和数据寄存器

站号	模式 0		模式 1		模式 2	
	位元件	4 点字元件	32 点位元件	4 点字元件	64 点位元件	4 点字元件
0	—	D0～D3	M1000～M1031	D0～D3	M1000～M1063	D0～D7
1	—	D10～D13	M1064～M1095	D10～D13	M1064～M1127	D10～D17
2	—	D20～D23	M1128～M1159	D20～D23	M1128～M1191	D20～D27
3	—	D30～D33	M1192～M1223	D30～D33	M1192～M1255	D30～D37
4	—	D40～D43	M1256～M1287	D40～D43	M1256～M1319	D40～D77
5	—	D50～D53	M1320～M1351	D50～D53	M1320～M13831	D50～D57
6	—	D60～D63	M1384～M1415	D60～D63	M1384～M1447	D60～D67
7	—	D70～D73	M1000～M1031	D70～D73	M1000～M1511	D70～D77

三、并行通信

并行通信用来实现两台同一组的 FX 系列 PLC 之间的数据自动传送，其系统构成如图 7.16 所示。与并行通信有关的标志寄存器和特殊数据寄存器如表 7.13 所示。FX$_{1N}$、FX$_{2N}$、FX$_{2NC}$ 型号的 PLC 数据传输是采用 100 个辅助继电器和 10 个数据寄存器来完成的，与通信有关的辅助继电器和数据寄存器如表 7.14 所示。主要具有以下特点：

（1）并行通信在 2 台 FX 系列 PLC 之间进行，一台为主站，一台为从站。

（2）站与站之间通过 RS-485 或 RS-422 通信接口连接，实现软元件相互连接的功能。

（3）根据要连接的点数，可以选择普通模式和高速模式。

（4）网络中每个网络单元使用 FX_{0N}-485 时最长通信距离不超过 500m，每个网络单元使用 FX_{1N}-485 或 FX_{2N}-485-BD 时最长通信距离不超过 50m。

（5）并行通信过程中不会占用系统的 I/O 点数，而是在辅助继电器 M 和数据寄存器 D 中专门开辟一个地址区域，按照特定的编号分配给 PLC。在通信过程中，两台 PLC 的这些特定的地址区域不断地自动交换信息。

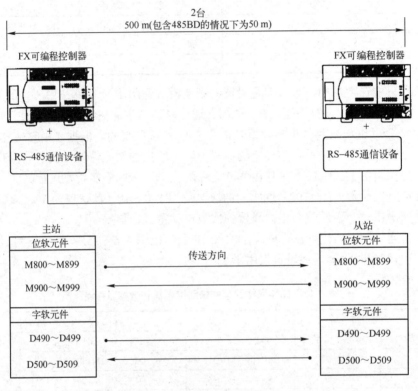

图 7.16　并行通信系统组成

表 7.13　与并行通信有关的标志寄存器和特殊数据寄存器

软元件	操　作
M8070	为 ON 时，PLC 作为并行通信的主站
M8071	为 ON 时，PLC 作为并行通信的从站
M8072	PLC 运行在并行通信时为 ON
M8073	在并行通信时 M8070 和 M8071 中任何一个设置出错时为 ON
M8162	为 OFF 时是普通模式；为 ON 时是高速模式
D8070	并行通信的监视时间，默认值为 500ms

并行通信有普通模式和高速模式两种工作模式，通过特殊辅助继电器 M8162 来设置，如表 7.13 所示。主、从站之间通过周期性的自动通信由表 7.14 中的辅助继电器和数据寄存器来实现数据共享。

表 7.14　并行通信两种模式的比较

模式	通信设备	FX₁N、FX₂N、FX₂NC	通信时间（ms）
普通模式（M8162 为 OFF）	主站→从站	M800~M899（100 点） D800~D899（10 点）	70（ms）+主站扫描时间+从站扫描时间
	从站→主站	M900~M999（100 点） D500~D509（10 点）	
高速模式（M8162 为 ON）	主站→从站	D490、D491（2 点）	20（ms）+主站扫描时间+从站扫描时间
	从站→主站	D500、D501（2 点）	

1. 普通模式

并行通信的普通模式如图 7.17 所示，必须使 M8162=OFF。通过 M8070 和 M8071 分别将连接在一起的两个 PLC 设置为主站和从站，主站中的 M800~M899 一共 100 个辅助继电器的状态可以传递到从站中，供从站使用；从站中的 M900~M999 一共 100 个辅助继电器的状态可以传递到主站中，供主站使用。主站中的 D490~D499 一共 10 个数据寄存器的数据可以传递到从站中，供从站使用；从站中的 D500~D509 一共 10 个数据寄存器的数据可以传递到主站中，供主站使用。

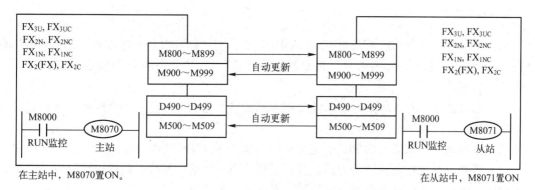

图 7.17　普通模式

2. 高速模式

并行通信的高速模式如图 7.18 所示，必须使 M8162=ON。通过 M8070 和 M8071 分别将连接在一起的两个 PLC 设置为主站和从站。高速模式中主站和从站共享的只有 2 个字元件，主站是 D490 和 D491，从站是 D500 和 D501。

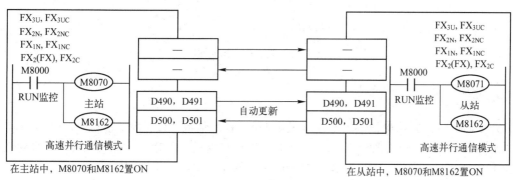

图 7.18　高速模式

技能操作

1. 操作目的

（1）独立完成送风和循环系统的通信控制电路接线与安装。

（2）学会分别由两台 PLC 控制两台电动机启动的方法，并能进行两台 PLC 之间的通信编程设计。

（3）进一步熟悉 GX-Developer V8 编程软件的使用方法。

2. 操作器材

（1）可编程控制器 1 台（FX_{2N}-48MR）。

（2）FX_{2N}-485-BD 通信板 1 块。

（3）连接导线若干。

（4）安装有 GX-Developer V8 编程软件的计算机 1 台。

3. 控制要求

某控制系统由送风和循环系统组成，如图 7.19 所示，它们均由一台功率为 10kW 的电动机驱动，并且两台电动机分别由两台 PLC 控制其直接启动。现需要两个系统能进行数据通信，具体要求如下。

（1）送风系统（主站）的 PLC 既能控制本站的送风电动机启停，也能控制循环系统的电动机启停。

（2）循环系统（从站）的 PLC 既能控制本站电动机启停，也能控制送风电动机的启停。

（3）两控制系统均能监控对方的运行和过载状态，当某一系统电动机出现过载时，两系统电动机均停止，并能在本系统中显示另一系统的过载信息。

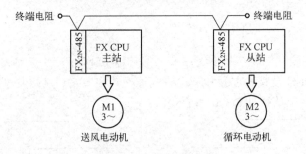

图 7.19　通信系统构成图

4. 通信布线

并行通信时需要在每台 PLC 上装 FX_{2N}-485-BD 通信板，在安装通信板时，拆下 PLC 上表面左侧的盖板，再将通信板上的连接器插入 PLC 电路板的连接器插槽内即可。通信板的外形如图 7.20 所示，图中 RDA、RDB 为接收数据端子，SDA、SDB 为发送数据端子，SG 为信号地。两个通信板的接线如图 7.21 所示。

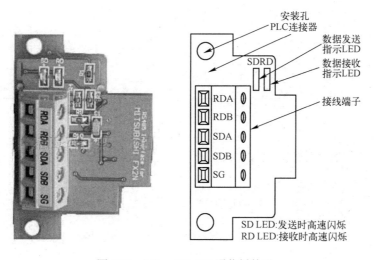

图 7.20　FX$_{2N}$-485-BD 通信板外形

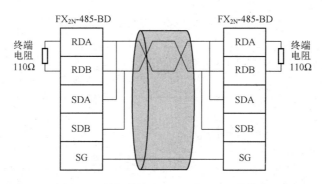

图 7.21　并行通信中 FX$_{2N}$-485-BD 的接线

5. 用户程序

（1）根据控制要求，主站和从站使用的 I/O 地址分配相同，如表 7.15 所示。

表 7.15　两台 PLC 之间通信 I/O 地址分配表

输 入 端		输 出 端	
本站启动按钮 SB1	X000	本站接触器 KM	Y000
本站停止按钮 SB2	X001	本站运行指示灯 HL1	Y001
本站急停按钮 SB3	X002	本站过载指示灯 HL2	Y002
对方启动按钮 SB4	X003	对方运行指示灯 HL3	Y003
对方停止按钮 SB5	X004	对方过载指示灯 HL4	Y004
本站过载信号 FR	X005		

（2）系统硬件接线如图 7.22 所示，其中，第 2 台 PLC 的输入和输出连接与第 1 台相同。

（3）PLC 程序设计。两台 PLC 的并行通信通过分别设置在主站和从站中的程序来实现。其中，主站（送风）控制程序如图 7.23（a）所示，从站（循环）控制的程序如

图 7.23（b）所示。

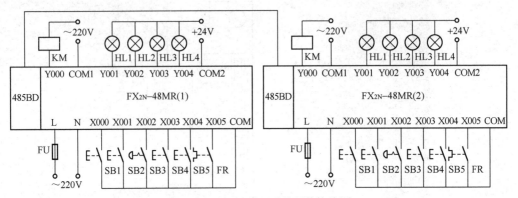

图 7.22　送风及循环系统硬件接线图

6. 程序调试

（1）参照图 7.21 将两台 PLC 通过 FX$_{2N}$-485-BD 通信板连接在一起，并根据图 7.22 将两台 PLC 的输入和输出接好。

（2）将图 7.23 所示的程序分别下载到对应的 PLC 中。

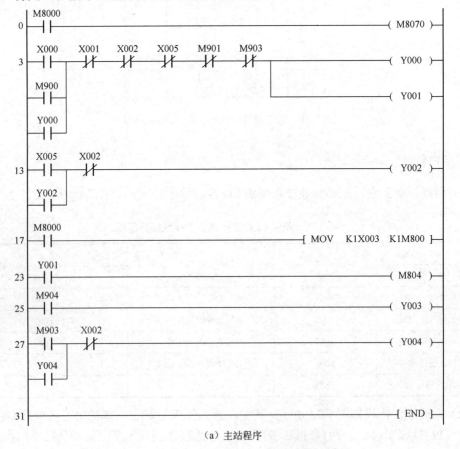

（a）主站程序

图 7.23　送风和循环系统的通信程序

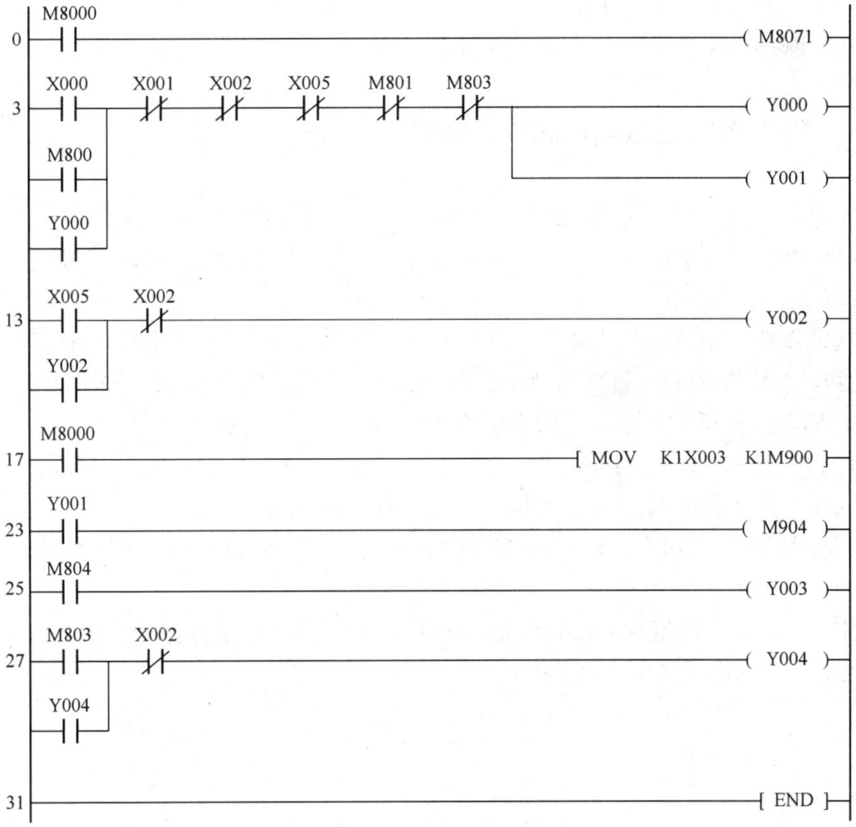

（b）从站程序

图 7.23 送风和循环系统的通信程序（续）

（3）将主站和从站的 PLC 都置于 RUN 状态。

（4）确认通信状态灯(SD、RD)闪烁，说明通信正常。

（5）确认主站的连接。操作主站（送风）的启停按钮 X000 和 X001，观察送风电动机启停；再操作主站的启停按钮 X003 和 X004，观察能否控制从站（循环）电动机的启停。

（6）确认从站的连接。操作从站（循环）的启停按钮 X000 和 X001，观察循环电动机启停；再操作从站的启停按钮 X003 和 X004，观察能否控制主站（送风）电动机的启停。

（7）观察在主站和从站的操作过程中，能否监控对方站的运行和过载情况。

7. 操作注意事项

（1）PLC 的 I/O 接拆线应在断电情况下进行（即先接线，后上电；先断电，后拆线）。

（2）调试单元和实验板上的插线不要插错或短路。

（3）调试中如 PLC 的 CPU 状态指示灯报警，应分析原因，排除故障后再继续运行程序。

（4）遵守电工操作规程。

8. 思考题

（1）PLC 的通信方式有哪几种？

（2）使用并行通信的两台 PLC 是怎样交换数据的？

（3）N:N 网络连接各站之间是如何交换数据的？

知识拓展　PLC 控制三台电动机网络通信

控制要求：如图 7.24 所示为连接三台 PLC 的通信系统构成图，该系统有 1 个主站(0#)、2 个从站(1#、2#)，要求用 FX$_{2N}$-485-BD 通信板，采用 N:N 网络通信协议控制。按如下要求进行控制：

（1）通信参数：重试次数为 4 次，通信超时时间为 30ms，采用模式 1 连接软元件。

（2）用 0#主站的 X001（启动）、X002（停止）控制从站 1 的电动机甲采取星—三角启动，延时时间为 5s，并有指示灯指示，闪烁频率为每秒 1 次。

（3）用 1#从站的 X001（启动）、X002（停止）控制从站 2 的电动机乙采取星—三角启动，延时时间为 4s，并有指示灯指示，闪烁频率为每秒 1 次。

（4）用 2#从站的 X001（启动）、X002（停止）控制主站 0 的电动机丙采取星—三角启动，延时时间为 4s，并有指示灯指示，闪烁频率为每秒 1 次。

（5）各站中电动机的星形连接启动用 Y000 控制，三角形连接启动用 Y001 控制，主输出用 Y002 控制，闪烁指示灯用 Y003 控制。

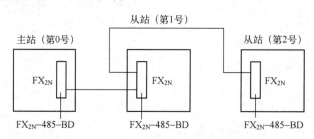

图 7.24　连接 3 台 PLC 的通信系统构成图

具体实施步骤如下：

（1）通信布线。三台 PLC 组成的 N:N 网络如图 7.25 所示。

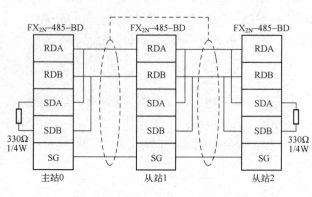

图 7.25　三台 PLC 组成的 N:N 网络

（2）N:N 网络的设置相关参数如下。

D8176＝0（主站设置为 0，从站设置为 1 或 2）。

D8177＝2（从站个数为 2）。

D8178＝1（刷新模式为 1，可以访问每台 PLC 的 32 个位元件和 4 个字元件）。

D8179＝4（重试次数为 4）。

D8180＝3（通信超时时间为 30ms）。

（3）I/O 地址分配如表 7.16 所示。

表 7.16 I/O 地址分配

输入端	启动按钮 SB1	X001
	停止按钮 SB2	X002
输出端	星形控制接触器 KM1	Y000
	三角形控制接触器 KM2	Y001
	主控制接触器 KM3	Y002
	闪烁指示灯 HL1	Y003

注：按照控制要求，3 个站所使用的 I/O 都一样，均按表 7.16 分配。

（4）程序设计。根据控制要求设计的主站程序、从站程序如图 7.26 所示。

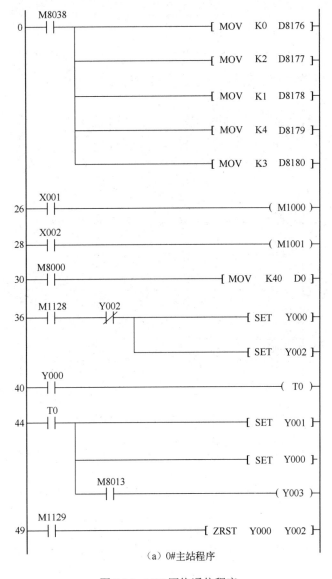

（a）0#主站程序

图 7.26 N:N 网络通信程序

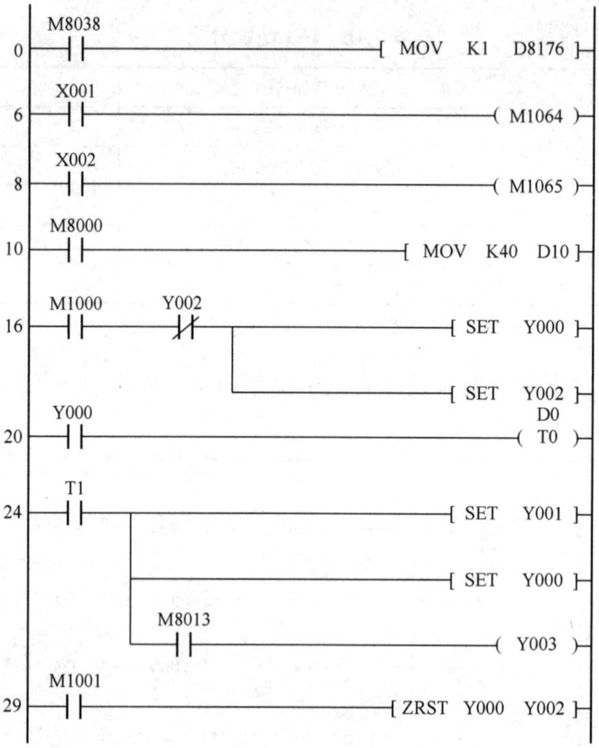

```
     M8038
0    ─┤├─────────────────────────────[ MOV  K1   D8176 ]

     X001
6    ─┤├───────────────────────────────────( M1064 )

     X002
8    ─┤├───────────────────────────────────( M1065 )

     M8000
10   ─┤├─────────────────────────────[ MOV  K40  D10 ]

     M1000   Y002
16   ─┤├──────┤/├──────────────────────────[ SET  Y000 ]
                   │
                   └───────────────────────[ SET  Y002 ]
                                                    D0
     Y000
20   ─┤├───────────────────────────────────( T0 )

     T1
24   ─┤├─────┬────────────────────────────[ SET  Y001 ]
             │
             ├────────────────────────────[ SET  Y000 ]
             │    M8013
             └────┤├──────────────────────( Y003 )

     M1001
29   ─┤├─────────────────────────────[ ZRST  Y000  Y002 ]
```

（b）1#从站程序

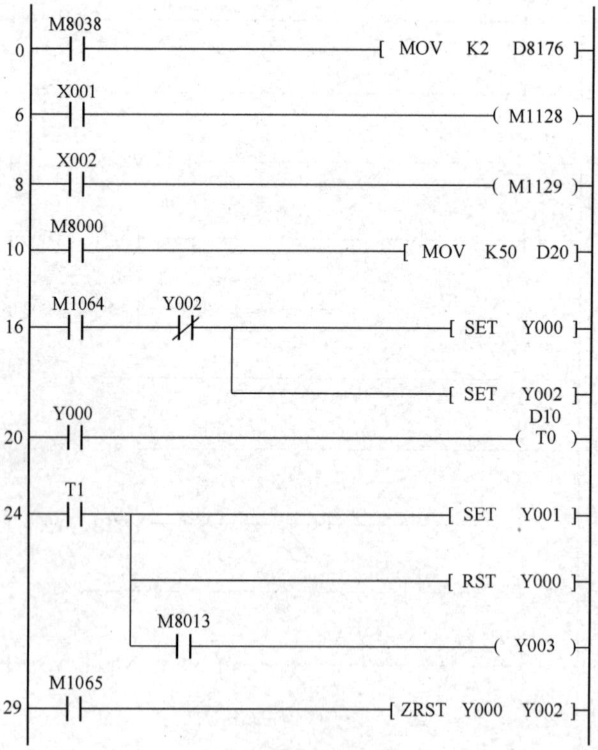

```
     M8038
0    ─┤├─────────────────────────────[ MOV  K2   D8176 ]

     X001
6    ─┤├───────────────────────────────────( M1128 )

     X002
8    ─┤├───────────────────────────────────( M1129 )

     M8000
10   ─┤├─────────────────────────────[ MOV  K50  D20 ]

     M1064   Y002
16   ─┤├──────┤/├──────────────────────────[ SET  Y000 ]
                   │
                   └───────────────────────[ SET  Y002 ]
                                                    D10
     Y000
20   ─┤├───────────────────────────────────( T0 )

     T1
24   ─┤├─────┬────────────────────────────[ SET  Y001 ]
             │
             ├────────────────────────────[ RST  Y000 ]
             │    M8013
             └────┤├──────────────────────( Y003 )

     M1065
29   ─┤├─────────────────────────────[ ZRST  Y000  Y002 ]
```

（c）2#从站程序

图 7.26 N:N 网络通信程序（续）

项目 7 能力训练

一、填空题

7.1 FX$_{2N}$-2AD 型模拟量输入模块用于将两路模拟量输入（电压输入和电流输入）信号转换成 12 位二进制的_____，并通过指令读入到 PLC 的_____中。

7.2 FX$_{2N}$-2DA 型模拟量输出模块根据接线方式的不同，可在_____和_____中进行选择，也可以是一个通道为_____，另一个通道为电流输出。

7.3 三菱有专门的两条指令实现对模块缓冲区 BFM 的读写，即_____指令和_____指令。

7.4 并行通信是指所传送的数据以_____或_____为单位同时发送或接收。

7.5 串行通信是以_____为单位，一位一位地顺序发送或接收。

二、判断题（正确的打√，错误的打×）

7.6 FX$_{2N}$-2AD 模拟量输入模块是 FX 系列 PLC 专用的模拟量输入模块之一。（　　）

7.7 FX$_{2N}$-2AD 模块将接收的 4 点模拟输入（电压输入和电流输入）转换成 12 位二进制的数字量。（　　）

7.8 FX$_{2N}$-2AD 模拟量输入模块有两个输入通道，通过输入端子变换，可以任意选择电压或电流输入状态。（　　）

7.9 通信的基本方式可分为并行通信与串行通信两种方式。（　　）

7.10 异步通信是把一个字符看成一个独立的信息单元，字符开始出现在数据流中的相对时间是任意的，每一字符中的各位以固定的时间传送。（　　）

7.11 串行通信的连接方式有单工方式、全双工方式两种。（　　）

三、简答题

7.12 什么是半双工通信方式？

7.13 使用并行通信的两台 PLC 是怎样交换数据的？

7.14 三菱 FX$_{2N}$PLC 的特殊功能模块有哪些？

7.15 三菱 FX$_{2N}$PLC 与特殊功能模块如何进行连接？

7.16 简述 BFM 的基本概念。它的主要功能有哪些？

四、设计题

7.17 假设 FX$_{2N}$-2DA 模块被连接到 FX$_{2N}$ 系列的 PLC 的 3 号特殊功能模块位置（模块编号为 4），通道 1 和通道 2 的数字数据分别被存放在数据寄存器 D100 和 D101 中。当输入 X001 接通时，通道 2 进行 D/A 转换。试编写通道 2 进行 D/A 转换的梯形图程序。

7.18 两台 FX$_{2N}$ 系列 PLC 以并行通信方式交换数据，通过程序实现下述功能。

（1）主站的 X000～X007 通过 M800～M807 控制从站的 Y000～Y007；当主站的计算值（D0+D2）≤100 时，从站中的 Y010 为 ON。

（2）从站的 X000～X007 通过 M900～M907 控制主站的 Y000～Y007；从站中的数据寄存器 D10 的值用来作为主站中的 T0 的设定值。

试编写主站和从站的通信程序。

7.19 该系统有 3 台 PLC，要求用 FX$_{2N}$-485-BD 通信板，采用 N:N 网络通信协议控制。按如下要求进行控制：

（1）通信参数：重试次数为 3 次，通信超时时间为 50ms，采用模式 1 连接软元件。

（2）主站的 X000～X003 通过 M1000～M1003 来控制 1 号从站的输出 Y010～Y013。

（3）用 1 号从站的 X000～X003 通过 M1064～M1067 来控制 2 号从站的输出 Y014～Y017。

（4）用 2 号从站的 X000～X003 通过 M1128～M1131 来控制主站的输出 Y020～Y023。

（5）主站的数据寄存器 D1 为 1 号从站的计数器 C1 提供设定值。C1 的触点状态由 M1070 映射到主站的输出 Y005 上。

（6）1 号从站 D10 的值和 2 号从站 D20 的值在主站相加，运算结果存放到主站的 D3 中。

项目 7 考核评价表

考核项目	评价标准	评价方式	考核方式	分数权重	按任务评价	
					一	二
接线安装	1. 根据控制任务进行 I/O 分配 2. 画出 PLC 控制 I/O 接线图 3. 布线合理、接线美观 4. 布线规范，无线头松动、压皮、露铜及损伤绝缘层	教师评价	操作	0.3		
编程下载	1. 正确输入梯形图或指令表 2. 会转换梯形图 3. 正确保存文件 4. 会传送程序		操作	0.3		
通电试车	按照要求和步骤正确检查、调试电路		操作	0.2		
安全生产及工作态度	自觉遵守安全文明生产规程，认真、主动参与学习	小组互评	口试	0.1		
团队合作	具有与团队成员合作的精神		口试	0.1		
综合评价（此栏由指导教师填写）						

附录 A 电气图常用文字及图形符号

名 称	图形符号 （GB/T4278—1996）	文字符号 （GB/T7159—1987）	名 称	图形符号 （GB/T4278—1996）	文字符号 （GB/T7159—1987）
直流		DC	电阻器		R
交流		AC	电位器		RP
接地 一般符号		E	电容器一般符号		C
电铃		HA	半导体二极管		V
蜂鸣器		HA	PNP 晶体管		V
电磁铁		YA	NPN 晶体管		V
接插器件		X	晶闸管		V
照明灯		EL	电抗器	或	L
电流表	A	PA	信号灯		HL
电压表	V	PV	发电机	G	G
单相变压器		T	直流发电机	G	GD
控制电路 电源变压器	或	TC	交流发电机	G	GA
照明变压器		TC	交流电动机	M	MA
整流变压器		T	电动机	M	M
三相笼式 异步电动机	M 3~	M	串励直流电动机	M	
三相绕线式 异步电动机	M 3~	M	他励直流电动机	M	MD
三相自耦 变压器		T	并励直流电动机	M	

名　称	图形符号 (GB/T4278—1996)	文字符号 (GB/T7159—1987)	名　称		图形符号 (GB/T4278—1996)	文字符号 (GB/T7159—1987)
单极开关			复励直流电动机			
三极开关		QS	行程开关	常开触头		SQ
刀开关				常闭触头		
组合开关				复合式触头		SQ
手动三极开关 一般符号			按钮开关	带动合触头 的按钮	E-\	SB
空气自动开关		QF		带动断触头 的按钮	E-\	SB
热继电器	常闭触头	FR		复合按钮	E-\	SB
	热元件	FR	熔断器			FU
接触器	线圈符号	KM	时间继电器	一般线圈		
	常开主触头			通电延时线圈		
	常闭主触头			断电延时线圈		
	辅助触头			延时闭合 常开触头		KT
继电器	中间继电器线圈	KA		延时断开 常闭触头		
	欠电压继电器 线圈	KV		延时断开 常开触头		
	过电压继电器 线圈	KV		延时闭合 常闭触头		
	过电流继电器 线圈	KI	速度继电器	转子		
	欠电流继电器 线圈	KI		常开触头		KS
	常开、常闭触头	相应继电器 线圈符号		常闭触头		

附录 B FX₂N 系列可编程控制器应用指令表

附录 B FX_{2N} 系列可编程控制器应用指令表

分类	指令编号 FNC	指令助记符	指令格式、操作数(可用软元件)					指令名称及功能简介	D 命令	P 命令
程序流程	00	CJ	S(·)(指针 P0~P127)					条件跳转: 程序跳转到[S(·)]P 指针指定处（P63 为 END 步序,不需指定）		O
	01	CALL	S(·)(指针 P0~P127)					调用子程序: 程序调用[S(·)]P 指针指定的子程序,嵌套 5 层以内		O
	02	SRET						子程序返回: 从子程序返回主程序		
	03	IRET						中断返回主程序		
	04	EI						中断允许		
	05	DI						中断禁止		
	06	FEND						主程序结束		
	07	WDT						监视定时器:顺控指令中执行监视定时器刷新		O
	08	FOR	S(·)(W4)					循环开始: 重复执行开始,嵌套 5 层以内		
	09	NEXT						循环结束:重复执行结束		
传送和比较	010	CMP	S1(·) (W4)	S2(·) (W4)		D(·) (B')		比较:[S1(·)]同[S2(·)]比较→[D(·)]	O	O
	011	ZCP	S1(·) (W4)	S2(·) (W4)	S(·) (W4)	D(·) (B')		区间比较:[S(·)]同[S1(·)]~[S2(·)]比较→[D(·)],[D(·)]占 3 点	O	O
	012	MOV	S(·) (W4)			D(·) W(2)		传送:[S(·)]→[D(·)]	O	O
	013	SMOV	S(·) (W4)	m_1(·) (W4″)	m_2(·) (W4″)	D(·) (W2)	n (W4″)	移位传送:[S(·)]第 m_1 位开始的 m_2 个数位移到[D(·)]的第 n 个位置,m_1、m_2、$n=1\sim4$		O
	014	CML	S(·) (W)4			D(·) (W2)		取反:[S(·)]取反→[D(·)]	O	O
	015	BMOV	S(·) (W3′)	D(·) (W2′)		n (W4″)		块传送:[S(·)]→[D(·)](n 点→n 点),[S(·)]包括文件寄存器,$n\leqslant512$		O

分类	指令编号 FNC	指令助记符	指令格式、操作数(可用软元件)			指令名称及功能简介	D命令	P命令
传送和比较	016	FMOV	S(·)(W4)	D(·)(W2')	n(W4")	多点传送:[S(·)]→[D(·)](1点~n点);n≤512	O	O
	017	XCH	D1(·)(W2)		D2(·)(W2)	数据交换:[D1(·)]←→[D2(·)]	O	O
	018		S(·)(W3)		D(·)(W2)	求BCD码:[S(·)]16/32位二进制数转换成4/8位BCD→[D(·)]	O	O
	019		S(·)(W3')		D(·)(W2)	求二进制码:[S(·)]4/8位BCD转换成16/32位二进制数→[D(·)]	O	O
四则运算和逻辑运算	020	ADD	S1(·)(W4)	S2(·)(W4)	D(·)(W2)	二进制加法:[S1(·)]+[S2(·)]→[D(·)]	O	O
	021	SUB	S1(·)(W4)	S2(·)(W4)	D(·)(W2)	二进制减法:[S1(·)]−[S2(·)]→[D(·)]	O	O
	022	MUL	S1(·)(W4)	S2(·)(W4)	D(·)(W2')	二进制乘法:[S1(·)]×[S2(·)]→[D(·)]	O	O
	023	DIV	S1(·)(W4)	S2(·)(W4)	D(·)(W2')	二进制除法:[S1(·)]÷[S2(·)]→[D(·)]	O	O
	024	INC ◣	D(·)(W2)			二进制加1:[D(·)]+1→[D(·)]	O	O
	025	DEC ◣	D(·)(W2)			二进制减1:[D(·)]−1→[D(·)]	O	O
	026	AND	S1(·)(W4)	S2(·)(W4)	D(·)(W2)	逻辑字与:[S1(·)]∧[S2(·)]→[D(·)]	O	O
	027	OR	S1(·)(W4)	S2(·)(W4)	D(·)(W2)	逻辑字或:[S1(·)]∨[S2(·)]→[D(·)]	O	O
	028	XOR	S1(·)(W4)	S2(·)(W4)	D(·)(W2)	逻辑字异或:[S1(·)]⊕[S2(·)]→[D(·)]	O	O
	029	NEG ◣	D(·)(W2)			求补码:[D(·)]按位取反+1→[D(·)]	O	O
循环移位与移位	030	ROR ◣	D(·)(W2)		n(W4")	循环右移:执行条件成立,[D(·)]循环右移n位(高位→低位→高位)	O	O
	031	ROL ◣	D(·)(W2)		n(W4")	循环左移:执行条件成立,[D(·)]循环左移n位(低位→高位→低位)	O	O
	032	RCR ◣	D(·)(W2)		n(W4")	带进位循环右移:[D(·)]带进位循环右移n位(高位→低位→十进位→高位)	O	O

分类	指令编号 FNC	指令助记符	指令格式、操作数(可用软元件)				指令名称及功能简介	D命令	P命令
循环移位与移位	033	RCL ◤	D(·)(W2)		n (W4″)		带进位循环左移:[D(·)] 带进位循环左移 n 位(低位→高位→十进位→低位)	O	O
	034	SFTR ◤	S(·) (B)	D(·) (B′)	n_1 (W4″)	n_2 (W4″)	位右移:n_2 位[S(·)]右移→n_1 位的[D(·)],高位进,低位溢出		O
	035	SFTL ◤	S(·) (B)	D(·) (B′)	n_1 (W4″)	n_2 (W4″)	位左移:n_2[S(·)]左移→n_1 位的[D(·)],低位进,高位溢出		O
	036	WSFR ◤	S(·) (W3′)	D(·) (W2′)	n_1 (W4″)	n_2 (W4″)	字右移:n_2 字[S(·)]右移→[D(·)]开始的 n_1 字,高字进,低字溢出		O
	037	WSFL ◤	S(·) (W3′)	D(·) (W2′)	n_1 (W4″)	n_2 (W4″)	字左移:n_2 字[S(·)]左移→[D(·)]开始的 n_1 字,低字进,高字溢出		O
	038	SFWR ◤	S(·) (W4)	D(·) (W2′)	n (W4″)		FIFO 写入:先进先出控制的数据写入,$2 \leqslant n \leqslant 512$		O
	039	SFRD ◤	S(·) (W2′)	D(·) (W2′)	n (W4′)		FIFO 读出:先进先出控制的数据读出,$2 \leqslant n \leqslant 512$		O
数据处理	040	ZRST ◤	D1(·) (W1′、B′)		D2(·) (W1′、B′)		成批复位:[D1(·)]~[D2(·)]复位,[D1(·)]<[D2(·)]		O
	041	DECO ◤	S(·) (B、W1、W4″)	D(·) (B′、W1)	n (W4″)		解码:[S(·)]的 n(n=1~8)位二进制数解码为十进制数 α→[D(·)],使[D(·)]的第 α 位为"1"		O
	042	ENCO ◤	S(·) (B、W1)	D(·) (W1)	n (W4″)		编码:[S(·)]的 2^n(n=1~8)位中的最高"1"位代表的位数(十进制数)编码为二进制数后→[D(·)]		O
	043	SUM	S(·) (W4)	D(·) (W2)			求置 ON 位的总和:[S(·)]中"1"的数目存入[D(·)]	O	O
	044	BON	S(·) (W4)	D(·) (B′)	n (W4″)		ON 位判断:[S(·)]中第 n 位为 ON 时,[D(·)]为 ON(n=0~15)		O
	045	MEAN	S(·) (W3′)	D(·) (W2)	n (W4″)		求平均值:[S(·)]中 n 点平均值→[D(·)](n=1~64)		O
	046	ANS	S(·) (T)	m (K)	D(·) (S)		标志置位:若执行条件为 ON,[S(·)]中定时器定时 m ms 后,标志位[D(·)]置位。[D(·)]为 S900~S999		

分类	指令编号 FNC	指令 助记符	指令格式、操作数(可用软元件)				指令名称及功能简介	D命令	P命令
数据处理1	047	ANR◥					标志复位:被置位的定时器复位		O
	048	SOR	S(·) (D、W4″)		D(·) (D)		二进制平方根:[S(·)]平方根值→[D(·)]	O	O
	049	FLT	S(·) (D)		D(·) (D)		二进制整数与二进制浮点数转换:[S(·)]内二进制整数→[D(·)]二进制浮点数	O	O
高速处理	050	REF	D(·) (X、Y)		n (W4″)		输入输出刷新:指令执行,[D(·)]立即刷新。[D(·)]为X000、X010…、Y000、Y010…、n为8,16…256		O
	051	REFF	n (W4″)				滤波调整:输入滤波时间调整为nms,刷新X000~X017,n=0~60		O
	052	MTR	S(·) (X)	D1(·) (Y)	D2(·) (B′)	n (W4″)	矩阵输入(使用一次):n列8点数据以D1(·)输出的选通信号分时将[S(·)]数据读入[D2(·)]		
	053	HSCS	S1(·) (W4)	S2(·) (C)	D(·) (B′)		比较置位(高速计数):[S1(·)]=[S2(·)]时,D(·)置位,中断输出到Y,S2(·)为C235~C255	O	
	054	HSCR	S1(·) (W4)	S2(·) (C)	D(·) (B′C)		比较复位(高速计数):[S1(·)]=[S2(·)]时,[D(·)]复位,中断输出到Y,[D(·)]为C时,自复位	O	
	055	HSZ	S1(·) (W4)	S2(·) (W4)	S(·) (C)	D(·) (B′)	区间比较(高速计数):[S(·)]与[S1(·)]~[S2(·)]比较,结果驱动[D(·)]	O	
	056	SPD	S1(·) (X0~X5)	S2(·) (W4)	D(·) (W1)		脉冲密度:在[S2(·)]时间内,将[S1(·)]输入的脉冲存入[D(·)]		
	057	PLSY	S1(·) (W4)	S2(·) (W4)	D(·) (Y0或Y1)		脉冲输出(使用一次):以[S1(·)]的频率从[D(·)]送出[S2(·)]个脉冲;[S1(·)]:1~1000Hz	O	
	058	PWM	S1(·) (W4)	S2(·) (W4)	D(·) (Y0或Y1)		脉宽调制(使用一次):输出周期[S2(·)]、脉冲宽度[S1(·)]的脉冲至[D(·)]。周期为1~32767ms,脉宽为1~32767ms		
	059	PLSR	S1(·) (W4)	S2(·) (W4)	S3(·) (W4)	D(·) (Y0或Y1)	可调速脉冲输出(使用一次):[S1(·)]最高频率:10~20000Hz;[S2(·)]总输出脉冲数;[S3(·)]增减速时间;5000ms以下;[D(·)]:输出脉冲	O	

分类	指令编号 FNC	指令助记符	指令格式、操作数(可用软元件)				指令名称及功能简介	D命令	P命令
便利指令	060	IST	S(·) (X、Y、M)	D1(·) (S20～S899)	D2(·) (S20～S899)		状态初始化(使用一次):自动控制步进顺控中的状态初始化。[S(·)]为运行模式的初始输入;[D1(·)]为自动模式中的实用状态的最小号码;[D2(·)]为自动模式中的实用状态的最大号码		
	061	SER	S1(·) (W3′)	S2(·) (C′)	D(·) (W2′)	n (W4″)	查找数据:检索以[S1(·)]为起始的n个与[S2(·)]相同的数据,并将其个数存于[D(·)]	O	O
	062	ABSD	S1(·) (W3′)	S2(·) (C′)	D(·) (B′)	n (W4″)	绝对值式凸轮控制(使用一次):对应[S2(·)]计数器的当前值,输出[D(·)]开始的n点由[S1(·)]内数据决定的输出波形		
	063	INCD	S1(·) (W3′)	S2(·) (C)	D(·) (B′)	n (W4″)	增量式凸轮顺控(使用一次):对应[S2(·)]的计数器当前值,输出[D(·)]开始的n点由[S1(·)]内数据决定的输出波形。[S2(·)]的第2个计数器统计复位次数		
	064	TTMR	D(·) (D)		n (0～2)		示数定时器:用[D(·)]开始的第2个数据寄存器测定执行条件ON的时间,乘以n指定的倍率,存入[D(·)],n为0～2		
	065	STMR	S(·) (T)	m (W4″)	D(·) (B′)		特殊定时器:m指定的值作为[S(·)]指定定时器的设定值,使[D(·)]指定的4个器件构成延时断开定时器、输入ON→OFF后的脉冲定时器、输入OFF→ON后的脉冲定时器、滞后输入信号向相反方向变化的脉冲定时器		
	066	ALT▼	D(·) (B′)				交替输出:每次执行条件由OFF→ON变化时,[D(·)]由OFF→ON、ON→OFF……交替输出	O	
	067	RAMP	S1(·) (D)	S2(·) (D)	D(·) (B′)	n (W4″)	斜坡信号:[D(·)]的内容从[S1(·)]的值到[S2(·)]的值慢慢变化,其变化时间为n个扫描周期。n:1～32767		

分类	指令编号 FNC	指令助记符	指令格式、操作数(可用软元件)				指令名称及功能简介	D命令	P命令
便利指令	068	ROTC	S(·) (D)	m_1 (W4″)	m_2 (W4″)	D(·) (B′)	旋转工作台控制(使用一次):[S(·)]指定开始的 D 为工作台位置检测计数寄存器,其次指定的 D 为取出位置号寄存器,再次指定的 D 为要取工件号寄存器,m_1 为分度区数,m_2 为低速运行行程。完成上述设定,指令就自动在[D(·)]指定输出控制信号		
	069	SORT	S(·) (D)	m_1 (W4″)	m_2 (W4″)	D(·) (D)	n (W4″)	表数据排序(使用一次):[S(·)]为排序表的首地址,m_1 为行号,m_2 为列号。指令将以 n 指定的列号,将数据从小到大开始进行整理排列,结果存入以[D(·)]指定首地址的目标元件中,形成新的排序表;$m_1:1\sim32$、$m_2:1\sim6$,$n:1\sim m_2$		
外部机器 I/O	070	TKY	S(·) (B)	D1(·) (W2′)	D2(·) (B′)		十键输入(使用一次):外部十键键号依次为 0~9,连接于[S(·)],每按一次键,其键号依次存入[D1(·)],[D2(·)]指定的位元件依次为 ON	O	
	071	HKY	S(·) (X)	D1(·) (Y)	D2(·) (W1)	D3(·) (B′)	十六键输入(使用一次):以[D1(·)]为选通信号,顺序将[S(·)]所按键号存入[D2(·)],每次按键以 BIN 码存入,超出上限 9999 将溢出;按 A~F 键,[D3(·)]指定位元件依次为 ON	O	
	072	DSW	S(·) (X)	D1(·) (Y)	D2(·) (W1)	n (W4″)	数字开关(使用二次):四位一组($n=1$)或四位二组($n=2$)BCD 数字开关由[S(·)]输入,以[D1(·)]为选通信号,顺序将[S(·)]所键入数字送到[D2(·)]		
	073	SEGD			D(·) (W2)		七段码译码:将[S(·)]低四位指定的 0~F 的数据译成七段码显示的数据格式存入[D(·)],[D(·)]高 8 位不变		O
	074	SEGL	S(·) (W4)	D(·) (X)	n (W4″)		带锁存七段码显示(使用二次):四位一组($n=0\sim3$)或四位二组($n=4\sim7$)七段码,由[D(·)]的第 2 个四位为选通信号,顺序显示由[S(·)]经[D(·)]的第 1 个四位或[D(·)]的第 3 个四位输出的值		O

分类	指令编号FNC	指令助记符	指令格式、操作数(可用软元件)				指令名称及功能简介	D命令	P命令
外部机器 I/O	075	ARWS	S(·)(B)	D1(·)(W1)	D2(·)(Y)	n(W4″)	方向开关(使用一次):[S(·)]指定位移位与各位数值增减用的箭头开关,[D1(·)]指定的元件中存放显示的二进制数,根据[D2(·)]指定的第2个四位输出的选通信号,依次从[D2(·)]指定的第1个四位输出显示。按位移开关,顺序选择所要显示位;按数值增减开关,[D1(·)]数值由0~9或9~0变化。n为0~3,选择选通位		
	076	ASC	S(·)(字母数字)		D(·)(W1′)		ASCⅡ码转换:[S(·)]存入微机输入8个字节以下的字母数字。指令执行后,将[S(·)]转换为ASCⅡ码后送到[D(·)]		
	077	PR	S(·)(W1′)		D(·)(Y)		ASCⅡ码打印(使用二次):将[S(·)]的ASCⅡ码→[D(·)]		
	078	FROM	m_1(W4″)	m_2(W4″)	D(·)(W2)	n(W4″)	BFM读出:将特殊单元缓冲存储器(BMF)的n点数据读到[D(·)];$m_1 = 0 \sim 7$,特殊单元模块号;$m_2 = 0 \sim 31$,缓冲存储器(BFM)号码;$n = 1 \sim 32$,传送点数	O	O
	079	TO	m_1(W4″)	m_2(W4″)	S(·)(W4)	n(W4″)	写入BFM:将可编程控制器[S(·)]的n点数据写入特殊单元缓冲存储器(BFM),$m_1 = 0 \sim 7$,特殊单元模块号;$m_2 = 0 \sim 31$,缓冲存储器(BFM)号码;$n = 1 \sim 32$,传送点数	O	O
外部机器 SER	080	RS	S(·)(D)	m(W4″)	D(·)(D)	n(W4″)	串行通信传递:使用功能扩展板发送/接收串行数据。发送[S(·)]m点数据至[D(·)]n点数据。m、n:0~256		
	081	PRUN	S(·)(KnM、KnX)($n = 1 \sim 8$)		D(·)(KnY、KnM)($n = 1 \sim 8$)		八进制位传送:[S(·)]转换为八进制,送到[D(·)]	O	O
	082	ASCI	S(·)(W4)	D(·)(W2′)	n(W4″)		HEX→ASCⅡ变换:将[S(·)]内HEX(十六进制)数据的各位转换成ASCⅡ码向[D(·)]的高、低8位传送。传送的字符数由n指定,n:1~256		O
	083	HEX	S(·)(W4′)	D(·)(W2)	n(W4″)		ASCⅡ→HEX变换:将[S(·)]内高、低8位的ASCⅡ(十六进制)数据的各位转换成HEX码向[D(·)]的高、低8位传送。传送的字符数由n指定,n:1~256		

分类	指令编号 FNC	指令 助记符	指令格式、操作数(可用软元件)				指令名称及功能简介	D命令	P命令
外部机器 SER	084		D(·) (W1″)		n (W4″)		检验码:用于通信数据的校验。以[S(·)]指定的元件为起始的n点数据,将其高、低8位数据的总和校验检查[D(·)]与[D(·)]+1的元件		O
	085		S(·) (W4″)		D(·) (W2)		模拟量输入:将[S(·)]指定的模拟量设定模板的开关模拟值0~255转换为8位BIN码传送到[D(·)]		O
	086	VRRD	S(·) (W4″)		D(·) (W2)		模拟量开关设定:[S(·)]指定的开关刻度0~10转换为8位BIN码传送到[D(·)]。[S(·)]:开关号码0~7		O
	088	PID	S1(·) (D)	S2(·) (D)	S3(·) (D)	D(·) (D)	PID回路运算:在[S1(·)]设定目标值;在[S2(·)]设定测定当前值;在[S3(·)]~[S3(·)]+6设定控制参数值;执行程序时,运算结果被存入[D(·)]。[S3(·)]:D0~D975		
浮点运算	110	ECMP	S1(·)	S2(·)	D(·)		二进制浮点比较:[S1(·)]与[S2(·)]比较→[D(·)]	O	O
	111	EZCP	S1(·)	S2(·)	S(·)	D(·)	二进制浮点比较:[S1(·)]与[S2(·)]比较→[D(·)]。[D(·)]占3点,[S1(·)]<[S2(·)]	O	O
	118	EBCD	S(·)	D(·)			二进制浮点转换为十进制浮点:[S(·)]转换为十进制浮点→[D(·)]	O	O
	119	EBIN	S(·)	D(·)			十进制浮点转换为二进制浮点:[S(·)]转换为二进制浮点→[D(·)]	O	O
	120	EADD	S1(·)	S2(·)	D(·)		二进制浮点加法:[S1(·)]+[S2(·)]→[D(·)]	O	O
	121	ESUB	S1(·)	S2(·)	D(·)		二进制浮点减法:[S2(·)]-[S2(·)]→[D(·)]	O	O
	122	EMUL	S1(·)	S2(·)	D(·)		二进制浮点乘法:[S1(·)]×[S2(·)]→[D(·)]	O	O
	123	EDIV	S1(·)	S2(·)	D(·)		二进制浮点除法:[S1(·)]÷[S2(·)]→[D(·)]	O	O

分类	指令编号 FNC	指令助记符	指令格式、操作数(可用软元件)					指令名称及功能简介	D命令	P命令
浮点运算	127	ESOR	S(·)			D(·)		开方:[S(·)]开方→[D(·)]	O	O
	129	INT	S(·)			D(·)		二进制浮点→BIN 整数转换:[S(·)]转换为BIN 整数→[D(·)]	O	O
	130	SIN	S(·)			D(·)		浮点 SIN 运算:[S(·)]角度的正弦→[D(·)]。0°≤角度<360°	O	O
	131	COS	S(·)			D(·)		浮点 COS 运算:[S(·)]角度的余弦→[D(·)]。0°≤角度<360°	O	O
	132	TAN	S(·)			D(·)		浮点 TAN 运算:[S(·)]角度的正切→[D(·)]。0°≤角度<360°	O	O
数据处理 2	147	SWAP	S(·)					高低位变换:16 位时,低 8 位与高 8 位交换;32 位时,各个低 8 位与高 8 位交换	O	O
时钟运算	160	TCMP	S1(·)	S2(·)	S3(·)	S(·)	D(·)	时钟数据比较:指定时刻[S(·)]与时钟数据[S1(·)]时[S2(·)]分[S3(·)]秒比较,比较结果在[D(·)]显示。[D(·)]占有 3 点		O
	161	TZCP	S1(·)	S2(·)	S9(·)		D(·)	时钟数据区域比较:指定时刻[S(·)]与时钟数据区域[S1(·)]~[S2(·)]比较,比较结果在[D(·)]显示。[D(·)]占有 3 点。[S1(·)]≤[S2(·)]		O
	162	TADD	S1(·)		S2(·)	D(·)		时钟数据加法:以[S2(·)]起始的 3 点时刻数据加上存入[S1(·)]起始的 3 点时刻数据,其结果存入以[D(·)]起始的 3 点中		O
	163	TSUB	S1(·)		S2(·)	D(·)		时钟数据减法:以[S1(·)]起始的 3 点时刻数据减去存入以[S2(·)]起始的 3 点时刻数据,其结果存入以[D(·)]起始的 3 点中		O
	166	TRD	D(·)					时钟数据读出:将内藏的实时计算器的数据在[D(·)]占有的 7 点读出		O
	167	TWR	S(·)					时钟数据写入:将[S(·)]占有的 7 点数据写入内藏的实时计算器		O

分类	指令编号 FNC	指令助记符	指令格式、操作数(可用软元件)		指令名称及功能简介	D命令	P命令
格雷码转换	170	GRY	S(·)	D(·)	格雷码转换:将[S(·)]中格雷码转换为二进制值,存入[D(·)]	O	O
	171	GBIN	S(·)	D(·)	格雷码逆变换:将[S(·)]中二进制值转换为格雷码,存入[D(·)]	O	O
触点比较	224	LD =	S1(·)	S2(·)	触点型比较指令:连接母线型接点,当[S1(·)]=[S2(·)]时接通	O	
	225	LD >	S1(·)	S2(·)	触点型比较指令:连接母线型接点,当[S1(·)]>[S2(·)]时接通	O	
	226	LD <	S1(·)	S2(·)	触点型比较指令:连接母线型接点,当[S1(·)]<[S2(·)]时接通	O	
	228	LD < >	S1(·)	S2(·)	触点型比较指令:连接母线接点,当[S1(·)]≠[S2(·)]时接通	O	
	229	LD≤	S1(·)	S2(·)	触点型比较指令:连接母线接点,当[S1(·)]≤[S2(·)]时接通	O	
	230	LD≥	S1(·)	S2(·)	触点型比较指令:连接母线型接点,当[S1(·)]≥[S2(·)]时接通	O	
	232	AND =	S1(·)	S2(·)	触点型比较指令:串联型接点,当[S1(·)]=[S2(·)]时接通	O	
	233	AND >	S1(·)	S2(·)	触点型比较指令:串联型接点,当[S1(·)]>[S2(·)]时接通	O	
	234	AND <	S1(·)	S2(·)	触点型比较指令:串联型接点,当[S1(·)]<[S2(·)]时接通	O	
	236	AND < >	S1(·)	S2(·)	触点型比较指令:串联型接点,当[S1(·)]≠[S2(·)]时接通	O	
	237	AND≤	S1(·)	S2(·)	触点型比较指令:串联型接点,当[S1(·)]≤[S2(·)]时接通	O	
	238	AND≥	S1(·)	S2(·)	触点型比较指令:串联型接点,当[S1(·)]≥[S2(·)]时接通	O	
	240	OR =	S1(·)	S2(·)	触点型比较指令:并联型接点,当[S1(·)]=[S2(·)]时接通	O	

分类	指令编号 FNC	指令 助记符	指令格式、操作数(可用软元件)		指令名称及功能简介	D命令	P命令
触点比较	241	OR >	S1(·)	S2(·)	触点型比较指令:并联型接点,当[S1(·)]>[S2(·)]时接通	O	
	242	OR <	S1(·)	S2(·)	触点型比较指令:并联型接点,当[S1(·)]<[S2(·)]时接通	O	
	244	OR < >	S1(·)	S2(·)	触点型比较指令:并联型接点,当[S1(·)]≠[S2(·)]时接通	O	
	245	OR ≤	S1(·)	S2(·)	触点型比较指令:并联型接点,当[S1(·)]≤[S2(·)]时接通	O	
	246	OR ≥	S1(·)	S2(·)	触点型比较指令:并联型接点,当[S1(·)]≥[S2(·)]时接通	O	

注:表中 D 命令栏中有"O"的表示可以是 32 位的指令;P 命令栏中有"O"的表示可以是脉冲执行型的指令。

上表中,表示各操作数可用元件类型的范围符号是:B、B′、W1、W2、W3、W4、W1′、W2′、W3′、W4′、W1″、W4″,其表示的范围如图 B.1 所示。

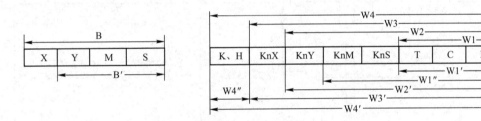

(a) 位元件　　　　　　　　　　　　　(b) 字元件

图 B.1　操作数可用元件类型的范围符号

附录 C FX₂N 特殊辅助继电器和数据寄存器表

1. PLC 状态（M8000～M8009，D8000～D8009）

PLC 状态继电器（M8000～M8009）和状态数据寄存器（D8000～D8009）如附表 C.1 所示。

附表 C.1　PLC 状态继电器（M8000～M8009）和状态数据寄存器（D8000～D8009）

地址号·名称	动作·功能	地址号·名称	寄存器的内容
[M]8000 运行监控 a 接点	RUN 输入	[D]8000 监视定时器	当电源 ON 时，由系统 ROM 传送。利用程序进行更改必须在 END、WDT 指令执行后方才有效
[M]8001 运行监控 b 接点	M8061 错误发生	[D]8001 PC 类型和系统版本号	2 4 1 0 0 BCD 转换值 右述　版本号 V1.00
[M]8002 初始脉冲 a 接点	M8000	[D]8002 寄存器容量	2…2K 步 4…4K 步 8…8K 步
[M]8003 初始脉冲 b 接点	M8001 M8002 M8003 ←扫描时间→	[D]8003 寄存器类型	保存不同 RAM/EEPROM/内置 EPROM/存储盒和存储器保护开关的 ON/OFF 状态
[M]8004 错误发生	当 M8060～M8067 中任意一个处于 ON 时动作（M8062 除外）	[D]8004 错误 M 地址号	8 0 6 0 BCD 转换值 8060～8068(M8004 ON 时)
[M]8005 电池电压过低	当电池电压异常过低时动作	[D]8005 电池电压	3 6 BCD 转换值 （单位为 0.1V） 电池电压的当前值（例：3.6V）
[M]8006 电池电压过低锁存	当电池电压异常过低后锁存状态	[D]8006 电池电压过低检测电平	初始值 3.0V（单位为 0.1V）（当电源 ON 时，由系统 ROM 传送）
[M]8007 瞬停检测	即使 M8007 动作，若在 D8008 时间范围内则 PC 继续运行	[D]8007 瞬停检测	保存 M8007 的动作次数，当电源切断时该数值将被清除
[M]8008 停电检测中	当 M8008 ON→OFF 时，M8000 变为 OFF	[D]8008 停电检测时间	AC 电源型：初始值 10ms 详细情况另见说明
[M]8009 DC24V 失电	当扩展单元、扩展模块出现 DC24V 失电时动作	[D]8009 DC24V 失电单元地址号	DC24V 失电的基本单元、扩展单元中最小输入元件地址号

2. PLC 时钟（M8010～M8019，D8010～D8019）

PLC 时钟继电器（M8010～M8019）和时钟数据寄存器（D8010～D8019）如附表 C.2 所示。

附表 C.2　PLC 时钟继电器（M8010～M8019）和时钟数据寄存器（D8010～D8019）

地址号·名称	动作·功能	地址号·名称	寄存器的内容
[M]8010		[D]8010 当前扫描值	由第 0 步开始的累计执行时间 （0.1ms 为单位）
[M]8011 10ms 时钟	以 10ms 的频率周期振荡	[D]8011 最小扫描时间	扫描时间的最小值（0.1ms 为单位）
[M]8012 100ms 时钟	以 100ms 的频率周期振荡	[D]8012 最大扫描时间	扫描时间的最大值（0.1ms 为单位）
[M]8013 1s 时钟	以 1s 的频率周期振荡	[D]8013 秒	0～59s （实时时钟用）
[M]8014 1min 时钟	以 1min 的频率周期振荡	[D]8014 分	0～59min （实时时钟用）
[M]8015	时钟停止和预置 （实时时钟用）	[D]8015 时	0～23h （实时时钟用）
[M]8016	时钟读取显示停止 （实时时钟用）	[D]8016 日	1～31 日 （实时时钟用）
[M]8017	±30s 修正 （实时时钟用）	[D]8017 月	1～12 月 （实时时钟用）
[M]8018	安装检测 （实时时钟用）	[D]8018 年	公历两位（0～99） （实时时钟用）
[M]8019	实时时钟（RTC）出错 （实时时钟用）	[D]8019 星期	0（日）～6（六） （实时时钟用）

3. PLC 标志（M8020～M8029，D8020～D8029）

PLC 标志继电器（M8020～M8029）和标志数据寄存器（D8020～D8029）如附表 C.3 所示。

附表 C.3　PLC 标志继电器（M8020～M8029）和标志数据寄存器（D8020～D8029）

地址号·名称	动作·功能	地址号·名称	寄存器的内容
[M]8020 零	加减运算结果为 0 时	[D]8020 输入滤波调整	X000～X017 的输入滤波数值 0～60（初始值为 10ms）
[M]8021 借位	加减运算结果小于负的最大值	[D]8021	
[M]8022 进位	加减运算结果发生进位时，进位结果 溢出	[D]8022	
[M]8023		[D]8023	
[M]8024	BMOV 方向指定（FNC15）	[D]8024	
[M]8025	HSC 模式（FNC53～55）	[D]8025	
[M]8026	RAMP 模式（FNC67）	[D]8026	
[M]8027	PR 模式（FNC67）	[D]8027	
[M]8028	在执行 FROM/TO（FNC78，79）指令 过程中中断允许	[D]8028	Z0（Z）寄存器的内容
[M]8029 指令执行完成	当 DSW（FNC72）等操作完成时动作	[D]8029	V0（V）寄存器的内容

4. PLC 模式（M8030～M8039，D8030～D8039）

PLC 模式继电器（M8030～M8039）和模式数据寄存器（D8030～D8039）如附表 C.4 所示。

附表 C.4　PLC 模式继电器（M8030～M8039）和模式数据寄存器（D8030～D8039）

地址号·名称	动作·功能	地址号·名称	寄存器的内容
[M]8030 电池 LED 熄灯指令	驱动 M8030 后，即使电池电压过低，PC 面板指示灯也不会亮	[D]8030	
[M]8031 非保持存储器全部消除	驱动此继电器时，可以将 Y，M，S，T，C 的 ON/OFF 映像存储器和 T，C，D 的当前值全部清零，特殊寄存器和文件寄存器不清除	[D]8031	
[M]8032 保持存储器全部消除		[D]8032	
[M]8033 存储器保持停止	当可编程序控制器 RUN→STOP 时，将映像存储器和数据存储器中的内容保留下来	[D]8033	
[M]8034 所有输出禁止	将 PC 的外部输出接点全部置于 OFF 状态	[D]8034	
[M]8035 强制运行模式	详细情况参阅三菱公司有关产品手册的内容	[D]8035	
[M]8036 强制运行指令		[D]8036	
[M]8037 强制停止指令		[D]8037	
[M]8038 参数设定	通信参数设定标志 （简易 PC 间连接设定用）	[D]8038	
[M]8039 恒定扫描模式	当 M8039 变为 ON 时，PC 直至 D8039 指定的扫描时间到达后才执行循环运算	[D]8039 恒定扫描时间	初始值 0ms（以 1ms 为单位），当电源 ON 时，由系统 ROM 传送，能够通过程序进行更改

反侵权盗版声明